工业和信息化普通高等教育"十二五"规划教材

21世纪高等学校计算机规划教材

21st Century University Planned Textbooks of Computer Science

程序设计基础——Visual Basic 学习与实验指导（第2版）

Study and Experiment Guidance of Visual Basic (2nd Edition)

周阳花 陈丽芳 程红 王蕙 编著

高校系列

人民邮电出版社

北 京

图书在版编目（ＣＩＰ）数据

程序设计基础：Visual Basic学习与实验指导 ／ 周阳花等编著. -- 2版. -- 北京 ：人民邮电出版社，2011.9（2017.12 重印）
21世纪高等学校计算机规划教材
ISBN 978-7-115-26235-6

Ⅰ. ①程… Ⅱ. ①周… Ⅲ. ① BASIC语言－程序设计－高等学校－教学参考资料 Ⅳ. ①TP312

中国版本图书馆CIP数据核字(2011)第169336号

内 容 提 要

本书是《程序设计基础—Visual Basic 教程（第 2 版）》的配套辅导教材，全书根据国家教育部考试中心最新发布的《全国计算机等级考试大纲》基本要求，由具有多年教学经验的教师遴选历年考试试题并结合实际教学经验编写而成。

本书共分 12 章，内容按主教材章节顺序编排，依次为：Visual Basic 6.0 概述、窗体、基本控件、Visual Basic 程序设计基础、基本控制语句、程序设计算法基础、高级数据类型、过程、文件、高级控件、数据库编程技术、Visual Basic .NET 简介。每章包括"学习要点"、"示例分析"、"同步练习"、"实验题"、"常见错误分析"、"编程技巧与算法的应用分析"及"参考答案"几部分内容，集知识要点复习、习题评析、自我测试于一体，将理论指导和上机实践合理的结合在一起。

另外，附录部分提供了全国等考二级考试大纲和两套二级考试的模拟试卷，以帮助考生全面了解考试内容和熟悉考试形式。

本书在编排上注意完整性和独立性，既可以作为高等院校本、专科生的程序设计配套辅导教材或实验教材，亦可作为参加计算机等级考试考生的参考书。

21 世纪高等学校计算机规划教材

程序设计基础——Visual Basic 学习与实验指导（第 2 版）

- ◆ 编　著　周阳花　陈丽芳　程　红　王　蕙
　　　责任编辑　武恩玉

- ◆ 人民邮电出版社出版发行　　北京市丰台区成寿寺路 11 号
　　邮编　100164　　电子邮件　315@ptpress.com.cn
　　网址　http://www.ptpress.com.cn
　　大厂聚鑫印刷有限责任公司印刷

- ◆ 开本：787×1092　1/16
　　印张：17　　　　　　　　　　2011 年 9 月第 2 版
　　字数：449 千字　　　　　　　2017 年 12 月河北第 10 次印刷

ISBN 978-7-115-26235-6
定价：35.00 元

读者服务热线： **(010)81055256**　印装质量热线： **(010)81055316**
反盗版热线： **(010)81055315**

前　言

　　本书根据国家教育部考试中心最新发布的《全国计算机等级考试大纲》和教育部制定的面向 21 世纪高校教材计算机基础课程的基本要求，结合历年考试真题以及一批一线教师的实际教学经验编写而成。全书为考生提供了一个从学习、复习、上机编程到模拟考试的完整学习方案，使考生能由浅入深地掌握该课程的知识要点，并能顺利通过该课程考试。

　　本书共分 12 章，内容按主教材章节顺序编排，并与教材互为补充。各个章节由"学习要点"、"示例分析"、"同步练习"、"实验题"、"常见错误分析"、"编程技巧与算法的应用分析"和"参考答案"等部分组成。其中，"学习要点"列出各章节的知识点；"示例分析"精选了一些经典例题来剖析各章节的知识难点和重点；"同步练习"中有选择题和填空题两种题型，在各章节最后附上了习题答案，以便学生及时核对。"实验题"中的题目从易到难排列，对一些复杂的题目给出提示，给出分析，让学生循序渐进的掌握编程技巧、提高编程能力，个别题目还给出了思考题，留给学生一定的思考空间。"常见错误分析"是编者在多年教学中遇到的问题汇总，罗列出来帮助初学者避免发生这类常见错误，或者即使产生了错误也会自己调试，从而提高学习效率。"编程技巧与算法的应用分析"是编者在多年教学中发现学生容易忽略或难以掌握的知识点，罗列出来帮助初学者更好的掌握及应用。

　　本书力求做到通俗易懂、条理清晰、循序渐进，紧扣考纲、理论复习和上机实践并重，既可作为高等院校本、专科生程序设计课程的配套辅导教材或实验教材，又可作为计算机等级考试参考用书。另外，本书为读者提供实验部分的答案，有需要者请登录人民邮电出版社教学服务与资源网网站（www.ptpedu.com.cn）免费下载。

　　本书中的实验所需软件环境建议为 Windows XP 操作系统和 Visual Basic 6.0 中文版。

　　本书由陈丽芳、周阳花、程红和王蕙共同编写。其中陈丽芳负责第 1 章、第 6 章、第 12 章、附录 A、附录 B 的编写；周阳花负责第 2 章、第 3 章、第 9 章、第 10 章和第 11 章的编写；程红负责第 5 章和第 8 章的编写；王蕙负责第 4 章和第 7 章的编写。

　　本书在编写过程中得到了江南大学物联网工程学院各级领导和计算机基础教研室教师们的支持和帮助，在此表示衷心的感谢。由于编者水平有限，书中如有疏漏错误之处，恳请广大专家和读者指正。

编者

2011 年 7 月

目 录

第1章
Visual Basic 6.0 概述

1.1 学习要点

1. 程序设计语言概述。

（1）程序设计语言的发展。计算机语言经历从低级到高级，从最初的机器语言、汇编语言到各种结构化高级语言以及现今的支持面向对象技术的面向对象程序设计语言的过程。

（2）结构化程序设计方法。在程序设计时，对初学者强调程序设计的风格和程序结构的规范化。描述程序一般采用顺序结构、分支结构（又称选择结构）和循环结构3种结构。

结构化程序设计方法可以总结为自顶向下、逐步细化、模块化设计。

2. Visual Basic 中类和对象的概念。

类是同类对象集合的抽象，它规定了这些对象的公共属性和方法；对象是类的一个实例。对象和类之间的关系相当于程序设计语言中变量和变量类型的关系。在一般的面向对象程序设计语言（如 C++语言）中，类由程序员自己定义。而在 Visual Basic 中，系统已设计了大量的控件类，这些控件通过实例化后可直接在窗体上使用；当然程序员也可定义自己所需的类。

对象的三要素包括属性、方法和事件。

（1）属性用于描述对象的外部特征。不同的对象有不同的属性，也有一些属性是公共的。利用属性窗口或代码窗口可设置对象的属性。

（2）方法附属于对象的行为和动作。它实际上是对象本身所内含的一些特殊的函数或过程，通过调用这些函数或过程可实现相应的动作。

（3）事件是由 Visual Basic 预先设置的、能被对象识别的动作。一个对象可以识别和响应多个不同的事件。Visual Basic 程序的执行通过事件来驱动，当在该对象上触发某个事件后，就执行一个与事件相关的事件过程；当没有事件发生时，整个程序就处于等待状态。

3. Visual Basic 的特点。

（1）可视化的集成开发环境。

（2）面向对象的程序设计思想。

（3）强大的数据库管理功能。

（4）支持对象链接和嵌入。

（5）强大的 Internet 功能。

（6）支持动态链接库（DLL）。

（7）完备的联机帮助系统。

4. 创建 Visual Basic 应用程序的基本步骤。

（1）创建工程。

（2）界面设计。

（3）属性设置。

（4）控件事件过程和代码编辑。

（5）文件保存。

（6）程序运行和调试。

5. Visual Basic 的发展与安装。

根据用户对象的不同，Visual Basic 6.0 分成标准版、专业版和企业版 3 种版本。标准版是为初学者开发的，基于 Windows 的应用程序而设计；专业版是为专业人员开发的，基于客户/服务器的应用程序而设计；企业版是为专业编程人员开发，为创建更高级的分布式、高性能的客户/服务器或 Internet/Intranet 上的应用程序而设计。

Visual Basic 的安装主要注意计算机的配置，包括相应的硬件和软件配置。Visual Basic 6.0 是基于 Windows 或 Windows NT 的一个应用程序，目前使用的计算机系统配置一般都能满足。而 MSDN（Microsoft Developer Network）对环境的要求与 Windows、Windows NT 的要求是一致的。对于初学者，安装 MSDN 尤其重要，因为一般 Visual Basic 的光盘上是不带帮助的，只有安装 MSDN，才可以得到帮助。Visual Basic 6.0 联机帮助文件都使用 MSDN 文档的帮助方式，与 Visual Basic 6.0 系统不在同一光盘上，而是与 "VisualStudio" 产品的帮助集合在两张光盘上，MSDN 可以在安装完 Visual Basic 后根据提示进行安装，也可独立安装。

使用 Visual Basic 帮助最方便的方法是选中欲帮助的对象，按 F1 键，即可显示同该对象相关的帮助信息。

6. Visual Basic 集成开发环境。

集成开发环境（Integrated Development Environment，IDE）是指一个集设计、运行和调试于一体的开发平台，初学者应重点掌握以下内容。

（1）工作状态的 3 种模式。

● 设计模式：可以进行程序的界面设计、属性设置、代码编写等。在此模式下，单击 ▶ 按钮进入运行模式。

● 运行模式：可以查看程序代码，但不能对其进行修改。当程序运行出错或单击 "Ⅱ" 按钮可暂停程序的运行，进入中断模式。

● 中断模式：可以查看程序代码、修改程序代码、检查数据。单击 Ⅱ 按钮，可停止程序的运行；单击 ▶ 按钮继续运行程序，进入运行模式。

（2）编辑程序代码时的主要窗口包括主窗口（菜单栏、工具栏）、工具箱窗口、属性窗口、代码窗口、工程资源管理器窗口。

（3）程序运行和生成可执行文件。

在 Visual Basic 中，可通过 "运行" → "启动" 命令来按照解释运行模式运行程序，便于程序调试，但速度较慢；也可通过选择 "文件" → "生成.exe" 命令将 Visual Basic 源程序生成可执行程序，然后在 Windows 环境下执行（但这时必须有在 Windows 环境下运行 Visual Basic 程序所需的动态链接库）。

7. Visual Basic 程序的错误类型。

在 Visual Basic 中，常见错误可分为 3 种类型。

（1）语法错误：编辑程序时系统会检查出输入错误或编译时语法错误，这时系统显示"编译错误"并提示用户修改。

（2）运行时错误：程序没有语法错误，但运行时出错，单击"调试"按钮，程序将停留在引起错误的那一条语句上，要求用户修改。

（3）逻辑错误：程序正常运行后没有得出预期结果。这类错误最难检测，通常可以设置断点进行调试。

8. 程序调试。

一般采用以下方法来调试程序。

（1）设置断点：程序运行到有断点的地方时处于中断模式，然后逐句跟踪相关变量、属性和表达式的值来判断是否能得到预期结果。

（2）利用 Debug. Print 方法在"立即"窗口中显示相关变量的值。

9. Visual Basic 程序的构成与管理。

在 Visual Basic 中，一个应用程序就是一个工程，以 .vbp 工程文件的形式保存，一个工程中必须包含一个（或多个）.frm 窗体文件、自动产生的 .frx 二进制文件（如属性窗口装入的图片等），还可有 .bas 标准模块文件及 .cls 类模块文件。在 Visual Basic 集成开发环境中可以由工程资源管理器统一管理工程，工程资源管理器窗口如图 1-1 所示。在这个窗口中显示出一个应用程序工程的层次列表，同时还提供了一定的管理功能，可以添加、删除各个部分，还可以在界面和代码间来回切换。

工程资源管理器窗口如果不可见，可以通过"视图"菜

图 1-1 工程资源管理器窗口

单→"工程资源管理器"（Ctrl+R）或者标准工具栏上的 按钮打开。工程资源管理器窗口上有代码按钮、对象查看按钮和切换文件夹按钮 3 个按钮。

1.2 示 例 分 析

1. Visual Basic 采用了_____编程机制。

    A. 面向过程　　　　B. 面向对象　　　　C. 事件驱动　　　　D. 可视化

【分析】 答案为 C。在 Visual Basic 的特点中，面向对象、可视化都是程序设计的方法，不是编程机制，很显然，只有事件驱动才是 Visual Basic 的编程机制。

2. 一个对象可执行的动作与可被一个对象所识别的动作分别称为_____。

    A. 事件、方法　　　B. 方法、事件　　　C. 属性、方法　　　D. 过程、事件

【分析】 答案为 B。

"方法"指对象可执行的动作或行为。

"事件"指使某个对象进入活动状态（又称激活）的一种操作或动作。

"属性"指用于描述对象的外部特征，对象的属性是用数据（属性值）来描述的。

3. 对象是将数据和程序_____起来的逻辑实体。

    A. 封装　　　　　　B. 串接　　　　　　C. 链接　　　　　　D. 伪装

【分析】 答案为 A。对象是具有特殊属性（数据）和行为方式（方法）的实体，它将数据和程序封装起来对对象的操作通过与该对象有关的属性、事件和方法来描述。

4. 系统符号常量的定义可以通过_____获得。

    A. 对象浏览器   B. 代码窗口   C. 属性窗口   D. 工具箱

【分析】 答案为 A。

对象浏览器：可以显示对象库和当前工程过程中的可用类、属性、方法、事件及常量和变量。

代码窗口：Visual Basic "代码编辑器" 是一个窗口，大多数代码都是在此窗口上编写。它像一个高度专门化的字处理软件，有许多便于编写 Visual Basic 代码的功能。

属性窗口：主要是针对窗体和控件设置的，用来显示和设置窗体和控件的属性信息。

工具箱窗口：有工具图标组成，这些图标是 Visual Basic 应用程序的构件，称为图形对象或控件，每个控件由工具箱中的一个工具图标表示。

5. 以下叙述中错误的是_____。

    A. 一个工程可以包括多种类型的文件

    B. Visual Basic 应用程序既能以编译方式执行，也能以解释方式执行

    C. 程序运行后，在内存中只能驻留一个窗体

    D. 对于事件驱动型应用程序，每次运行时的执行顺序可以不一样

【分析】 答案为 C。一个工程可以包括多种类型文件，有窗体文件（.frm 文件）、标准模块文件（.bas 文件）、类模块文件（.cls 文件），所以选项 A 正确。Visual Basic 应用程序可以以解释方式执行，也可以编译成可执行文件执行，所以选项 B 正确。在 Visual Basic 中，程序的执行发生了根本的变化，程序的执行先等待某个事件的发生，然后去执行处理此事件的事件过程，即事件驱动程序设计方式。这些事件的顺序决定了代码执行的顺序，因此应用程序每次运行时所经过的代码的路径是不同的，因此选项 D 正确。程序运行后，在内存中可以驻留多个窗体，所以选项 C 是错误的。

1.3　同步练习题

一、选择题

1. 以下不能在 "工程资源管理器" 窗口中列出的文件类型是_____。

    A. .bas   B. .res   C. .frm   D. .ocx

2. 以下叙述中错误的是_____。

    A. 一个工程可以包括多种类型的文件

    B. Visual Basic 应用程序既能以编译方式执行，也能以解释方式执行

    C. 程序运行后，在内存中只能驻留一个窗体

    D. 对于事件驱动型应用程序，每次运行时的执行顺序可以不一样

3. Visual Basic 6.0 包括 3 种版本，其中不包括_____。

    A. 标准版   B. 企业版   C. 学习版   D. 专业版

4. Visual Basic 程序设计语言属于_____。

    A. 面向过程的语言   B. 面向问题的语言

      C. 面向对象的语言   D. 面向机器的语言

5. 假定一个 Visual Basic 应用程序由一个窗体模块和一个标准模块构成。为了保存该应用程序，以下操作正确的是_____。

    A. 只保存窗体模块文件

    B. 分别保存窗体模块、标准模块和工程文件

    C. 只保存窗体模块和标准模块文件

    D. 只保存工程文件

6. 通过下面_____窗口可以在设计时直观地调整窗体在屏幕上的位置。

    A. 代码窗口   B. 窗体布局窗体

    C. 窗体设计界面   D. 属性窗口

7. 以下叙述中错误的是_____。

    A. 打开一个工程文件时，系统自动装入与该工程有关的窗体、标准模块等文件

    B. Visual Basic 中控件的某些属性只能在运行时设置

    C. Visual Basic 应用程序中可以有多个活动窗体

    D. 事件可以由用户引发，也可以由系统引发

8. 对象所能做的动作称为对象的_____。

    A. 方法   B. 继承   C. 属性   D. 封装

9. 下列关于事件的叙述中不正确的是_____。

    A. 事件是系统预先为对象定义的能被对象识别的动作

    B. 事件可分为用户事件与系统事件两类

    C. Visual Basic 为每个对象设置好各种事件，并定义好事件过程的过程名，但过程代码必须由用户自行编写

    D. Visual Basic 中所有对象的默认事件都是 Click

10. 一只漂亮的酒杯被摔碎了，则漂亮、酒杯、摔、碎了是_____。

    A. 对象、属性、事件、方法   B. 对象、属性、方法、事件

    C. 属性、对象、方法、事件   D. 属性、对象、事件、方法

11. 用一个程序段对某一对象被单击（或双击）做出响应，从而实现指定的操作，称为_____。

    A. 可视化程序设计方法   B. 事件驱动编程机制

    C. 过程化程序设计方法   D. 非过程化程序设计方法

12. 以解释方式执行程序的过程是边逐条解释边执行，不生成_____。

    A. 目标程序   B. 源程序   C. 链接程序   D. 库文件

13. 以下有关对象属性的说法中正确的是_____。

    A. 对象所有的属性都罗列在属性窗口列表中

    B. 不同对象不可能有同名属性

    C. 不同对象的同名属性取值一定相同

    D. 对象的某些属性既可在属性窗口中设置，也可通过程序代码设置或改变

14. 下列叙述正确的是_____。

    A. 对象是包含数据又包含对数据进行操作方法的物理实体

    B. 对象的属性只能在属性窗口中设置

    C. 不同的对象能识别不同的事件

    D. 事件过程都要由用户单击对象来触发

15. 在 Visual Basic 中最基本的对象是_____，它是应用程序的基石，是其他控件的容器。

    A. 文本框   B. 窗体   C. 标签   D. 命令按钮

16. 以下叙述中错误的是_____。

    A. 事件过程是响应特定事件的一段程序

    B. 不同的对象可以具有相同名称的方法

    C. 对象的方法是执行指定操作的过程

    D. 对象事件的名称可以由编程者指定

17. 下列叙述正确的是_____。

    A. 同一个事件的名称在不同的程序中可以不同

    B. 事件是用户定义的

    C. 对象的事件是不固定的

    D. 事件是对象能够识别的动作

18. 在 Visual Basic 工程中，可以作为"启动对象"的程序是_____。

    A. 任何窗体或标准模块   B. 任何窗体或过程

    C. Sub Main 过程或其他任何模块   D. Sub Main 过程或任何窗体

19. 在设计阶段，当双击窗体上的某个控件时，所打开的窗口是_____。

    A. 工程资源管理器窗口   B. 工具箱窗口

    C. 代码窗口   D. 属性窗口

20. 在 Visual Basic 应用程序中，在程序中流动的不是一般的数据而是_____。

    A. 事件   B. 属性   C. 方法   D. 对象

21. Visual Basic 一共有设计、运行和中断 3 种模式，要使用调试工具应该_____。

    A. 进入设计模式   B. 进入运行模式

    C. 进入中断模式   D. 不用进入任何模式

22. 在代码编辑器中，如果一条语句过长，不能在一行内写下，则需要折行书写，用户可通过在行末使用续行符来实现的，该续行符表示为_____。

    A. 一个下划字符（_）   B. 一个空格加一个下划字符（_）

    C. 一个空格加一个连字符   D. 回车

23. Visual Basic 是一种面向对象的程序设计语言，对象的三要素包括_____。

    A. 变量，属性，方法   B. 属性，事件，方法

    C. 类，属性，方法   D. 对象，属性和方法

24. 以下叙述中，错误的是_____。

    A. 一个 Visual Basic 应用程序可以含有多个标准模块文件

    B. 一个 Visual Basic 工程可以含有多个窗体文件

    C. 标准模块文件可以属于某个指定的窗体文件

    D. 标准模块文件的扩展名是 .Bas

25. 新建一个标准 EXE 工程后，不在工具箱中出现的控件是_____。

    A. 单选按钮   B. 图片框   C. 通用对话框   D. 文本框

26. 在设计阶段，双击窗体 Form1 的空白处，打开代码窗口，显示_____事件过程。
    A. Form_Click   B. Form1_Load   C. Form_Load   D. Form1_Click

27. 当需要上下文帮助时，选择要帮助的"难题"，然后按_____键，就可出现 MSDN 窗口及显示所需"难题"的帮助信息。
    A. Help   B. F10   C. F1   D. Esc

28. Visual Basic 有多种类型的窗口，若要在设计时看到窗体窗口，以下操作不正确的是_____。
    A. 打开"视图"菜单，选择"对象窗口"
    B. 双击 Visual Basic 窗口工作区的空白处
    C. 单击"工程资源管理器"中的"查看对象"按钮
    D. 双击"工程资源管理器"中对应的窗体名

29. 下面关于属性和方法的描述中，不正确的是_____。
    A. 属性是对象的特征，方法是对象的行为
    B. 属性和方法都有值
    C. 属性可以被赋值
    D. 方法表示能执行的操作

30. 不能在窗体上选择多个控件的方法有_____。
    A. 按住 Shift 键同时单击每个控件   B. 单击每个控件
    C. 通过鼠标拖动一方框将它们选定   D. 按住 Ctrl 键同时单击每个控件

二、填空题

1. 为了把一个 Visual Basic 应用程序装入内存，只要装入_____文件即可。

2. 面向对象的程序设计方法是把____（1）____封装起来作为一个对象，并为每一个对象设置所需的____（2）____。

3. Visual Basic 是一种面向____（1）____的可视化程序设计语言，采用____（2）____驱动的编程机制。

4. 对象的属性是指____（1）____，方法是指____（2）____。

5. 对象是代码和数据的集合，例如，Visual Basic 中的____（1）____、____（2）____、____（3）____等都是对象。

6. 开发一个应用程序必须完成以下两项工作：一是设计____（1）____；二是编写____（2）____代码。

7. 在属性窗口中，属性的显示方式分为_____和"按分类顺序"。

8. Visual Basic 应用程序通常由 3 类模块组成，即窗体模块、_____和类模块。

9. 当进入 Visual Basic 集成环境，发现没有显示"工具箱"时，应选择_____的工具箱选项，使工具箱显示在窗口。

10. 工程资源管理器窗口上有 3 个按钮，它们分别是代码按钮、_____和切换文件夹按钮。

11. _____窗口用于指定在程序运行时窗体在屏幕上的初始位置，用户通过鼠标拖动就可以改变窗体位置，并能直接观察到效果。

12. Visual Basic 6.0 的退出方式也有多种，可使用快捷键_____。

1.4 实 验 题

一、实验目的

1. 通过对 Windows 平台的使用，体会事件驱动的工作原理。

2. 通过对 Windows 平台以及该平台下常用软件界面的认识，了解常用的界面元素及其用途，并尝试用面向对象的方法来分析它们的属性、方法和事件。

3. 了解掌握 Visual Basic 程序的建立、编辑、调试运行和保存方法。

4. 了解掌握 MSDN 的使用。

二、实验内容

实验 1-1 在你接触的计算机系统中，能找到机器语言、汇编语言、第三代高级语言、第四代高级语言等语言代码吗？了解它们一般是在什么环境、用什么开发工具创建、打开与使用它们的？

实验 1-2 按照步骤设计运行如图 1-2 所示的界面功能的程序，了解面向对象程序设计的设计过程，体会窗体、控件的属性、方法和事件，体会事件驱动的工作原理。

设计步骤如下。

（1）界面设计。启动 Visual Basic，选择新建"标准 EXE"，进入设计模式，出现 Form1 窗口。

图 1-2　程序运行结果图

在窗体上放置一个标签（Label 控件）和一个文本框（TextBox），它们的属性值如表 1-1 所示。

表 1-1　　　　　　　　　　　　　　属性设置表

对 象 类 型	对象名（Name）属性	属 性 设 置	
窗体	Form1	Caption	Form1
标签	Label1	Caption	欢迎使用 Visual Basic 6.0
		Font	字号为小四号，字体为隶书
标签	Label2	Caption	你单击窗体次数为：
文本框	Text1	Caption	""
命令按钮	Command1	Caption	改变窗体的背景色

属性的设置可以通过两种方法实现：在属性窗口或代码中设置，按照表 1-1 所示在属性窗口中设置对应控件的对应属性值。

（2）代码编辑。代码按照如下方法进行编写。双击窗体，在代码编辑窗口中添加如下程序。

```
Private Sub Form_Load()
    Text1.Text = 0
End Sub
```

```
Private Sub Form_Click()
    Text1.Text = Val(Text1.Text) + 1
End Sub
Private Sub Command1_Click()
    Form1.BackColor = 50
End Sub
```

（3）保存。编辑完成后，进行保存，建议保存时最好建立一个文件夹，然后把该工程的所有文件都放在该文件夹中。例如，单击"文件"菜单中的"保存工程"命令，选中文件夹"实验 1-2"（该文件夹可以事先建立好，也可以随时创建），然后把"工程 1.vbp"和"Form1.frm"文件保存在该文件夹中，这样易于管理。

（4）调试。执行"运行"菜单中的"启动"命令，进入运行状态。观察输出结果，如出现错误或结果不对，则需要单击工具栏上的"结束"按钮反复调试，直至得到正确结果。

（5）编译应用程序。在"文件"菜单中选择"生成工程 1.exe"命令，弹出"生成工程"对话框，按照提示进行编译。之后在该文件夹中就会多出一个"工程 1.exe"可执行文件，双击它可直接运行。

实验 1-3 借助 Visual Basic 帮助系统初步了解 Visual Basic 的开发环境。

实验 1-4 按照步骤设计如图 1-3 所示的界面功能的程序，体会面向对象程序设计的设计过程。

实验步骤如下。

（1）界面设计。启动 Visual Basic，选择新建"标准 EXE"，进入设计模式，出现 Form1 窗口。

在窗体上放置一个图片框（PictureBox 控件）和两个命令按钮（Command 控件），它们的属性值如表 1-2 所示。

图 1-3 程序运行结果图

表 1-2   属性设置表

对 象 类 型	对象名（Name）属性	属 性 设 置	
窗体	Form1	Caption	我的 VB 程序
图片框	Picture1	ForeColor	&H00FF0000&（即蓝色）
命令按钮	Command1	Caption	显示
命令按钮	Command2	Caption	清除

（2）代码编辑。双击命令按钮 1，在代码编辑窗口添加如下程序。

```
Private Sub Command1_Click()
    Picture1.Print "你好"
End Sub
Private Sub Command2_Click()
    Picture1.Cls
End Sub
```

（3）保存程序。

（4）运行程序，观察窗体中图片框中的变化。

（5）思考。考虑一下如何利用图片框中的字体大小?

1.5　常见错误分析

1. 标点符号错误。

在 Visual Basic 中只允许使用西文标点，任何中文标点符号在程序编译时都会产生"无效字符"错误，系统以红色字显示。在编写 Visual Basic 代码时有时需要写中文文字，此时要注意中英文标点的切换。中英文状态下符号对照如表 1-3 所示。

表 1-3　　　　　　　　　　　　　　　　中英文状态下符号对照表

英文标点	,	.	'	"	:	-	<
中文标点	，	。	''	""	：	—	《

2. 字母和数字形状相似。

L 的小写字母"l"和数字"1"形式相近，O 的小写字母"o"与数字"0"形式相近，在代码输入时要注意它们的区别。

3. 语句书写位置错误。

在 Visual Basic 中，除了在"通用声明"段使用 Dim 等变量声明、Option 语句除外，其他任何语句都应在事件过程中，否则程序运行时会显示"无效外部过程"的提示信息。若要对模块级变量进行初始化工作，一般放在 Form_Load（）事件过程中。

4. 程序出现"要求对象"的错误。

界面设计时需要在窗体上创建控件，系统为每个控件设置了一个默认的名称，用于在程序中唯一地标识该控件对象，如 Form1、Text1、Label1、Command1 等。用户可以使用默认的控件名，也可以更改属性窗口的（Name）属性，使得程序的可读性更好。在更改了控件的 Name 属性后，代码中凡用到该控件时都要使用其改后的名称，否则就会出现"要求对象"的错误。

5. 代码无法更改。

当程序处于运行模式时，代码窗口中的代码是不能更改的，只有在设计或中断模式时才可以更改代码。

6. 打开工程时找不到相应的文件。

通常一个应用程序应包括一个工程文件 .vbp 和一个窗体文件 .frm。vbp 文件记录了该工程内的所有文件（窗体文件 .frm、标准模块文件 .bas、类模块文件 .cls 等）的名称和所存放的路径。

用户上机结束后，把文件复制到移动存储设备上保存时，遗漏了复制某个文件，下次打开工程时就会出现"文件未找到"。有的情况是用户在 Visual Basic 环境外对窗体文件等改名，而工程文件内记录的还是原来的文件名，也会造成打开工程时出现"文件未找到"的错误。

解决此问题最好的方法是通过"工程"|"添加窗体"|"现存"菜单选项，将改名后的窗体加入工程。建议读者在保存工程时应先建立一个文件夹，然后把该工程的所有文件都保存在该文件夹中，复制时，把整个文件夹一起复制，这样可以避免出现遗漏文件现象。

1.6　参　考　答　案

一、选择题

1. D	2. C	3. C	4. C	5. B	6. B
7. C	8. A	9. D	10. D	11. B	12. A
13. D	14. C	15. B	16. D	17. D	18. D
19. C	20. A	21. C	22. B	23. B	24. C
25. C	26. C	27. C	28. B	29. B	30. B

二、填空题

1. 工程

2. （1）程序和数据　　（2）属性

3. （1）对象　　（2）事件

4. "按字母顺序"

5. （1）窗体　　（2）控件　　　　（3）菜单

6. （1）对象属性　　（2）事件过程

7. 多

8. 标准模块

9. 视图

10. 对象查看按钮

11. 窗体布局

12. Alt+Q

第2章 窗 体

2.1 学 习 要 点

1. 窗体的属性设置方法有两种。

（1）设计时通过属性窗口设置属性值。

（2）运行时通过程序代码改变属性值。

> 格式：窗体对象名.属性名 = 表达式 或 属性名 = 表达式

（3）窗体的常用属性如表 2-1 所示。

表 2-1 窗体的常用属性

属 性 名	功 能 说 明	属 性 名	功 能 说 明
Name	窗体名称	Picture	设置窗体中的背景图片
Caption	窗体标题	WindowState	窗体运行时的显示状态
MinButton	窗体是否显示最小化按钮	Font	窗体上文本的字体格式
MaxButton	窗体是否显示最大化按钮	CurrentX	当前位置的横坐标
BorderStyle	窗体边框风格	CurrentY	当前位置的纵坐标

2. 窗体的方法。

（1）在程序代码中，窗体对象的方法一般采用下面的格式调用：

> 格式：窗体对象名.方法名［参数项列表］ 或 方法名［参数项列表］

（2）窗体的常用方法如表 2-2 所示。

表 2-2 窗体的常用方法

方 法 名	功 能 说 明	方 法 名	功 能 说 明
Print	输出打印	Move	移动窗体
Line	画直线、矩形	Cls	清屏
Circle	画圆、椭圆、扇形、圆弧	Show	显示窗体
Pset	画点	Hide	隐藏窗体

3. 窗体和控件对象的事件可以分成以下 3 类。

（1）程序事件：如 Visual Basic 程序装载、打开和关闭窗体时触发的事件。

（2）鼠标事件：鼠标单击、双击、拖动等操作触发的事件。

（3）键盘事件：按下键盘上的按键触发的事件。

窗体事件过程的书写格式，一般形式如下：

```
Private Sub Form_事件名([参数列表])          '子过程开始
    [程序代码]
End Sub                                     '子过程结束
```

（4）窗体的常用事件如表 2-3 所示。

表 2-3　　　　　　　　　　　窗体的常用事件

简 单 划 分	事 件 名	功 能 说 明
启动	Initialize	初始化事件
	Load	载入事件
卸载	QueryUnload	卸载前触发
	Unload	卸载时触发
鼠标左键操作	Click	单击事件
	DblClick	双击事件
鼠标事件	MouseMove	鼠标移动的时候连续发生
	MouseDown	鼠标左键或者右键按下的时候发生
	MouseUP	鼠标左键或者右键释放的时候发生
活动状态	Activate	激活事件
	Deactivate	失去激活事件
焦点	GotFocus	获得焦点事件
	LostFocus	失去焦点事件
其他	Resize	改变窗体大小事件

4. 多重窗体和 MDI 窗体。

（1）多重窗体的窗体添加。

（2）多重窗体的窗体加载/卸载、显示/隐藏。

（3）多重窗体的启动窗体的设置。

（4）MDI 窗体和所有子窗体的创建、显示及运用。

2.2　示例分析

1. 设名称为 Myform 的窗体上只有 1 个名称为 C1 的命令按钮，下面叙述中正确的是＿＿＿＿＿＿。（多选）

　　A. 命令按钮的 Click 事件过程的过程名是 C1_Click

　　B. 命令按钮的 Click 事件过程的过程名是 Command1_Click

  C. 窗体的 Click 事件过程的过程名是 Myform_Click

  D. 窗体的 Click 事件过程的过程名是 Form_Click

  【分析】 答案为 A 和 D。窗体事件过程的过程名为"Form_事件名"，控件事件过程的过程名为"控件名_事件名"（详见第 3 章）。所以，此处名称为 Myform 窗体的 Click 事件过程的过程名是 Form_Click，C1 命令按钮的 Click 事件过程的过程名是 C1_Click。

  2. 鼠标按下并拖动这一个过程在 Visual Basic 中会触发_____事件。

  A. MouseDown、MouseUp 和 MouseMove B. MouseDown 和 MouseMove

  C. Click 和 MouseMove   D. MouseDown 和 Click

  【分析】 答案为 B。Visual Basic 系统中除可对常用的鼠标单击、双击事件进行捕获外，还可以捕获鼠标按钮的按下、释放和移动动作。鼠标按钮的按下、释放和移动动作将引发鼠标的 MouseDown、MouseUp 和 MouseMove 事件，统称鼠标事件。鼠标事件被用来识别和响应各种鼠标状态，并把这些状态看作独立的事件，不应将鼠标与 Click 事件和 DblClick 事件混为一谈。在按下鼠标按钮并释放时对应着 MouseDown 和 MouseUp 事件，Click 事件只能把此过程识别为一个单一的操作，即单击操作。鼠标事件不同于 Click 事件和 DblClick 事件，鼠标事件能够区分各鼠标按钮与 Shift、Ctrl、Alt 键。

  3. 要想改变一个窗体的标题内容，则应设置以下哪个属性的值_____。

  A. Name   B. FontName   C. Caption   D. Text

  【分析】 答案为 C。Name 属性是所有控件对象具有的属性；FontName 为可以显示内容的控件对象的字体名称；Caption 属性为控件显示的标题内容；Text 属性为几个特殊控件对象显示的内容。

  4. 下列各个窗口属性值的设置方法中，通过在属性窗口中选择设置类型值的是_____。

  A. AutoRedraw（自动重画）   B. 字体属性设置

  C. Height、Width   D. Icon

  【分析】 答案为 A。AutoRedraw 属性是布尔类型值，在属性窗口中通过鼠标选择设置；字体属性设置是弹出属性对话框来设置；Height、Width 是通过数据输入设置；Icon 是通过弹出"加载图标"对话框来引入图标文件。

  5. 设置窗体外观效果所使用的属性项_____，设置窗体是否可被移动的属性是_____。

  【分析】 答案为 Appearance 和 Moveable。设置窗体外观效果的属性是 Appearance，数值类型，0——平面效果，1——立体效果。设置窗体是否被移动的属性是 Moveable，布尔类型，True——窗体可移动，False——窗体不可移动。

2.3 同步练习题

一、选择题

  1. 在以下有关对象属性的叙述中错误的是_____。

  A. 所有对象都具有 Name 属性

  B. 只能在执行时设置或改变的属性为执行时属性

  C. 对象的某些属性只能在设计时设定，不能使用代码改变

  D. Enabled 属性值设为 False 的控件对象在窗体上将不可见

2. 以下关于 Name 属性的说法，错误的是_____。

    A. Name 属性必须以字母或汉字开头

    B. Name 属性可以在属性窗口修改，也可以在代码中修改

    C. 所有控件都有 Name 属性，其值不能为空

    D. "Form1.frm" 是一个非法的对象名

3. 在 Visual Basic 中，所有的窗体和控件一定具有的一个属性是_____。

    A. Name   B. Font   C. Caption   D. FillColor

4. 用于设置删除线的属性是_____。

    A. FontStrikethru   B. FontUnderline   C. Font   D. Bold

5. 运行时，要给窗体 Form1 加载 "C:\WINDOWS\Clouds.Bmp" 图像文件，应使用语句_____。

    A. Form.Picture ="C:\WINDOWS\Clouds.bmp"

    B. Form.Picture= LoadPicture（"C:\WINDOWS\Clouds.bmp"）

    C. Form1.Picture = LoadPicture（C:\WlNDOWS\Clouds.bmp）

    D. Form1.Picture = LoadPicture（"C:\WlNDOWS\Clouds.bmp"）

6. 运行时，不能清除窗体 Form1 中图像文件的语句是_____。

    A. Form1.Picture =""

    B. Form1.Picture = LoadPicture（ ）

    C. Form1.Picture = LoadPicture（ "" ）

    D. Form1.Picture = LoadPicture

7. 窗体 Form1 的 Name 属性是 Frm1，它的单击事件过程名是_____。

    A. Form1_Click   B. Form_Click   C. Frm1_Click   D. Me_Click

8. 运行时，要在窗体 Form1 中打印字符串"How Are You"，应使用语句_____。

    A. Form1.Print ="How Are You"

    B. Form1.Picture = LoadPicture"How Are You".

    C. Form1.Print "How Are You"

    D. Form.Print "How Are You"

9. 用于设置粗体字的属性是_____。

    A. FontName   B. FontSize   C. FontBold   D. FontItalic

10. 将窗体的_____属性设置为 False 后，运行时窗体上的按扭、文本框等控件就不会对用户的操作做出响应。

    A. Enabled   B. Visible   C. ControlBox   D. WindowState

11. 在设计阶段，双击窗体 Form1 的空白处，打开代码窗口，显示_____事件过程模板。

    A. Form_Click   B. Form_Load   C. Form1_Click   D. Form1_Load

12. Visual Basic 中最基本的对象是_____，它是应用程序的基石。

    A. 标签   B. 窗体   C. 文本框   D. 命令按钮

13. 执行多窗体应用程序后_____。

    A. 打开一个窗体后，其他窗体都会被关闭

    B. 允许同时打开多个窗体

    C. 打开一个窗体后，其他窗体都被隐藏起来

    D. 在某一时刻只能打开一个窗体

14. 关于多窗体应用程序的叙述正确的是_____。
    A. 连续向工程中添加多个窗体，存盘后只生成一个窗体模块
    B. 连续向工程中添加多个窗体，会生成多个窗体模块
    C. 每添加一个窗体，即生成一个工程文件
    D. 只能以第一个建立的窗体作为启动界面

15. 将一个窗体设置为 MDI 子窗体的方法是_____。
    A. 将窗体的名称改为 MDI
    B. 将窗体的 MDIChild 属性设为 True
    C. 将窗体的 MDIChild 属性设为 False
    D. 将窗体的 Enabled 属性设为 False

16. 以下叙述中错误的是_____。
    A. 一个工程中最多只能有一个 Sub Main 过程
    B. 窗体的 Show 方法是显示窗体
    C. 窗体的 Hide 方法和 Unload 方法的作用完全相同
    D. 若工程文件中有多个窗体，可以根据需要指定一个窗体为启动窗体

17. 工程中有 2 个窗体，名称分别为 Form1、Form2，Form1 为启动窗体。要求程序运行后单击 Form1 时显示 Form2，则 Form1 的单击事件应该是_____。
    A. Private Sub Form_Click（）
            Form2.Show
        End Sub
    B. Private Sub Form_Click（）
            Form2.Visible
        End Sub
    C. Private Sub Form_Click（）
            Load Form2
        End Sub
    D. Private Sub Form_Click（）
            Form2.Load
        End Sub

18. 某人创建了一个工程，其中的窗体名称为 Form1，之后又添加一个名为 Form2 的窗体，并希望程序执行时先显示 Form2 窗体，那么，他需要做的工作是_____。
    A. 在工程属性对话框中把"启动对象"设置为 Form2
    B. 把 Form1 的 Load 事件过程中加入语句 Load Form2
    C. 在 Form2 的 Load 事件过程中加入语句 Form2.Show
    D. 把 Form2 的 TabIndex 属性设置为 1，把 Form1 的 TabIndex 属性设置为 2

19. 以下叙述中正确的是_____。
    A. 窗体的 Name 属性指定窗体的名称，用来标识一个窗体
    B. 窗体的 Name 属性值是显示在窗体标题中的文本
    C. 可以在运行期间改变窗体的 Name 属性的值
    D. 窗体的 Name 属性值为空

20. 如果要在应用程序中添加另一个窗体，正确的操作方法是_____。
　　A. 在"文件"的下拉菜单中选择"添加窗体"命令
　　B. 在"工程"的下拉菜单中选择"添加窗体"命令
　　C. 在"编辑"的下拉菜单中选择"添加窗体"命令
　　D. 在"工具"的下拉菜单中选择"添加窗体"命令

21. 在当前工程中添加一个新的窗体，错误的操作是_____。
　　A. 在"工程"的下拉菜单中选择"添加窗体"命令
　　B. 从工具栏中单击"添加窗体"按钮
　　C. 在代码窗口或属性窗口中输入一个新的窗口名称，即自动建立一个新的窗体
　　D. 在工程资源管理器的工程图标上右击鼠标，打开快捷菜单，选择"添加"后，再单击"添加窗体"命令

22. 要设置工程中某一个窗体为启动窗体，必须的操作步骤是_____。
　　A. 打开"属性窗口"，选择作为启动窗体的窗体名称
　　B. 打开"代码窗口"，用 Visual Basic 语句设置启动窗体
　　C. 打开"工程属性"对话框，选择作为启动窗体的窗体名称
　　D. 打开"窗体设计器"窗口，选择作为启动窗体的窗体名称

23. 下列语句中，在运行时能使 Form1 窗体上的输出文本刷新显示的语句是_____。
　　A. Form1.Refresh　　　　　　　　B. Form1.Hide
　　C. Unload Form1　　　　　　　　D. Form1.Cls

24. 在多窗体设计时，"工程资源管理器"窗口是非常有用的窗口。关于"工程资源管理器"窗口功能的说明，错误的是_____。
　　A. 在"工程资源管理器"窗口中可以设置某一个窗体作为启动窗体
　　B. 在"工程资源管理器"窗口中显示与工程有关的文件和对象
　　C. 在"工程资源管理器"窗口中某一图标左边方框内有"-"号表示已经被移走
　　D. 在"工程资源管理器"窗口中双击.frm 文件名或图标，能够打开该文件的窗体

25. 要将名为 MyForm 的窗体显示出来，正确的方法是_____。
　　A. MyForm.Show　　　　　　　　B. MyForm Show
　　C. Show. MyForm　　　　　　　　D. Load MyForm

26. 下列叙述错误的是_____。
　　A. 一个应用程序可以只有一个窗体
　　B. 一个应用程序可以由多个窗体组成
　　C. 一个窗体一定对应一个窗体文件，所以一个应用程序只能包含一个窗体
　　D. 一个应用程序只能有一个启动窗体

27. 关于启动窗体的说法错误的是_____。
　　A. 系统默认将第一个建立的窗体作为启动窗体
　　B. 系统默认将最后一个被编辑的窗体作为启动窗体
　　C. 多窗体程序中，只能有一个窗体是启动窗体
　　D. 可以根据需要，设置某一个窗体作为启动窗体

28. 在 Visual Basic 工程中可以作为"启动对象"的程序有_____。
　　A. 任意窗体或模块

    B. 任意窗体

    C. 任意窗体或 Sub Main 过程

    D. Sub Main 过程或其他任意模块

29. Visual Basic 中的 MDI 窗体是指_____窗体。

    A. 单文档界面   B. 简单界面   C. 复杂界面   D. 多文档界面

30. 关闭 MDI 窗体，会触发的事件是_____。

    A. Click   B. Load   C. Resize   D. QueryUnload

二、填空题

1. 绘图属性的 CurrentX 属性和 CurrentY 属性在设计时不可用，只能在代码中设置，并且经常和 （1） 方法结合使用。在默认坐标系中，首次使用 Print 方法，CurrentX 属性和 CurrentY 属性的默认值都是 （2） 。

2. 在对象的 MouseDown 和 MouseUp 事件过程中，当参数 Button 的值为 1、2 时，分别表示按下鼠标的 （1） 和 （2） 按钮。

3. 若要使窗体上的所有控件具有相同的字体格式，应设置 （1） 的 （2） 属性。

4. 一个应用程序最多可以有 （1） 个 MDI 父窗体。在运行时，MDI 父窗体中的子窗体最小化时，其图标将显示在 （2） 中。

5. 要使窗体不能移动，应设置的属性是_____。

6. 在 Visual Basic 中，设置大部分属性的方法有两种：一是 （1） ；二是 （2） 。

7. 设置窗体背景颜色的属性名称是_____。

8. 窗体有两个属性的默认值是相同的：分别是 （1） 和 （2） 。

9. 在窗体上输出文本的方法是 （1） ，清除窗体上输出文本的方法是 （2） 。

10. 建立工程并存盘后，除了生成窗体文件外还会生成_____文件。

11. 程序运行时要使某一个窗体暂时隐藏，但不从内存中清除，应使用_____。

12. 要卸载窗体，需要使用语句_____。

13. 在"工程资源管理器"窗口中要打开一个窗体，应该双击扩展名为_____的文件。

14. 在当前工程中添加一个新的窗体，应选择菜单栏_____下拉菜单中的选项。

15. 要使窗体上没有最大化按钮，应将窗体对象的_____属性设置为 False。

2.4　实　验　题

一、实验目的

1. 根据要求设计窗体界面，合理使用常用控件，并对窗体进行布局。
2. 掌握窗体的属性、方法和事件。
3. 掌握 MDI 窗体及其子窗体的设计。

二、实验内容

实验 2-1　利用命令按钮实现窗体的左右上下移动。

（1）界面设计。在窗体上放置 4 个命令按钮，界面如图 2-1

图 2-1　实验 2-1 运行界面

所示。

（2）属性设置如表 2-4 所示。

表 2-4　　　　　　　　　　　　　　　　控件属性设置

对　象	属性名称	属性值
窗体	Name（名称）	Form1
	Caption	实验 2-1
命令按钮 1	Name（名称）	CmdUp
	Caption	上移
命令按钮 2	Name（名称）	CmdDown
	Caption	下移
命令按钮 3	Name（名称）	CmdLeft
	Caption	左移
命令按钮 4	Name（名称）	CmdRight
	Caption	右移

（3）程序代码。

```
Private Sub CmdLeft_Click()          '左移
    Form1.Move Left - 100            '调用 Move 方法实现窗体的左移
    '此处也可通过修改窗体的位置属性 Left 实现窗体的上移

End Sub
Private Sub CmdRight_Click()         '右移
    Form1.Left = Form1.Left + 100    '修改窗体的位置属性 Left 实现窗体的右移
    '此处也可通过调用 Move 方法实现窗体的右移

End Sub
Private Sub CmdUp_Click()            '上移
    Form1.Top = Form1.Top - 100      '修改窗体的位置属性 Top 实现窗体的上移
    '此处也可通过调用 Move 方法实现窗体的上移

End Sub
Private Sub CmdDown_Click()          '下移
    Form1.Move Left, Top + 100       '调用 Move 方法实现窗体的下移
    '此处也可通过修改窗体的位置属性 Top 实现窗体的上移

End Sub
```

（4）运行程序。分别单击命令按钮，查看窗体移动效果。

（5）保存工程。将窗体保存为 2-1.frm，将工程保存为 2-1.vbp。

实验 2-2　利用命令按钮实现窗体的背景图片的加载。

（1）界面设计。在界面上安放 3 个命令按钮，界面如图 2-2 所示。

（2）属性设置如表 2-5 所示。

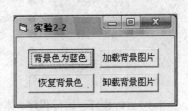

图 2-2　实验 2-2 运行界面

表 2-5   控件属性设置

对　　象	属 性 名 称	属 性 值
窗体	Name（名称）	Form1
	Caption	实验 2-2
命令按钮 1	Name（名称）	Cmdbc1
	Caption	背景色为蓝色
命令按钮 2	Name（名称）	Cmdbc2
	Caption	恢复背景色
命令按钮 3	Name（名称）	Cmdbp1
	Caption	加载背景图片
命令按钮 4	Name（名称）	Cmdbp1
	Caption	卸载背景图片

（3）程序代码。

```
Private Sub Cmdbc1_Click()              '背景色为蓝色
    Form1.BackColor = vbBlue            'vbBlue 为系统常量,也可以用 RGB(0, 0, 255)
End Sub
Private Sub Cmdbc2_Click()              '恢复背景色
    Form1.BackColor = &H8000000F        '背景色默认值为灰色,&H8000000F 为十六进制值
End Sub
Private Sub Cmdbp1_Click()              '加载背景图片,在本地磁盘中任意找一张图片加载
    Form1.Picture = LoadPicture("F:\picture\1.jpg")  '双引号中给出该图片所在路径和文件名
End Sub
Private Sub Cmdbp2_Click()              '卸载背景图片
    Form1.Picture = LoadPicture()       '清空背景图片
End Sub
```

（4）运行程序。分别单击各个命令按钮，看看效果是否正常。

（5）保存工程。将窗体保存为 2-2.frm，将工程保存为 2-2.vbp。

实验 2-3　利用窗体的 print 方法输出特殊图案。

（1）界面设计如图 2-3 所示。

（2）属性设置略。

（3）程序代码。

```
Private Sub Form_Click()
    Print Tab(6); "◆"
    Print Tab(4); "◆"; Spc(2); "◆"
    Print Tab(2); "◆"; Spc(6); "◆"
    Print Tab(4); "◆"; Spc(2); "◆"
    Print Tab(6); "◆"
End Sub
```

（4）运行程序。运行程序，体会 Tab(n) 和 Spc(n) 功能的不同。另外可将代码中的"；"改为"，"，看看运行结果是否不同。

（5）保存工程。将窗体保存为 2-3.frm，将工程保存为 2-3.vbp。

实验 2-4　在 MDI 窗体中有 2 个子窗体，要求程序一启动，两个子窗体均能显示；且每个子窗体中均有 2 个命令按钮，通过单击命令按钮可以显示和隐藏子窗体。

（1）界面设计。

在新建的工程中添加 1 个 MDI 窗体和 2 个子窗体，每个子窗体中添加 2 个命令按钮，如图 2-4 所示。

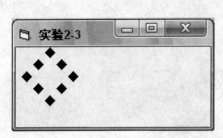

图 2-3　实验 2-3 运行界面

图 2-4　实验 2-3 界面

（2）属性设置如表 2-6 所示。

表 2-6　　　　　　　　　　　　　　　　　　控件属性设置

对象	属性名称	属性值
MDI 窗体	Name（名称）	MDIForm1
	Caption	实验 2-4
子窗体 1	Name（名称）	Form1
	Caption	子窗体 1
	MDIChild	True
子窗体 1 中的命令按钮 1	Name（名称）	Command1
	Caption	显示子窗体 2
子窗体 1 中的命令按钮 2	Name（名称）	Command2
	Caption	隐藏子窗体 1
子窗体 2	Name（名称）	Form2
	Caption	子窗体 2
	MDIChild	True
子窗体 2 中的命令按钮 1	Name（名称）	Command3
	Caption	显示子窗体 1
子窗体 2 中的命令按钮 2	Name（名称）	Command4
	Caption	隐藏子窗体 2

（3）程序代码。

MDI 窗体中代码如下：

```
Private Sub MDIForm_Load()
    Form1.Show
```

```
    Form2.Show
End Sub
```

子窗体 1 中代码如下：

```
Private Sub Command1_Click()
    Form2.Show
End Sub
Private Sub Command2_Click()
    Me.Hide                         'Me 指当前窗体
End Sub
```

子窗体 2 中代码如下：

```
Private Sub Command1_Click()
    Form1.Show
End Sub
Private Sub Command2_Click()
    Form2.Hide
End Sub
```

（4）运行程序。运行程序，体会 MDI 窗体、子窗体和普通窗体的区别。

（5）保存工程。将窗体保存为 2-4.frm，将工程保存为 2-4.vbp。

实验 2-5　利用鼠标事件编写一个画矩形的程序。

要求：当鼠标左键在窗体上被按下时，鼠标指针形状改变（外观为黑色加号），矩形左上角坐标确定；按键不松开并不断移动鼠标，窗体上的矩形右下角坐标不断更新，以虚线框显示的矩形也随之更新，如图 2-5（a）所示；当鼠标左键被释放，则矩形右下角坐标确定，以实线框最终显示该矩形，如图 2-5（b）所示。若重复该组操作，则将以前画的矩形清除后重新绘制。

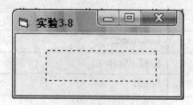

（a）鼠标移动时的界面

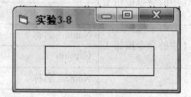

（b）鼠标左键被释放后的界面

图 2-5　实验 2-5 运行界面

【分析】　矩形绘制使用 Line 方法，格式为 Line（x1，y1）-（x2，y2），，B），线形设置使用绘图属性 DrawStyle。另外，改变鼠标指针要使用 MousePointer 属性和 MouseIcon 属性。

（1）界面设计略。

（2）属性设置略。

（3）程序代码。

```
Dim lx As Single, ly As Single, flag As Boolean
' 定义模块级变量(lx，ly)存放要绘制的矩形左上角坐标,flag 用来标识绘制状态
Private Sub Form_MouseDown(Button As Integer, Shift As Integer, X As Single, Y As Single)
```

```
        lx = X: ly = Y                              '记录要绘制的矩形左上角坐标
    MousePointer = 99
    MouseIcon = LoadPicture("C:\Program Files\Microsoft Visual Studio\Common _
\Graphics\Cursors\CROSS03.CUR")                     '空格+下划线是续行标志
    flag = True                                     '进入绘制状态
End Sub
Private Sub Form_MouseMove(Button As Integer, Shift As Integer, X As Single, Y As Single)
    If flag = True Then
        Cls                                         '清除以前绘制的图形
        DrawStyle = 2                               '绘制线型为虚线
        Line (lx, ly)-(X, Y), , B
        '用 Line 方法绘制矩形,左上角为(lx,ly),右上角为(X,Y)
    End If
End Sub
Private Sub Form_MouseUp(Button As Integer, Shift As Integer, X As Single, Y As Single)
    Cls                                             '清除以前绘制的图形
    DrawStyle = 0                                   '绘制线型为实线
    Line (lx, ly)-(X, Y), , B
    MousePointer = 0                                '鼠标指针形状复原
    flag = False                                    '结束绘制状态
End Sub
```

（4）运行程序。

（5）保存工程。

将窗体保存为 2-5.frm，将工程保存为 2-5.vbp。

2.5　常见错误分析

1. 在 Visual Basic 集成环境中没有显示"工具箱"等窗口该如何操作？

只要选择"视图/工具箱"命令就可显示；同样，选择"视图"菜单的有关命令可显示对应的窗口。

2. Name 属性和 Caption 属性混淆。

Name 属性的值用于在程序中唯一的标识该控件对象，在窗体上不可见；而 Caption 属性的值是在窗体上显示的内容。

3. 在工程中添加现有窗体时发生加载错误，如何解决？

在使用"工程"菜单中的"添加窗体"命令添加一个现存的窗体时经常发生加载错误，绝大多数是因为窗体名称冲突的缘故。例如，假定当前打开了一个含有名称为 Form1 的工程，如果想把属于另一个工程的 Form1 窗体装入则肯定会出错。

注意：窗体名与窗体文件名的区别。在一个工程中，可以有两个窗体文件名相同的窗体（分布在不同的文件夹中），但是绝对不能同时出现两个窗体名相同的窗体。

4. 使用 Load 语句加载窗体，窗体为什么不显示？

Load 语句将窗体装入内存并设置窗体的 Visible 属性为 False（无论在设计时如何设置 Visible 属性），此时可以引用窗体中的控件及各种属性。为了使窗体可见，使用 Load 语句后，再将窗体的 Visible 属性设置为 True，或使用 Show 方法加载窗体。

5. 当改变子窗体的属性后不能自动显示该子窗体？

MDI 窗体有 AutoShowChildren 属性，决定是否自动显示子窗体。如果它被设置为 True，则当改变子窗体的属性后，会自动显示该子窗体；如果 AutoShowChildren 设置为 False，则改变子窗体的属性值后，必须用 Show 方法把该子窗体显示出来。

6. 与窗体有关的事件。

在首次用 Load 语句将窗体(假定该窗体在内存中还没有创建)调入内存之时依次发生 Initialize 和 Load 事件。Initialize 是在窗体创建时发生的事件。在窗体的整个生命周期中，Initialize 事件只触发一次。用户可以将一个窗体装入内存或从内存中删除很多次，但窗体的建立只有一次。也就是说，在用 Load 语句将窗体装入内存时会触发 Load 事件，但并不一定触发 Initialize 事件。

在窗体从内存中卸载时依次发生 QueryUnLoad 和 UnLoad 事件。QueryUnLoad 事件可提供窗体卸载的原因，可能是单击"关闭"按钮，或是程序中执行 UnLoad 语句，或在应用程序中关闭，或者在 Windows 中关闭。如果在 QueryUnLoad 事件中把 QueryUnLoad 的参数 Cancel 设置为 True，就会忽略 UnLoad 语句，而从不卸载窗体。所以 QueryUnLoad 提供了取消关闭窗体的机会，同时也允许在需要时从代码中关闭窗体。

如果使用 End 语句来结束程序，那么，窗体不会接收到 QueryUnLoad 事件。而窗体的 Active 事件仅当窗体成为活动窗口时才发生，窗体必须可见。

7. 除了常用的窗体事件（Load、Click、DblClick）外与窗体有关的相关事件有哪些？它们被触发的先后顺序是什么？

在首次用 Load 语句将窗体(假定该窗体在内存中还没有创建)调入内存之时依次发生 Initialize 和 Load 事件。在用 UnLoad 将窗体从内存中卸载时依次发生 QueryUnLoad 和 Unload 事件，再使用 Set 窗体名=Nothing 语句解除初始化时发生 Terminate 事件。

Initialize 是在窗体创建时发生的事件。在窗体的整个生命周期中，Initialize 事件只触发一次。用户可以将一个窗体装入内存或从内存中删除很多次，但窗体的建立只有一次。也就是说，在用 Load 语句将窗体装入内存时会触发 Load 事件，但并不一定触发 Initialize 事件。在用 UnLoad 语句卸载窗体后，如果没有使用 Set 窗体名=Nothing 解除初始化，则在下次使用 Load 语句时不会触发 Initialize 事件，否则会引起 Initialize 事件。

2.6 参 考 答 案

一、选择题

1. D	2. B	3. A	4. A	5. D	6. A	7. B	8. C
9. C	10. A	11. B	12. B	13. B	14. B	15. B	16. C
17. A	18. A	19. B	20. B	21. C	22. C	23. A	24. C
25. A	26. C	27. B	28. C	29. D	30. D		

二、填空题

1. （1）Print （2）0，0
2. （1）左键 （2）右键
3. （1）窗体 （2）Font
4. （1）1 （2）MDI 父窗体
5. Moveable
6. （1）在属性窗口中设置 （2）在程序代码中设置
7. BackColor
8. （1）Name （2）Caption
9. （1）Print （2）Cls
10. 工程
11. Hide
12. Unload
13. .frm
14. 工程
15. MaxButton

第3章
基本控件

3.1 学习要点

1. 基本控件。

Visual Basic 6.0 的工具箱窗口中提供了 20 个按钮式的基本控件（如图 3-1 所示），本章着重介绍了其中的标签、文本框、命令按钮、框架、复选框、单选按钮、组合框、列表框、水平和垂直滚动条、时钟控件、形状控件、直线控件、图片框和图像框。

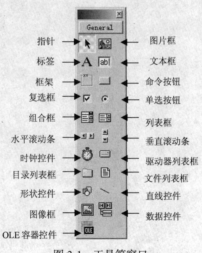

图 3-1 工具箱窗口

2. 控件对象的属性设置。

控件对象的属性设置方法有两种。

（1）设计时通过属性窗口设置属性值。

（2）运行时通过程序代码改变属性值。

格式:控件对象名.属性名 = 表达式

3. 控件对象的方法。

在程序代码中控件对象的方法一般采用下面的格式调用：

格式:控件对象名.方法名 [参数项列表]

4. 控件对象的事件。

控件对象的事件可以分成以下 3 类。

（1）程序事件。

（2）鼠标事件。

（3）键盘事件。

控件事件过程的书写格式，一般形式如下：

```
Private Sub 控件对象名_事件名([参数列表])        '子过程开始
    [程序代码]
End Sub                                        '子过程结束
```

5. 不同类的对象属性。

不同类的对象可以有一些相同的属性（公共属性），但是有些属性并非所有对象都有，可能是该对象所特有的。属性窗口并未列出该对象的所有属性，只列出设计态属性，而有一些是只能在程序代码中使用的运行态属性，当然也有一部分属性在运行时是只读的，如 Name 属性。

6. 合理选用对象，掌握各控件的综合运用，合理进行窗体布局。

运用所学的控件，设计界面是一个重要的学习内容，因这关系到应用程序的"门面"，用户要不断学习，利用现有的工具设计出美观实用的应用程序。

3.2　示 例 分 析

1. 要设置时钟控件的时间间隔需设置的属性是_____。

  A．Interval   B．Enabled   C．Value   D．Text

【分析】　答案为 A。

时钟控件没有 Value 属性和 Text 属性；其 Enabled 属性决定时钟控件是否有效，是否对 Timer 事件产生响应；Interval 属性用于设置定时触发的周期，其单位为毫秒，属性值的范围为 0～65535。

2. 以下叙述中正确的是_____。

  A．组合框包含了列表框的功能

  B．列表框包含了组合框的功能

  C．列表框和组合框的功能无相近之处

  D．列表框和组合框的功能完全相同

【分析】　答案为 A。ListBox 控件显示项目列表，从中可以选择一项或多项。如果项目总数超过了可显示的项目数，就自动在 ListBox 控件上添加滚动条。若未选定项目，则 ListIndex 属性值是−1；若有选定项目，则 ListIndex 属性值的取值范围是 0～ListCount-1。

ComboBox 控件将 TextBox 控件和 ListBox 控件的特性结合在一起，这样既可以在控件的文本框部分输入信息，也可以在控件的列表框部分选择一项。

3. 在窗体上画一个名称为 List1 的列表框，一个名称为 Label1 的标签，列表框中显示若干城市的名称。当单击列表框中的某个城市名时，该城市名从列表框中消失，并在标签中显示出来。下列能正确实现上述操作的程序是_____。

  A．Private Sub List1_Click（ ）

```
        Label1.Caption = List1.ListIndex
        List1.RemoveItem List1.Text
End Sub
```
B. Private Sub List1_Click（ ）
```
        Label1.Name = List1.ListIndex
        List1.RemoveItem List1.Text
End Sub
```
C. Private Sub List1_Click（ ）
```
        Label1.Caption = List1.Text
        List1.RemoveItem List1.ListIndex
End Sub
```
D. Private Sub List1_Click（ ）
```
        Label1.Name = List1.Text
        List1.RemoveItem List1.ListIndex
End Sub
```

【分析】 答案为 C。因为题目要求：当单击列表框中的某个城市名时，该城市名从列表框中消失，并在标签中显示出来，因此应编写列表框的单击事件过程，利用标签的 Caption 属性显示用户选中的列表项内容 List1.Text，并利用列表框的 RemoveItem 方法删除该列表项，RemoveItem 的调用格式如下：

> 对象名．RemoveItem 删除项下标

注意：RemoveItem 方法中的参数应是待删除列表项的索引号。

4. 图像框中的 Stretch 属性为 True 时，其作用是_____。

    A. 只能自动设定图像框的长度

    B. 图形自动调整大小以适应图像控件

    C. 只能自动缩小图像

    D. 只能自动扩大图像

【分析】 答案为 B。图像框的 Stretch 属性表示返回或设置一个值，该值用来指定一个图形是否要调整大小，以适应 Image 控件的大小。True 表示图形要调整大小以与控件相适合；False 为默认值，表示控件要调整大小以与图形相适应。

5. 若设置文本框的属性 PasswordChar = "&"，则运行程序时向文本框中输入 8 个任意字符后，文本框中显示的是_____。

    A. 8 个"&"   B. 8 个"$"   C. 8 个"*"   D. 无内容

【分析】 答案为 A。PasswordChar 是口令属性，用于口令输入。本属性的默认值为空字符串，表示用户可以看到输入的字符；如果该属性的值为某个字符（如"&"），则表示文本框将以密码显示，用户输入的内容仍保存在 Text 属性中，但输入的每个字符将被替换为 PasswordChar 属性设定的字符显示在文本框中；所以若设置了文本框的属性 PasswordChar= "&"，则运行程序时向文本框中输入 8 个任意字符后，文本框中显示的是 8 个"&"。该属性经常被设置为"*"（星号），用于密码显示。

6. 不能触发滚动条 Change 事件的操作是_____。

    A. 拖动滚动条中的滑块   B. 单击滚动条中的滑块

C. 单击滚动条两端箭头　　　　　　　D. 单击箭头与滑块之间的滚动条

【分析】答案为 B。单击箭头与滑块之间的滚动条，滚动条的 Value 的变化量是 LargeChange 属性值；单击两端箭头，Value 的变化量是 SmallChange 属性值；拖动滚动条的滑块，滚动条的 Value 的变化量由移动量决定。由于这三种情况都会改变 Value 属性值，所以都能触发滚动条的 Change 事件。单击滚动条的滑块，不会改变 Change 属性值，也就不会触发 Change 事件。

7. 下列叙述中正确的是_____。

    A. 任何一个对象的所有属性既可以在属性窗口中设置，也可以用程序代码方式设置

    B. 属性窗口中设置的属性是在设计阶段完成的，因而这些属性值不能改变

    C. 程序中通过编程设置属性是在运行阶段给属性赋值

    D. 用程序方式给属性赋值的格式是"属性名=属性值"

【分析】答案为 C。A 答案错误，并不是所有属性都能用两种方式设置，如 Name 属性不能用程序代码方式设置，SelText 属性不能在属性窗口设置。B 答案错误，大多数属性在属性窗口中能设置，在代码中也能被修改，如文本框的 Text 属性。D 答案错误，程序代码设置属性的正确格式是"[对象名.]属性名=属性值"，当对象名是当前窗体时可以省略。

8. 要把命令按钮设置为不可见，应设置_____属性为 False。

    A. Enabled　　　　　B. Visible　　　　　C. Default　　　　　D. Cancel

【分析】答案为 B。Enabled 属性用于设置命令按钮的有效无效状态；Default 属性设置按钮的缺省属性，当按 Enter 键时触发命令按钮的单击事件；Cancel 属性设置按钮的取消属性，当按 Esc 键时触发命令按钮的单击事件。

3.3　同步练习题

一、选择题

1. 通过文本框的_____事件过程可以获取文本框中键入字符的 ASCII 码值。

    A. Change　　　　　B. GotFocus　　　　　C. LostFocus　　　　　D. KeyPress

2. 若要使标签控件显示时，不覆盖其背景内容，应设置标签控件的_____属性。

    A. BackColor　　　　　B. BorderStyle　　　　　C. ForeColor　　　　　D. BackStyle

3. 放置控件到窗体中的最迅速的方法是_____

    A. 双击工具箱中的控件　　　　　　　B. 单击工具箱中的控件

    C. 拖动鼠标　　　　　　　　　　　　D. 单击工具箱中的控件并拖动鼠标

4. Image 控件加载图片后的尺寸_____。

    A. 比图片大　　　　　　　　　　　　B. 比图片小

    C. 与图片大小不同　　　　　　　　　D. 与图片大小相同

5. 要清除组合框 Combo1 中的所有内容，可以使用_____语句。

    A. Combo1.Cls　　　　　　　　　　　B. Combo1.Clear

    C. Combo1.Delete　　　　　　　　　　D. Combo1.Remove

6. 当用户单击命令按钮时，_____属性可以使得命令按钮对激发事件无效。

    A. Name　　　　　B. Enabled　　　　　C. Default　　　　　D. Cancel

7. 要想在一个文本框中显示多行内容，应在界面设计时对下列哪一个属性进行设置_____。

    A. Text   B. Font   C. Multiline   D. Alignment

8. 使用_____方法可将新的列表项添加到一个列表框中。

    A. Prin   B. AddItem   C. Clear   D. RemoveItem

9. 在程序中可以通过复选框和单选按钮的_____属性值来判断它们的当前状态。

    A. Caption   B. Value   C. Checked   D. Selected

10. _____控件可帮助控制动画的效果。

    A. 命令按钮   B. 标签   C. 时钟   D. 文本框

11. 要使控件与框架捆绑在一起，以下操作正确的是_____。

    A. 在窗体不同位置上分别画一框架和控件，再将控件拖到框架上

    B. 在窗体上画好控件，再画框架将控件框起来

    C. 在窗体上画好框架，再在框架中画控件

    D. 在窗体上画好框架，再双击工具箱中的控件

12. 下列叙述中正确的是_____。

    A. 标签控件不能接收焦点事件

    B. 如果文本框中将 TabStop 设为 False，则文本框将不能接收焦点事件

    C. 窗体能接收焦点事件

    D. 不可以通过程序代码设置焦点属性

13. 决定控件上文字的字体、字形、大小、效果的属性是_____。

    A. Text   B. Caption   C. Name   D. Font

14. 下面_____控件不支持 Change 事件。

    A. TextBox   B. Label   C. PictureBox   D. ListBox

15. 要使单击滚动条滑块与两端箭头之间的空白区域时变化值为20，应设置其_____属性。

    A. Minimize 和 Maximize   B. Min 和 Max

    C. MinChange 和 MaxChange   D. SmallChange 和 LargeChange

16. Timer 控件的_____属性决定该控件是否对时间的推移做出响应。将该属性设置为 False 会关闭 Timer 控件，设置为 True 则打开它。

    A. Enabled   B. Visible   C. Time   D. Capable

17. 时钟控件每次经历一个固定的时间间隔就会_____。

    A. 修改属性   B. 触发事件   C. 建立窗体   D. 显示图片

18. 指定列表的元素是否按字母表顺序自动排序的属性为_____。

    A. List   B. ListCount   C. ListIndex   D. Sorted

19. 下面_____控件不支持 DblClick 事件。

    A. OptionButton   B. CheckBox   C. Form   D. Image

20. 以下关于时钟控件的说法，正确的是_____。

    A. 可以设置时钟控件的 Visible 属性使其在窗体上不可见

    B. 可以根据需要在窗体上设置时钟控件的大小高度和宽度

    C. 运行时时钟控件在窗体上不可见，如果时钟控件的 Interval 属性为 0，则时钟控件无效

    D. 如果时钟控件的 Visible 属性为 False，则时钟控件无效

21. 能够改变复选框中背景颜色的属性是_____。

    A. Value   B. Fontcolor   C. Backcolor   D. Font

22. 当某一按钮的_____属性设置为 False 时，该按钮为灰白显示。

    A. Visible   B. Enabled   C. BackColor   D. Default

23. 选项按钮用于一组互斥的选项中。若一个应用程序包含多组互斥条件，可在不同的_____中安排适当的单选按钮，即可实现。

    A. 框架控件或图像控件   B. 组合框或图像控件

    C. 组合框或图片框   D. 框架控件或图片框

24. 引用列表框 List1 的最后一项使用_____。

    A. List1.List（Listl.ListCount−1）   B. List1.List（Listl.ListCount）

    C. List1.List（ListCount）   D. List1.List（ListCount−1）

25. 当组合框的 Style 属性设置为 0 时，其表现形式为_____。

    A. 下拉列表框   B. 下拉组合框   C. 简单组合框   D. 文本框

26. 为了删除 ComboBox 控件中的项目，需要使用_____方法。

    A. Add   B. Remove   C. AddItem   D. RemoveItem

27. 要使列表框中的每一个文本项的边上都有一个复选框需设置_____属性。

    A. Selected   B. Columns   C. Count   D. Style

28. 设窗体上有一个滚动条，要求单击滚动条右端的箭头一次，滚动块移动一定刻度值，决定此刻度值的属性是_____。

    A. Max   B. Min   C. SmallChange   D. LargeChange

29. 若在窗体上有一个名称为 Combo1 的组合框，含有 5 个项目，要删除最后一项，正确的语句是_____。

    A. Combo1.RemoveItem Combo1.Text

    B. Combo1.RemoveItem 4

    C. Combo1.RemoveItem Combo1.ListCount

    D. Combo1.RemoveItem 5

30. 在窗体上有一个名称为 Text1 的文本框和一个名称为 Command1 的命令按钮，要求在程序执行时，每单击命令按钮 1 次，文本框向右移动一定距离。下面能够正确实现上述功能的程序是_____。

    A. Private Sub Command1_Click（）

        Text1.Left=100

    End Sub

    B. Private Sub Command1_Click（）

        Text1.Left= Text1.Left -100

    End Sub

    C. Private Sub Command1_Click（）

        Text1.Move Text1.Left +100

    End Sub

    D. Private Sub Command1_Click（）

        Text1.Move Text1.Left

    End Sub

31. 如图 3-2 所示，在窗体上先后画 2 个图片框，名称分别为 P1（左侧图片框）和 P2（右侧图片框），P2 中加载了图片，且将 P2.DragMode 属性设为 1。要求程序运行时，可以用鼠标把 P2 拖动到 P1 中，能实现此功能的事件过程是_____。

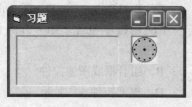
（a）拖动前

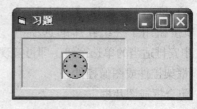
（b）拖动后

图 3-2　习题 31 运行界面

A. Private Sub Form_DragDrop（Source As Control，X As Single，Y As Single）
　　　Source.Move P1.Left + X，P1.Top + Y
　　End Sub

B. Private Sub P1_DragDrop（Source As Control，X As Single，Y As Single）
　　　Source.Move P1.Left + X，P1.Top + Y
　　End Sub

C. Private Sub P2_DragDrop（Source As Control，X As Single，Y As Single）
　　　Source.Move P1.Left + X，P1.Top + Y
　　End Sub

D. Private Sub P1_DragDrop（Source As Control，X As Single，Y As Single）
　　　Source.Move P2.Left + X，P2.Top + Y
　　End Sub

32. 为了清除窗体上的一个控件，下列正确的操作是_____。

A. 按 Enter 键　　　　　　　　　　　B. 按 Esc 键
C. 选择要清除的控件后按 Enter 键　　D. 选择要清除的控件后按 Del 键

33. 在窗体上画 1 个文本框和 1 个时钟控件，名称分别为 Text1 和 Timer1，在属性窗口中把时钟控件的 Interval 属性设为 1000，Enabled 属性设为 False。程序运行后，如果单击命令按钮，则每隔 1s 钟在文本框中显示一次当前的时间。以下是实现上述操作的程序：

```
Private Sub Command1_Click()
    Timer1._____ = True
End Sub
Private Sub Timer1_Timer()
    Text1.Text = Time
End Sub
```

在下划线处应填入的内容是_____。

A. Enabled=True　　　　　　　　　　B. Enabled=False
C. Visible=True　　　　　　　　　　 D. Visible=False

34. 假定在图片框 P1 中装入了一个图形，为了清除该图形（不删除图片框），应采用的正确方法是_____。

A. 选择图片框，然后按 Del 键

　　B．执行语句 P1.Picture=LoadPicture（""）

　　C．执行语句 P1.Picture=""

　　D．选择图片框，在属性窗口中选择 Picture 属性，然后按 Enter 键

35．在窗体上画 1 个文本框 Text1 和 1 个标签 Label1，程序运行后，如果在文本框中输入指定的信息，则立即在标签中显示相同的内容，以下可以实现上述操作的事件过程是_____。

　　A．Private Sub Text1_Click（）

　　　　　　Label1.Caption=Text1.Text

　　　End Sub

　　B．Private Sub Text1_Change（）

　　　　　　Label1.Caption=Text1.Text

　　　End Sub

　　C．Private Sub Label1_Change（）

　　　　　　Label1.Caption=Text1.Text

　　　End Sub

　　D．Private Sub Label1_Click（）

　　　　　　Label1.Caption=Text1.Text

　　　End Sub

36．窗体上有名为 Option1 的单选按钮，则以下语句中与 If Option1.Value = True Then 不等价的是_____。

　　A．If Option1.Value Then　　　　　　　　B．If Option1 = True Then

　　C．If Value = True Then　　　　　　　　　D．If Option1 Then

37．在窗体上画 1 个名称为 TA 的文本框，然后编写如下的事件过程：

```
Private Sub TA_KeyPress(KeyAscii As Integer)
…
End Sub
```

假定焦点已经定位于文本框中，则能够触发 KeyPress 事件的操作是_____。

　　A．单击鼠标　　　　　　　　　　　　　　B．双击文本框

　　C．鼠标滑过文本框　　　　　　　　　　　D．按下键盘上某个键

38．在窗体上画 1 个命令按钮和 2 个文本框，其名称分别为 Command1、Text1 和 Text2，然后编写如下程序：

```
Dim s1 As String, s2 As String
Private Sub Form_Load()
    Text1.Text = ""
    Text2.Text = ""
End Sub
Private Sub Text1_KeyDown(KeyCode As Integer, Shift As Integer)
    s2 = s2 & Chr(KeyCode)
End Sub
Private Sub Text1_KeyPress(KeyAscii As Integer)
    s1 = s1 & Chr(KeyAscii)
End Sub
Private Sub Command1_Click()
    Text1.Text = s2
```

```
    Text2.Text = s1
    s1 = ""
    s2 = ""
End Sub
```

程序运行后，在 Text1 中输入"abc"，然后单击命令按钮，在文本框 Text1 和 Text2 中显示的内容分别是_____。

- A. abc 和 ABC
- B. abc 和 abc
- C. ABC 和 abc
- D. ABC 和 ABC

39. 如果窗体上有 1 个命令按钮（按钮上显示"确定"二字），在代码编辑窗口有与之相对应的 OK_Click（）事件过程，则命令按钮控件的名称属性和 Caption 属性分别为_____。

- A. "OK"和"确定"
- B. "确定"和"OK"
- C. "Command1"和"确定"
- D. "Command1"和"OK"

40. 在窗体上画一个名称为 Text1 的文本框和一个名称为 Command1 的命令按钮，然后编写如下事件过程；程序运行后，如果单击命令按钮，则在文本框中显示的是_____。

```
Private Sub Command1_Click()
    Text1.Text = "Visual":Me.Text1 = "Basic" :  Text1 = Text1 & "Program"
End Sub
```

- A. Visual
- B. Basic
- C. BasicProgram
- D. Visual Basic Program

41. 窗体的 MouseDown 事件过程有 4 个参数，关于这些参数，正确的描述是_____。

Form_MouseDown （Button As Integer， Shift As Integer， X As Single， Y As Single）

- A. 通过 Button 参数判定当前按下的是哪一个鼠标键
- B. Shift 参数只能用来确定是否按下 Shift 键
- C. Shift 参数只能用来确定是否按下 Alt 和 Ctrl 键
- D. 参数 x，y 用来设置鼠标当前位置的坐标

42. 以下关于图片框控件的说法中，错误的是_____。

- A. 可以通过 Print 方法在图片框中输出文本
- B. 清空图片框控件中图形的方法之一是加载一个空图形
- C. 图片框控件可以作为容器使用
- D. 用 Stretch 属性可以自动调整图片框中图形的大小

43. 窗体上有 1 个文本框 Text1，然后编写如下事件过程，程序运行后在文本框中输入 a，在窗体上显示_____。

```
Private Sub Text1_KeyUp(KeyCode As  Integer, Shift As Integer)
    Print Chr(KeyCode + 2);
End Sub
Private Sub Text1_KeyPress(KeyAscii As Integer)
   Print Chr(KeyAscii);
End Sub
```

- A. CA
- B. ca
- C. aC
- D. ac

44. 以下叙述中错误的是_____。

- A. 在 KeyPress 事件过程中不能识别键盘的按下与释放

B. 在 KeyPress 事件过程中不能识别回车键

C. 在 KeyDown 和 KeyUp 事件过程中，将键盘输入的"A"和"a"视作相同的字母（即具有相同的 KeyCode）

D. 在 KeyDown 和 KeyUp 事件过程中，从大键盘上输入的"1"和从右侧小键盘上输入的"1"被视作不同的字符（具有不同的 KeyCode）

45. 若窗体上的图片框中有一个命令按钮，则此按钮的 Left 属性是指_____。

　　A. 按钮左端到窗体左端的距离　　　　　B. 按钮左端到图片框左端的距离

　　C. 按钮中心点到窗体左端的距离　　　　D. 按钮中心点到图片框左端的距离

46. 如果窗体 Form1 上有"字体"框架，在代码编辑器窗口有框架 FontFrame_DblClick（）事件过程和窗体的单击事件过程，则框架的名称属性和 Caption 属性分别为_____，窗体的单击事件过程名为_____。

　　A. "FontFrame" 和 "字体"，Form_Click

　　B. "字体" 和 "FontFrame"，Form1_Click

　　C. "Frame1" 和 "字体"，Form1_Click

　　D. "Frame1" 和 "FontFrame"，Form_Click

47. 下列_____程序段能删除列表框 List1 中的所有项。

　　A. Private Sub Command3_Click()　　　　B. Private Sub Command3_Click()
　　　　For I=0 To List1.ListCount-1　　　　　　For I=0 To List1.ListCount-1
　　　　　List1.RemoveItem 1　　　　　　　　　　List1.RemoveItem 0
　　　　Next I　　　　　　　　　　　　　　　　Next I
　　　　End Sub　　　　　　　　　　　　　　End Sub

　　C. Private Sub Command3_Click()　　　　D. Private Sub Command3_Click()
　　　　For I=0 To List1.ListCount-1　　　　　　For I=0 To List1.ListCount
　　　　　List1.RemoveItem I　　　　　　　　　　List1.RemoveItem 0
　　　　Next I　　　　　　　　　　　　　　　　Next I
　　　　End Sub　　　　　　　　　　　　　　End Sub

48. 下列关于某对象 SetFocus 与 GotFocus 的描述中，正确的是_____。

　　A. SetFocus 是事件，GotFocus 是方法

　　B. SetFocus 和 GotFocus 都是事件

　　C. SetFocus 和 GotFocus 都是方法

　　D. SetFocus 是方法，GotFocus 是事件

49. 窗体上有一个名称为 Frame1 的框架，若要把框架上显示的"Frame1"改为汉字"框架"，下面正确的语句是_____。

　　A. Frame1.Name = "框架"　　　　　　　B. Frame1.Caption = "框架"

　　C. Frame1.Text = "框架"　　　　　　　　D. Frame1.Value = "框架"

50. 能够存放组合框的所有项目内容的属性是_____。

　　A. Caption　　　　B. Text　　　　C. List　　　　D. Selected

51. 在程序运行时，下面的叙述中正确的是_____。

　　A. 用鼠标右键单击窗体中无控件的部分，会执行窗体的 Form_Load 事件过程

　　B. 用鼠标左键单击窗体的标题栏，会执行窗体的 Form_Click 事件过程

C. 只装入而不显示窗体，也会执行窗体的 Form_Load 事件过程

D. 装入窗体后，每次显示该窗体时，都会执行窗体的 Form_Click 事件过程

52. 图像框有一个属性，可以自动调整图形的大小，以适应图像框的尺寸，这个属性是_____。

    A. Autosize   B. Stretch   C. AutoRedraw   D. Appearance

53. 运行状态，在文本框 Txtinput 中输入"ABC"时，窗体上显示_____。

```
Private Sub Txtinput_Change()
    Print txtinput.Text
End Sub
```

    A. AABABC   B. ABC   C. A   D. A
                                           AB   B
                                         ABC   C

54. 设窗体上有 1 个水平滚动条，已经通过属性窗口把它的 Max 属性设置为 0，Min 属性设置为 100。下面叙述中正确的是_____。

    A. 程序运行时，若使滚动块向左移动，滚动条的 Value 属性值就增加

    B. 程序运行时，若使滚动块向左移动，滚动条的 Value 属性值就减少

    C. 由于滚动条的 Max 属性值小于 Min 属性值，程序会出错

    D. 由于滚动条的 Max 属性值小于 Min 属性值，程序运行时滚动条的长度会缩为一点，滚动块无法移动

55. 设有如图 3-3 所示窗体和以下程序_____。

```
Private Sub Command1_Click()
    Text1.Text = "Visual Basic"
End Sub
Private Sub Text1_LostFocus()
  If Text1.Text <> "BASIC" Then
      Text1.Text = ""
      Text1.SetFocus
  End If
End Sub
```

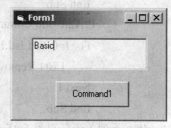

图 3-3 习题 55 运行界面

程序运行时，在 Text1 文本框中输入"Basic"，然后单击 Command1 按钮，则产生的结果是_____。

    A. 文本框中无内容，焦点在文本框中

    B. 文本框为"Basic"，焦点在文本框中

    C. 文本框为"Basic"，焦点在按钮上

    D. 文本框为"Visual Basic"，焦点在按钮上

56. 若看到程序中有以下事件过程，并希望运行后窗体上有文本输出，则可以肯定的是_____。

```
Private Sub Click_MouseDown(Button As Integer, Shift As Integer, X As Single, Y As Single)
    If Button = 2 Then Print "VB Program"
End Sub
```

    A. 鼠标右键单击 Command1 对象，执行此过程

  B.　鼠标右键单击 Click 对象，执行此过程

  C.　鼠标左键单击 MouseDown 对象，执行此过程

  D.　鼠标左键单击 MouseDown 对象，执行此过程

二、填空题

1.　Cls　方法适用于＿＿（1）＿＿和＿＿（2）＿＿的清除，若是对列表框和组合框进行清空则使用＿＿（3）＿＿方法。

2.　时钟控件不同于其他控件之处在于＿＿＿＿＿＿＿。

3.　运行状态时，用户无法将光标定位在文本框中，是由于＿＿（1）＿＿的属性为 False，用户无法对文本框中已有内容进行编辑，是由于＿＿（2）＿＿的属性为 True。

4.　设置是否可以用 Tab 键来选取命令按钮，应该用＿＿＿＿＿＿＿属性。

5.　一般情况下，控件有两个属性项的默认值是相同的，这两个属性项是＿＿＿＿＿＿＿。

6.　设置时钟控件只能触发＿＿＿＿＿＿＿事件。

7.　滚动条控件主要支持两个事件，它们是＿＿＿＿＿＿＿事件。

8.　列表框的 ListIndex 属性值为最后选中的列表项序号，第一个列表项的序号为＿＿（1）＿＿，如果未选任何项目，则其值为＿＿（2）＿＿。

9.　在程序代码中，使用方法＿＿（1）＿＿和＿＿（2）＿＿可以隐藏或显示窗体。

10.　列表框中的＿＿（1）＿＿和＿＿（2）＿＿属性是数组。

11.　在对象的 KeyPress 事件过程中，参数 KeyAscii 表示所按键的＿＿＿＿＿＿＿值。

12.　在对象的 KeyDown 和 KeyUp 事件过程中，当参数 Shift 的值为 1、2、4 时，分别表示用户按下了＿＿（1）＿＿、＿＿（2）＿＿和＿＿（3）＿＿键。

13.　为了执行对象的自动拖放，必须把该对象的＿＿（1）＿＿属性设置为＿＿（2）＿＿；而为了执行对象的手动拖放，必须把该对象的＿＿（3）＿＿属性设置为＿＿（4）＿＿。

14.　为了自定义鼠标光标的形状，首先应把对象的＿＿（1）＿＿属性设置为＿＿（2）＿＿，然后再把＿＿（3）＿＿属性设置为一个图标文件。

15.　窗体上有一个组合框，其中已输入了若干个项目。程序运行时，单击其中一项，即可把该项与最上面的一项交换。如单击图 3-4 中的"语文"，则与第一项"英语"交换。下面是可实现此功能的程序，请填空。

```
Private Sub Combo1_Click()
    Dim temp
    temp = Combo1.Text
    _____ = Combo1.List(0)
    Combo1.List(0) = temp
End Sub
```

图 3-4　习题 15 运行界面

16.　在窗体上有 1 个名称为 Command1 的命令按钮和 1 个名称 Text1 的文本框，程序运行后，Command1 为禁用（灰色），此时如果在文本框中输入字符，则命令 Command1 变为可用。请填空。

```
Private Sub Form_Load()
    Command1.Enabled = False
End Sub
Private Sub Text1_ _____ ()
```

```
        Command1.Enabled = True
    End Sub
```

17. 根据图 3-5 中给出的窗体，填写下表中的相关内容，"/"表示该对象无此属性。

对象	名称 （Name）	标题 （Caption）	口令字符 （Passwordchar）
窗体	Form1	(1)	/
标签	Label1	(2)	/
文本框	Text1	/	(3)
命令按钮	Command1	(4)	/

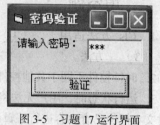

图 3-5　习题 17 运行界面

18. 假定建立了一个工程，该工程包括两个窗体，其名称（Name 属性）分别为 Form1 和 Form2，启动窗体为 Form1。在 Form1 画一个命令按钮 Command1，程序运行后，要求当单击该命令按钮时，Form1 窗体消失，显示窗体 Form2，请将程序补充完整。

```
Private Sub Command1_Click()
    (1)  Form1
    Form2. (2)
End Sub
```

19. 根据图 3-6 中给出的窗体，填写相关内容。

```
Private Sub Command2_Click()  '边框
    Shape1.BorderColor = vbBlue
    Shape1. (1)  ' = 2
End Sub
Private Sub Command1_Click()  '圆
    Shape1. (2)  = 3
End Sub
```

图 3-6　习题 19 运行界面

20. 如图 3-7 所示，以下程序的功能是：当向文本框 Text2 输入密码时，若"显示密码"复选框 Chk1 没有被选中，则在文本框 Text3 中同时以"#"密码显示 Text2 的内容；若"显示密码"复选框被选中，再重新输入密码时，则在文本框 Text3 中同时显示的是密码字符本身。请完善以下程序代码。

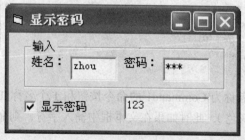

图 3-7　习题 20 运行界面

```
Private Sub Text2_Change()
    If  (1)  = 1 Then  (2)  Else Text3.Passwordchar = "#"
    Text3.Text =  (3)
End Sub
```

21. 根据图 3-8 中给出的窗体，填写下表中的相关内容，"/"表示该对象无此属性。

对象	名称（Name）	Caption	Value
窗体	Form1	（1）	
框架	Frame1	（2）	
选项按钮 1	Option1	女	（3）
选项按钮 2	Option2	男	（4）

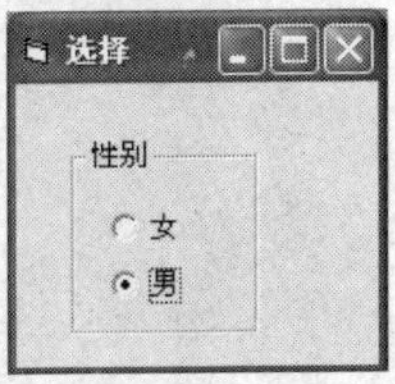

图 3-8 习题 21 运行界面

22. 将现存在 D 盘 Pic 文件夹中的名为 Fishing.bmp 的图片加载到图片框 Pic1 中的语句为_____。

23. 在窗体上从左到右有 Text1、Text2 两个文本框，要求程序运行时，在 Text1 中输入 1 个成绩后按回车键，则判断成绩的合法性，若成绩为 0～100 中的某个数，则光标移到 Text2 中；否则 Text1 中内容反相选中，光标设置在 Text1 中，并弹出对话框显示"输入成绩不合法"。

```
Private Sub Text1_KeyPress(KeyAscii As Integer)
    Dim a As Integer
    If   (1)   Then
        a = Val(Text1.Text)
        If   (2)   And a >= 0 Then
             (3)
        Else
            MsgBox "输入成绩不合法"
            Text1.SelStart = 0
            Text1.SelLength =   (4)
            Text1. SetFocus
        End If
    End If
End Sub
```

3.4　实　验　题

一、实验目的

1. 根据要求设计窗体界面，合理使用常用控件，并对窗体进行布局。
2. 掌握常用控件的属性、方法和事件。
3. 在适当的场合选用合适的控件，熟练地对窗体和控件对象进行属性设置和方法调用，能编写简单的事件过程。

二、实验内容

实验 3-1　在文本框中输入信息，单击窗体后，在图片框中输出相应信息，程序运行界面如图 3-9 所示。

图 3-9 实验 3-1 运行界面

（1）界面设计。在窗体 Form1 上添加 3 个标签、3 个文本框和 1 个图片框控件对象。

（2）属性设置如表 3-1 所示。

表 3-1　　　　　　　　　　　　　　　控件属性设置

对　　象	属 性 名 称	属 性 值
窗体	Caption	实验 3-1
标签 1	Caption	学号：
标签 2	Caption	姓名：
标签 2	Caption	班级：
文本框 1	Name	TextNo
	Text	（清空）
文本框 2	Name	TextName
	Text	（清空）
文本框 3	Name	TextClass
	Text	（清空）
图片框	Name	Picture1

（3）程序代码。

```
Private Sub Form_Click()
    Picture1.Print "个人信息"
    Picture1.Print "学号:"; TextNo.Text
    Picture1.Print "姓名:"; TextName.Text
    Picture1.Print "班级:"; TextClass.Text
End Sub
```

（4）运行程序。

（5）保存工程。将窗体保存为 3-1.frm，将工程保存为 3-1.vbp。

实验 3-2　窗体中有 2 个图片框，每个图片框中各有一个图像框和复选框控件，且图像框中都加载了图片，界面如图 3-2（a）所示。当选中某图片框中的复选框，则清除该图片框中图像框的加载图片，如图 3-2（b）所示。

（a）初始界面

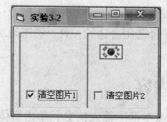

（b）复选框单击后的界面

图 3-10 实验 3-2 运行界面

（1）界面设计。在窗体 Form1 上添加 2 个图片框、2 个图像框和 2 个复选框对象，每个图片框中有 1 个图像框和 1 个复选框。

（2）属性设置如表 3-2 所示。

表 3-2　　　　　　　　　　　　　　　　控件属性设置

对　象	属 性 名 称	属 性 值
窗体	Caption	实验 3-2
图片框 1	Name	P1
图片框 2	Name	P2
复选框 1	Name	Chk1
	Caption	清空图片 1
复选框 2	Name	Chk1
	Caption	清空图片 1
图像框 1	Name	Image1
图像框 2	Name	Image2

（3）程序代码。

```
Dim path As String                  '定义模块级变量,用于存放图片所在路径
Private Sub Form_Load()
    path = "C:\Program Files\Microsoft Visual Studio\Common\Graphics\Icons\Flags\"
    Image1.Picture = LoadPicture(path + "FLGUSA02.ICO")
    Image2.Picture = LoadPicture(path + "FLGSKOR.ICO")
End Sub
Private Sub Chk1_Click()
    If Chk1.Value = 1 Then           '若选中,则清空图片
        Image1.Picture = LoadPicture("")
    Else
        Image1.Picture = LoadPicture(path + "FLGUSA02.ICO")
    End If
End Sub
Private Sub Chk2_Click()
    If Chk2.Value = 1 Then           '若选中,则清空图片
        Image2.Picture = LoadPicture("")
    Else
        Image2.Picture = LoadPicture(path + "FLGSKOR.ICO")
    End If
End Sub
```

（4）运行程序。

（5）保存工程。将窗体保存为 3-2.frm，将工程保存为 3-2.vbp。

实验 3-3　选择组合框中的礼品，单击"添加"命令按钮后将其显示在列表框中；在列表框中选择某个不需要的礼品组合，单击"删除"命令按钮将其删除；单击"清空"命令按钮，列表框中所有信息被删除，程序运行界面如图 3-11 所示。

（1）界面设计。在窗体上添加 3 个标签、2 个组合框、3 个命令按钮和 1 个列表框对象。

（2）属性设置如表 3-3 所示。

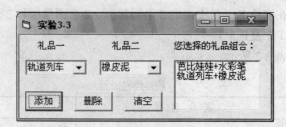

图 3-11　实验 3-3 运行界面

表 3-3　　　　　　　　　　　　　　控件属性设置

对　　象	属 性 名 称	属 性 值
窗体	Caption	实验 3-3
标签 1	Name	Label1
	Caption	礼品一
标签 2	Name	Label2
	Caption	礼品二
标签 3	Name	Label3
	Caption	您选择的礼品组合：
命令按钮 1	Name	CmdAdd
	Caption	添加
命令按钮 2	Name	CmdDel
	Caption	删除
命令按钮 3	Name	CmdClear
	Caption	清空
组合框 1	Name	Combo1
	Text	（清空）
组合框 2	Name	Combo2
	Text	（清空）
列表框	Name	List1

（3）程序代码。

```
Private Sub Form_Load()
    Combo1.AddItem "玩具熊"
    Combo1.AddItem "芭比娃娃"
    Combo1.AddItem "轨道列车"
    Combo2.AddItem "水彩笔"
    Combo2.AddItem "橡皮泥"
End Sub
Private Sub CmdAdd_Click()
    List1.AddItem Combo1.List(Combo1.ListIndex) + "+" + Combo2.Text
End Sub
Private Sub CmdDel_Click()
    List1.RemoveItem List1.ListIndex
End Sub
Private Sub CmdClear_Click()
```

```
    List1.Clear
End Sub
```

（4）运行程序。

（5）保存工程。将窗体保存为 3-3.frm，将工程保存为 3-3.vbp。

实验 3-4 利用滚动条改变 RGB（r，g，b）函数中的 r、g、b 三个参数值，从而改变窗体的背景色，程序运行界面如图 3-12 所示。

（1）界面设计。在窗体上添加 3 个标签和 3 个滚动条对象。

（2）属性设置如表 3-4 所示。

表 3-4   控件属性设置

对　象	属 性 名 称	属 性 值
窗体	Name	Form1
	Caption	实验 3-4
标签 1	Name	Label1
	Caption	r:
标签 2	Name	Label2
	Caption	g:
标签 3	Name	Label3
	Caption	b:
滚动条 1	Name	HScrollR
	Caption	形状
	Max	255
	Min	0
滚动条 2	Name	HScrollG
	Caption	圆角矩形
	Max	255
	Min	0
滚动条 3	Name	HScrollB
	Caption	椭圆
	Max	255
	Min	0

（3）程序代码。

```
Private Sub HScrollR_Change()
    r = HScrollR.Value
    g = HScrollG.Value
    b = HScrollB.Value
    Form1.BackColor = RGB(r, g, b)
End Sub
Private Sub HScrollG_Change()
    r = HScrollR.Value
    g = HScrollG.Value
    b = HScrollB.Value
    Form1.BackColor = RGB(r, g, b)
End Sub
Private Sub HScrollB_Change()
```

```
        r = HScrollR.Value
        g = HScrollG.Value
        b = HScrollB.Value
        Form1.BackColor = RGB(r, g, b)
    End Sub
```

（4）运行程序。

（5）保存工程。将窗体保存为 3-4.frm，将工程保存为 3-4.vbp。

实验 3-5 利用框架和单选按钮改变形状控件对象的形状和填充样式，程序运行界面如图 3-13 所示。

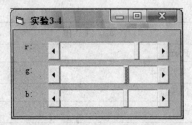

图 3-12　实验 3-4 运行界面

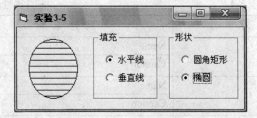

图 3-13　实验 3-5 运行界面

（1）界面设计。在窗体上添加 1 个形状控件对象，2 个命令按钮框架和 4 个单选按钮。

（2）属性设置如表 3-5 所示。

表 3-5　　　　　　　　　　　　　控件属性设置

对　象	属 性 名 称	属 性 值
窗体	Name	Form1
	Caption	实验 3-5
框架 1	Name	Frame1
	Caption	填充
单选按钮 1	Name	OptionH
	Caption	水平线
单选按钮 2	Name	OptionV
	Caption	垂直线
框架 2	Name	Frame2
	Caption	形状
单选按钮 3	Name	OptionR
	Caption	圆角矩形
单选按钮 4	Name	OptionO
	Caption	椭圆
形状控件	Name	Shape1
	Height	1200
	Width	1000

（3）程序代码。

```
    Private Sub OptionH_Click()
```

```
        If OptionH.Value = True Then Shape1.FillStyle = 2        '填充水平线
    End Sub
    Private Sub OptionV_Click()
        If OptionV.Value = True Then Shape1.FillStyle = 3        '填充垂直线
    End Sub
    Private Sub OptionR_Click()
        If OptionR.Value = True Then Shape1.Shape = 4            '画圆角矩形
    End Sub
    Private Sub OptionO_Click()
        If OptionO.Value = True Then Shape1.Shape = 2            '画椭圆
    End Sub
```

（4）运行程序。

（5）保存工程。将窗体保存为 3-5.frm，将工程保存为 3-5.vbp。

实验 3-6　利用时钟控件进行 30 秒倒计时。

要求：界面中使用若干标签显示一些提示语和系统时间，使用文本框显示程序运行时间和 30 秒剩余时间。当 30 秒计时一到，立即结束程序运行，程序运行界面如图 3-14 所示。

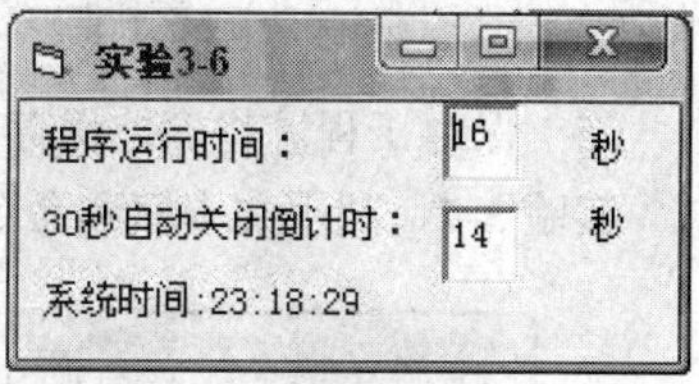

（1）界面设计。在窗体上添加 5 个标签和 2 个文本框对象。

（2）属性设置如表 3-6 所示。

图 3-14　实验 3-6 的运行界面

表 3-6　　　　　　　　　　　　　　控件属性设置

对　　象	属 性 名 称	属 性 值
窗体	Name	Form1
	Caption	实验 3-6
标签 1	Name	Label1
	Caption	程序运行时间：
标签 2	Name	Label2
	Caption	30 秒自动关闭倒计时：
标签 3	Name	Label3
	Caption	（清空）
标签 4	Name	Label4
	Caption	秒
标签 5	Name	Label5
	Caption	秒
文本框 1	Name	Text1
	Text	（清空）
文本框 2	Name	Text1
	Text	（清空）
时钟控件	Name	Timer1
	Interval	1000

（3）程序代码。

```
Private Sub Form_Load()
```

```
        Text1.Text = 0
        Text2.Text = 30
        Label3.Caption = "系统时间:" & Time              'Time 函数返回系统时间
    End Sub
Private Sub Timer1_Timer()
        If Val(Text1.Text) = 30 Then
            End
        Else
            Text1.Text = Val(Text1.Text) + 1
            Text2.Text = 30 - Val(Text1.Text)
            Label3.Caption = "系统时间:" & Time
        End If
End Sub
```

（4）运行程序。

（5）保存工程。将窗体保存为 3-6.frm，将工程保存为 3-6.vbp。

实验 3-7 利用文本框和命令按钮模拟剪贴板功能，程序运行界面如图 3-15 所示。

（a）设计态界面

（b）运行初始界面

（c）单击"剪切"、"粘贴"按钮后界面

图 3-15　实验 3-7 运行界面

要求实现功能：

（1）当用户在文本框 1 中选中文本后，单击"复制"或"剪切"按钮后，"粘贴"按钮从无效状态变为有效状态，如图 3-15（b）所示。

（2）使文本框 2 获得焦点后，用户接着单击"粘贴"按钮，能实现从文本框 1 到文本框 2 的复制或剪切操作，如图 3-15（c）所示。

提示：

本实验必须使用文本框的 SelStart 属性、SelLength 属性和 SelText 属性。要实现复制或剪切操作，必须先记录文本框 1 中所选中的文本，包括文本内容、起始位置和文本长度。若是复制操作，则只要将选中的文本在文本框 2 中直接显示；若是剪切操作，除了在文本框 2 中显示外，还要将文本框 1 中所选中的文本清除。在本例中要灵活使用 SelStart 属性、SelLength 属性和 SelText 属性。此外，在不同事件过程中涉及数据的传递，因此要用到模块级变量。

（1）界面设计。窗体上添加 3 个命令按钮和 2 个文本框对象。

（2）属性设置如表 3-7 所示。

表 3-7　　　　　　　　　　　　　　对象的属性设置

对　　象	属　　性	属　性　值	对　　象	属　　性	属　性　值
窗体 1	Name	Form1	命令按钮 1	Name	CmdCopy
	Caption	实验 3-7		Caption	复制

续表

对　象	属　性	属 性 值	对　象	属　性	属 性 值
文本框 1	Name	Text1	命令按钮 2	Name	CmdCut
	Text	测试用例		Caption	剪切
文本框 2	Name	Text2		Name	CmdPaste
	Text	（清空）	命令按钮 3	Caption	粘贴
				Enabled	False

（3）程序代码。

```
Dim temptext As String                   '定义模块级变量
Private Sub CmdCopy_Click()
    temptext = Text1.SelText             '记录所选中的文本
    If temptext <> "" Then
        CmdPaste.Enabled = True          '使"粘贴"按钮有效
    Else:    MsgBox "请先选中文本!"
    End If
End Sub
Private Sub CmdCut_Click()
    temptext = Text1.SelText
    If temptext <> "" Then
        Text1.SelText = ""               '使选中的文本清空
        CmdPaste.Enabled = True
    Else
        MsgBox "请先选中文本!"
    End If
End Sub
Private Sub CmdPaste_Click()
    Text2.Text = temptext                '使选中的文本在文本框 2 中显示
End Sub
```

（4）运行程序。

（5）保存工程。将窗体保存为 3-7.frm，将工程保存为 3-7.vbp。

3.5　常见错误分析

1. 字母与数字形状相似。

L 的小写字母"l"和数字的"1"形式几乎相同、O 的小写字母"o"与数字"0"也难以区别，这在输入代码时要十分注意，尽量避免使用这些易混淆的字符。

2. 对象名称（Name）属性写错。

在窗体上创建的每个控件都有默认的名称，用于在程序中唯一的标识该控件对象。系统为每个创建的对象提供了默认的对象名，例如，Text1、Text2、Command1、Label1 等。用户也可以将属性窗口的（名称）属性改为自己所指定的可读性好的名称，如 txtInput、txtOutput、cmdOK 等。

对初学者，由于程序较简单、控件对象使用较少，还是用默认的控件名较方便。

当程序中的对象名写错时，系统显示"要求对象"的信息，并对出错的语句以黄色背景显示。用户可以在代码窗口的"对象列表"框检查该窗体所使用的对象。

3. 将控件对象的方法错误的用赋值语句来调用。

控件对象的属性值可以利用赋值语句来更改，如[对象名.]属性名=表达式。

控件对象的方法不能用赋值语句来调用，正确的调用格式为：

> [对象名.]方法名 参数表列

4. 写错对象的属性名、方法名。

当程序中对象的属性名、方法名写错时，Visual Basic 系统会显示"方法或数据成员未找到"的信息。在编写程序代码时，尽量使用自动列出成员功能，即当用户在输入控件对象名和句点后，系统自动列出该控件对象在运行模式下可用的属性和方法，用户按空格键或双击鼠标即可，这样即可减少输入，也可防止此类错误出现。

5. SetFocus 方法与 GotFocus 事件的混淆。

某些控件对象可以调用方法 SetFocus 获得焦点，当获得焦点时会触发该对象的 GetFocus 事件。

6. 为什么在窗体加载过程中使用 SetFocus 方法会出现"无效的过程调用或参数"错误？

焦点只能移到可视的窗体或控件上。在窗体的 Load 事件完成前窗体或窗体上的控件是不可视的，所以不能在 Form_Load 事件中把焦点移到正在加载的窗体上，也不能在 Load 事件内使用 SetFocus 方法将焦点移至窗体上的控件。此外，也不能把焦点移到 Enabled 或 Visible 属性被设置为 False 的窗体或控件上。

3.6 编程技巧与算法的应用分析

1. 常见事件（鼠标、键盘事件）的触发时机。

设窗体上有一个名为 Text1 的文本框，并编写如下程序：

```
Private Sub Form_Load()
    Show
    Text1.Text = ""
    Text1.SetFocus
End Sub
Private Sub Form_MouseUp(Button As Integer, _
    Shift As Integer, X As Single, Y As Single)
    Print "程序设计"
End Sub
Private Sub Text1_KeyDown(KeyCode As Integer, Shift As Integer)
    Print "Visual Basic";
End Sub
```

程序运行后，如果在文本框中输入字母"a"，然后单击窗体，则在窗体上显示的内容是_____。
    A． Visual Basic   B． 程序设计
    C． Visual Basic 程序设计   D． a 程序设计

【分析】 在文本框中输入字母"a"，就会触发文本框的键盘 KeyDown 事件，所以会在窗体
上打印显示"Visual Basic"，而后鼠标单击窗体，必然会触发窗体的鼠标 MouseUp 事件，所以会
继续在窗体上打印显示"程序设计"。根据 Print 方法输出格式中使用";"的具体情况分析，应选
择答案 C。

3.7   参 考 答 案

一、选择题

1． D	2． D	3． A	4． D	5． B	6． B	7． C	8． B
9． B	10． C	11． C	12． A	13． D	14． D	15． D	16． A
17． B	18． D	19． B	20． C	21． C	22． B	23． D	24． A
25． B	26． D	27． D	28． C	29． B	30． C	31． B	32． D
33． A	34． B	35． B	36． C	37． D	38． C	39． A	40． C
41． A	42． D	43． C	44． B	45． B	46． A	47． B	48． D
49． B	50． C	51． C	52． B	53． C	54． A	55． A	56． B

二、填空题

1. （1）窗体   （2）图片框   （3）Clear
2. 周期性地自动引发事件
3. （1）Enabled   （2）Locked
4. TabStop
5. Name 和 Caption（或者 Name 和 Text）
6. Timer
7. Scroll 和 Change
8. （1）0   （2）-1
9. （1）Hide   （2）Show
10. （1）List   （2）Selected
11. ASCII 码
12. （1）Shift   （2）Ctrl   （3）Alt
13. （1）DragMode（2）1   （3）DragMode   （4）0
14. （1）MousePointer   （2）99   （3）MouseIcon
15. Combo1.List（Combo1.ListIndex）
16. Change
17. （1）密码验证 （2）请输入密码：（3）*   （4）验证
18. （1）Unload   （2）Show

19.（1）BorderStyle　　　　　　　　（2）Shape

20.（1）Chk1.Value（2）Text3.Passwordchar = ""　　　　　　　（3）Text2.Text

21.（1）选择　　（2）性别　　　（3）False　　　（4）True

22. Pic1.Picture=loadpicture（"D：\Pic\Fishing.bmp"）

23.（1）KeyAscii=13　　　　　　　　（2）a<=100

（3）Text2.SetFocus　　　　　　　（4）Len（Trim（Text1.Text））

第 4 章
Visual Basic 程序设计基础

4.1 学 习 要 点

1. 系统关键字和用户自定义标识符。

Visual Basic 常用的系统关键字包括 If、Else、End、Sub、Private、Function、Public、Form、Me、Unload、Do、While、Loop、Until、MessageBox、InputBox 等。

用户自定义标识符（变量、常量、数据类型、过程等）应遵循以下规则：

（1）只能由字母、数字、下划线或汉字组成；

（2）第一个字符必须是英文字母或汉字；

（3）长度小于等于 255 个字符；

（4）不可以包含空格、标点符号和类型说明符%、&、!、#、@、$；

（5）不可以是系统关键字。

2. 数据类型。

Visual Basic 6.0 中包含的基本数据类型有 11 种，这些是由系统定义的数据类型。Byte（字节型）、Integer（整型）、Long（长整型）、Single（单精度型）、Double（双精度型）、Currency（货币型）、String（字符串型）、Boolean（逻辑型）、Date（日期型）、Object（对象型）、Variant（变体型）。

3. 常量和变量。

（1）常量是存放在静态存储区的常量区中的数值。常量区一旦放入数据就不允许用户修改，即常量在程序执行期间，其值是不发生变化的，直到数据单元被释放。根据表示形式可以将常量分为直接常量和符号常量。在 Visual Basic 中，可以用 Const 语句定义符号常量，用来代替指定的数值或字符串，其格式如下：

```
[Private |Public] Const  常量名[As 类型名]=表达式[,常量名 2=表达式 2]……
```

（2）变量是存储单元的代号，对应于存放在动态存储区的单元或静态存储区的非常量区；从计算机的外部设备输入的数据，必须送入变量中保存，程序执行过程中，使用变量来暂时存放程序中有用的数据，变量的内容可以允许多次更新（存入新的数据）。变量有两种形式，即对象的属性变量和内存变量。

一般在声明变量时指定它的数据类型。

● 显式声明。

格式：Dim|Public|Private|Static　变量名［As　类型名］

说明：

（1）可选项[As 类型名]省略后变量定义为变体型。

（2）一条声明语句可将多个声明组合起来，必须分别用"As 类型名"声明各自的类型。

- 隐式声明。

格式：变量名<类型说明符>

说明：类型说明符和变量名之间不能有空格。

为方便调试程序，一般要求对使用的变量都先进行声明"Option Explicit 语句"。

4. 运算符和表达式。

Visual Basic 中定义了丰富的运算符，包括算术运算符、字符串运算符、关系运算符和逻辑运算符。

（1）算术运算符的优先次序。

$^\wedge \to -$（负号）$\to *$、$/ \to \backslash \to$ Mod $\to +$、$-$

（2）逻辑运算符的优先次序。

Not $\to$ And $\to$ Or $\to$ Xor $\to$ Eqv $\to$ Imp

说明：当逻辑运算的某侧操作数是数值型数据时，则将两侧的数据都转换为数值型数据，并以数值的二进制补码形式按位逻辑运算。

（3）字符串运算符（+、&）优先级相同。

（4）关系运算符（=、>=、>、<>、<=、<、Is、Like）优先级相同。

（5）不同类型运算符优先顺序为算术运算→字符运算→关系运算→逻辑运算→赋值运算。

5. 常用内部函数。

Visual Basic 中提供了大量的内部函数供用户调用，这些函数按功能可以分为数学函数、转换函数、字符串函数、日期函数、随机 Rnd 函数、InputBox 函数、MsgBox 函数、格式输出 Format 函数和 Shell 函数，凡是函数名后跟类型说明符（%、&、!、#、@），表示函数返回值的类型。

（1）数学函数、转换函数、字符串函数、日期函数请参见教材。

（2）随机函数 Rnd 返回一个（0，1）间的双精度数。若要产生一个[a，b]区间的随机整数，可以采用公式：Int（Rnd *（b-a+1）+a）。

（3）Visual Basic 在显示数字的格式上比较灵活，对于数值、日期和字符串可使用 Format 函数，按指定的标准格式输出。

Format 函数的格式如下：

格式：Format(表达式[，格式字符串])

（4）Shell 函数格式如下：

格式：Shell(命令字符串[，窗口类型])

说明：调用 Dos 或 Windows 程序下的可执行程序（扩展名为 .com、.exe、.bat、.pif 的文件）。

（5）InputBox 函数。

格式：Varname=InputBox(提示[，标题][，默认值][，x 坐标位置][，y 坐标位置][，帮助文件名，帮

助主题号])

说明：Varname 是变量名，用于存放 InputBox 函数的返回值，即用户输入的内容。InputBox 函数的返回值类型是 String 型，所以 Varname 变量的类型可以是 String 型或数值型。"提示"为对话框显示的信息，若要分为多行显示，必须加回车换行符，即 Chr（13）+Chr（10）或常量 vbCrLf。若要输入多个值，必须多次调用该函数。

（6）MsgBox 函数或过程。

> 函数调用格式：变量[%]=MsgBox(提示 [，按钮] [，标题] [，帮助文件名，帮助主题号])
> 过程调用格式：MsgBox 提示 [，按钮] [，标题] [，帮助文件名，帮助主题号]

说明：MsgBox 作为函数调用表示在对话框中显示消息，等待用户单击按钮，并返回一个值指示用户单击的按钮；作为过程调用，无返回值，一般用于简单信息显示。

6．编码规则。

（1）Visual Basic 中的语句是执行具体操作的指令，每条语句以回车键结束。在一般情况下，输入程序时要求按行书写，一行上书写一条语句，一句一行。

（2）Visual Basic 允许使用复合语句行，即在同一行上书写多条语句，则各语句间必须用冒号"："隔开。

注意：一个语句行的长度最多不能超过 1023 个字符，且在一行的实际文本之前最多只能有 256 个前导空格。

（3）Visual Basic 允许一条较长的语句分多行书写，但必须在续行的行末加入续行符"_"（一个空格和下划线），表示下一行与该行属于同一个语句行；一个逻辑行最多只能有 25 个后续行。

（4）代码不区分字母的大小写。

（5）Visual Basic 代码中必须使用西文标点。

（6）使用注释增加程序的可读性。

注释语句格式：

> 格式 1：Rem 注释内容
> 格式 2：' 注释内容

4.2　示　例　分　析

1．下列变量名中合法的是 _____ 。

    A．2ABC   B.A!2   C．A2D   D．2

【分析】　答案为 C。 变量命名规则如下：

首字符必须为字母或汉字；

长度不超过 255 个字符；

变量名中不得包括点号、空格、%、&、!、#、@、$。

2．表达式 8 Mod 5*2^2+12\6/2 的值是 _____ 。

    A．12   B．0   C．9.5   D．4

【分析】　答案为 A。在表达式中，当运算符不止一种时，要根据运算符的优先级来进行运算。在各种不同类型的运算中，优先顺序为算术运算→字符运算→关系运算→逻辑运算→赋值运算。

在算术运算符中，优先顺序为^ →—（负号）→*和/→\（整除）→Mod→+和—。

在逻辑运算符中，优先顺序为 Not → And → Or →Xor。

3．执行语句 Print Format（5459.478，"##，##0.00"），正确的输出结果是_____。

    A．5459.48   B．5,459.48   C．5,459.478   D．5,459.47

【分析】 答案为 B。Format 函数使数值或日期按指定的格式输出，它返回 Variant（String），其中含有一个表达式，它是根据格式表达式中的指令来格式化的。

```
Format(表达式[,Format])
```

"表达式"是需要转换的数值，为必要参数。

格式字符串为可选参数。有效的命名表达式或用户自定义格式表达式。自定义的格式字符串分为字符、数值及日期 3 种。在数值型的字符串中，"0"数字占位符表示显示一位数字或 0。"#"数字占位符表示显示一位数字或什么都不显示。

该题主要考查格式字符串的运用，该字符串的含义是：显示 5 位整数，两位小数，超过的小数四舍五入处理，整数部分包含千分位。

4．有如下程序段：

```
Dim x As String
x="Visual Basic"
Dim Y As String
Y= Ucase(Mid(LTrim(Right(x, 6)), 1, 1))
```

当该段程序被执行完时，变量 Y 的值为_____。

    A．"B"   B．" "   C．"A"   D．"a"

【分析】 答案为 A。该题的执行顺序为 Right 函数→Ltrim 函数→ Mid 函数→Ucase 函数。

（1）Right 函数表示从字符串右边返回指定数目的字符，语法格式如下：

```
Right(string, length)
```

（2）Ltrim 函数表示返回不带前导空格，语法如下：

```
LTrim(string)
```

string 参数是任意有效的字符串表达式。如果 string 参数中包含 Null，则返回 Null。

（3）Mid 函数表示从字符串中返回指定数目的字符，语法如下：

```
Mid(string, start[, length])
```

（4）Ucase 函数表示返回字符串的大写形式；只有小写字母被转换成大写字母；所有大写字母和非字母字符均保持不变，语法如下：

```
UCase(string)
```

5．在窗体上画一个命令按钮和一个文本框，其名称分别为 Command1 和 Text1，把文本框的 Text 属性设置为空白，然后编写如下事件过程：

```
Private Sub Command1_Click()
    a = InputBox("Enter an integer")
    b = InputBox("Enter an integer")
    Text1.Text = b + a
End Sub
```

程序运行后，单击命令按钮，如果在输入对话框中分别输入 8 和 10，则文本框中显示的内容是_____。

    A. 108   B. 18   C. 810   D. 出错

【分析】答案为 A。该题主要考查 InputBox 函数的使用。

InputBox 函数的函数返回值是字符串类型，由于变量 a 和 b 没有说明，所以是变体型，当把函数值赋给变量 a 和 b 后，a 和 b 分别获得字符串"8"和"10"，则文本框中显示两个字符串的连接结果 108。

图 4-1 消息框

6. 如图 4-1 所示消息框，请填空。

MsgBox _____, vbYesNoCancel + 32, _____

【分析】 答案如下：

MsgBox "你真的"+Chr（13）+Chr（10）+ "要删除这个文件吗?"， vbYesNoCancel + 32, "警告提示"

或 MsgBox "你真的" + vbCrLf + "要删除这个文件吗?"， vbYesNoCancel + 32, "警告提示"

【分析】

该题主要是考查 MsgBox 函数过程形式的使用。

根据 MsgBox 函数形式，将"提示"、按钮、"标题"部分分别填入；注意先后次序。

按钮参数值是 Visual Basic 系统指定的，可以用 Visual Basic 系统规定好的系统常量或数值方式。

该题的按钮参数 vbYesNoCancel 就等于 3，32 就等于 vbQuestion。

该题按钮参数值的几种等价写法是：3+32，或 vbYesNoCancel +vbQuestion，3 + vbQuestion。

4.3 同步练习题

一、选择题

1. 下面_____是合法的字符串型常量。

    A. 6/12/2001   B. "6/12/2001"   C. #6/12/2001#   D. 6，12，2001#

2. 设有如下变量声明：

```
Dim TestDate As Date
```

为变量 TestDate 正确赋值的表达方式是_____。

    A. TestDate=#1/1/2002#   B. TestDate=#"1/1/2002"#

    C. TestDate=date（"1/1/2002"）   D. TestDate=Format（"m/d/yy"，"1/1/2002"）

3. \、/、Mod、*4 个算术运算符中，优先级最低的是_____。

    A. \   B. /   C. Mod   D. *

4. 表达式 Int（8*Sqr（36）*10^（−2）*10+0.5）/10 的值是_____。

    A. 0.48   B.0.048   C. 0.5   D. 0.05

5. 符号%是声明_____类型变量的类型定义符。

    A. Integer   B. Variant   C. Single   D. String

6. 下列符号常量的声明中，_____是不合法的。

    A. Const a As Single=1.1   B.Const a As Integer="12"

    C. Const a As Double=Sin（1）   D. Const a="OK"

7. 求一个三位正整数 N 的十位数的正确方法是_____。

    A. Int（N/10）−Int（N/100）*10   B. Int（N/10）−Int（N/100）

    C. N−Int（N/100）*100   D. Int（N−Int（N/100）*100）

8. 设 A="12345678"，则表达式 Val（Left（A，4）+Mid（A，4，2））的值为_____。

    A. 123456   B. 123445   C. 8   D. 6

9. 下列表达式中，值为 True 的是_____。

    A. Ucase（"ABCD"）>="abcd"

    B. Not（Sqr（4）−3>=−2）

    C. Mid（"ABCD"，2，2）>Chr（Asc（"ABCD"）+2）

    D. 14/2\2<16/4

10. 窗体上放置了 3 个文本框，若在 Text1 中输入 456，在 Text2 中输入 78，在程序中执行了语句 Text3.text = Text1.text + Text2.text 后，则在 Text3 中显示_____。

    A. 534   B. 45678   C. 溢出   D. 语法错误

11. 下列说法中不正确的是_____。

    A. Visual Basic 允许将一个数字字符串赋值给一个数值型的变量

    B. Visual Basic 允许使用未经说明的变量，其类型为 Variant 类型

    C. Visual Basic 允许将一个数值赋值给一个字符串变量

    D. 语句 print 5 + "7" 中的 "+" 是连接符，相当于运算符 "&"

12. 要强制显式声明变量，可在窗体模块或标准模块的声明段中加入语句_____。

    A. Option Base 0   B. Option Explicit

    C. Option Base 1   D. Option Compare

13. 逻辑表达式（（10>9）And（8>9））Or（Not（4>5））的值是_____。

    A. True   B. False

    C. 结果不确定   D. 条件不足

14. 假设变量 Lng 为长整型变量，下面不能正常执行的语句是_____。

    A. Lng = 16384 * 2   B. Lng = 4 * 0.5 * 16384

    C. Lng = 190 ^ 2   D. Lng = 32768 * 2

15. 下面表达式中，_____的运算结果与其他三个不同。

    A. Exp（−3.5）   B. Int（−3.5）+0.5

    C. −Abs（−3.5）   D. Sgn（−3.5）−2.5

16. 代数表达式 $\sqrt{\dfrac{x+\ln x}{a+b}}+e^{-1}+\sin(\dfrac{x+y}{2})$ 对应的 Visual Basic 表达式为_____。

    A. Sqr（（x+Log（x））/（a+b））+Exp（−1）+Sin（（x+y）/2）

    B. Sqr（x+Log（x）/（a+b））+Exp（−1）+Sin（（x+y）/2）

    C. Sqr（（x+Ln（x））/（a+b））+Exp（−1）+Sin（（x+y）/2）

  D. Sqr（（x+Log（x））/（a+b））+Exp（−1）+Sin（x+y/2）

17. 如果 x 是一个正实数，对 x 的第 3 位小数四舍五入的表达式是_____。

  A. Int（x+0.005）/100   B. Int（100*（x+0.005））/100

  C. Int（x+0.05）/100   D. Int（100*（x+0.05））/100

18. 在 Form_Click 事件中执行下列语句后错误的结果是_____。

  A. Print Format（12345.6，"000，000.00"）的输出结果是 012，345.60

  B. Print Format（12345.6，"+##，##0.0%"）的输出结果是+1，234，560.0%

  C. Print Format（12345.6，"$###，##0.00"）的输出结果是$12，345.60

  D. Print Format（12345.6，"0.00E+00"）的输出结果是 0.12E+05

19. 表达式 Int（−17.8）+Sgn（17.8）的值是_____。

  A. 18   B. −17   C. −18   D. −16

20. Sgn（1−Int（Sin（5）−3））的值是_____。

  A. −1   B. 1   C. 0   D. 5

21. 函数 Len（Str（Val（"123.4")））的值为_____。

  A. 11   B. 5   C. 6   D. 8

22. 如果 A=True，则式子 43>34 And Not A Or A 的结果是_____。

  A. True   B. False   C. 不能确定   D. 0

23. 下列说法错误的是_____。

  A. Print String$（3，65）的运行结果是 AAA，Print Asc（"Basic"）的结果是 66

  B. （7−3 <= 4）Xor（1 >−1）Or（7 >= 7）的结果是 False

  C. 产生 0.01 至 100.99 范围内的随机数，包括两端点，间隔为 0.01 的表达式可写成

    Myvalue=Int（101.98*Rnd+0.01）

  D. 表达式 5\3/Asc（"c"）*Fix（44.2）*CInt（7.8−5.2）的值是 1，26\3 Mod 3.2*Int（−1.5）

    的值是 2

24. 设 a="Visual Basic"，下面使 b="Basic"的语句是_____。

  A. b=Left（a，8，12）   B. b=Mid（a，8，5）

  C. b=Rigth（a，5，5）   D. b=Left（a，8，5）

25. 函数 InStr（"Visual Basic 程序设计教程"，"ua"）的值为_____。

  A. 1   B. 2   C. 3   D. 4

26. 设 a=3，b=2，c=1，运行 Print a>b>c 的结果是_____。

  A. True   B. 1   C. False   D. 出错

27. 选拔身高 T 超过 1.7m 且体重 W 小于 62.5kg 的人，表示该条件的布尔表达式为_____。

  A. T>=1.7 And W<=62.5   B. T<=1.7 Or W>=62.5

  C. T>1.7 And W<62.5   D. T>1.7 Or W<62.5

28. 设 a=3，b=5，则以下表达式值为真的是_____。

  A. a>=b And b>10   B. （a>b）Or（b>0）

  C. （a<0）Eqv（b>0）   D. （−3+5>a）And（b>0）

29. 将任意一个正的两位数 N 的个位数与十位数对换的表达式为_____。

  A. （N−Int（N/10）*10）*10+Int（N/10） B. N−Int（N）/10*10+Int（N）/10

  C. Int（N/10）+（N−Int（N/10））   D. （N−Int（N/10））*10+Int（N/10）

30. 代数式 $\dfrac{a}{b+\dfrac{c}{d}}$ 对应的 Visual Basic 表达式是_____。

    A. a/b+c/d   B. a/(b+c)/d   C. (a/b+c)/d   D. a/(b+c/d)

31. X，Y 之一小于 Z 的 Visual Basic 条件表达式是_____。

    A. X Or Y<Z   B. X<Z Not Y<Z

    C. X<Z Or Y<Z   D. X<Z Xor Y<Z

32. 已知 X<Y，A>B，正确表示它们之间关系的式子是_____。

    A. Sgn(Y−X)−Sgn(A−B)<0   B. Sgn(X−Y)−Sgn(A−B)= −2

    C. Sgn(X−Y)−Sgn(A−B)=0   D. Sgn(X−Y)−Sgn(A−B)=−1

33. 设 s1、s2 为字符串型变量，s1="how do you do"，s2="O"，则以下关系表达式的结果为 True 的是_____。

    A. len(s1)=instr(s1, "d")+8   B. mid(s1, 8, 1)<s2

    C. left(s1, len(s1))= "how do you"   D. ucase(s1)>s2

34. 代数式 x1−|a|+ln10+sin(x2+2π)/cos(57°) 对应的 Visual Basic 表达式是_____。

    A. X1−Abs(A)+Log(10)+sin(X2+2*3.14)/cos(57*3.14/180)

    B. X1−Abs(A)+Log(10)+sin(X2+2*π)/cos(57*3.14/180)

    C. X1−Abs(A)+Log(10)+sin(X2+2*3.14)/cos(57)

    D. X1−Abs(A)+Log(10)+sin(X2+2*π)/cos(57)

35. 下面表达式的值为真的是_____。

    A. Mid ("Visual Basic"，1，12)=Right ("Programing Lanuage Visual Basic"，12)

    B. "ABCRG">"abcde"

    C. Int(134.69)>CInt (134.69)

    D. 78.9/32.77<=97.5/43.97 AND −45.4>−4.98

36. 语句 Print Sgn(−3^2) + Int(−3^2) 运行时输出的结果为_____。

    A. −1   B. 27   C. 1   D. −10

37. 已知 A$ = "A12B3456"， L = Len(A$) + Val(Mid$(A$，2，2))，则 L=_____。

    A. 8   B. 20   C. 42   D. 64

38. 表达式 X+1>X 是_____。

    A. 算术表达式   B. 非法表达式

    C. 字符串表达式   D. 关系表达式

39. 算术表达式 $\ln\left|\dfrac{e^{\pi}+\sin^3 x}{x+y}\right|$ 的 Visual Basic 表达式是_____。

    A. Log (abs((exp(3.14159)+sin(x)^3)/(x+y)))

    B. Ln(abs((exp (3.14159)+sin (x)^3)/(x+y)))

    C. Log(abs((exp(3.14159)+sin(x)^3)/x+y))

    D. Log|exp(3.14159)+sin(x)^3)/x+y|

40. 在一个语句行内书写多条语句时，语句之间应该用_____分隔。

    A. 逗号   B. 分号   C. 顿号   D. 冒号

41. 执行语句：Print Format(5459.478, "##, ##0.00")，正确的输出结果是_____。

    A. 5459.48

    C. 5，459.478

    B. 5，459.48

    D. 5，459.47

42. 产生[10, 37]之间随机整数的 Visual Basic 表达式为_____。

    A. Int(27*Rnd)+10

    C. Int(27*Rnd)+11

    B. Int(28*Rnd)+10

    D. Int(28*Rnd)+11

43. 下列表达式中不能判断 x 是否为偶数的是_____。

    A. x/2=Int(x/2)

    C. Fix(x/2)=x/2

    B. x Mod 2=0

    D. x\2=0

44. 下列_____符号不能作为 Visual Basic 中的变量名。

    A. ABCabc   B. b1234   C. 28wed   D. Cmd

45. 下面所列 4 组数据中，全部正确的 Visual Basic 常数是_____。

    A. 32768，1.34D2，"ABCDE"，&O1767

    B. 3276，123.56，1.2E-2，#True#

    C. &HABCE，02-03-2002，False，D-3

    D. ABCDE，#02-02-2002#，E-2

46. 下面_____不是字符串常量。

    A. "你好"   B. " "   C. "True"   D. #False#

47. 设 a=4，b=3，c=2，d=1，下列表达式的值是_____。

    a >b+1 Or c<d And b Mod c

    A. True   B. 1   C. −1   D. 0

48. 用 Msgbox "你好", vbokonly, "Hello"显示的消息对话框窗口的标题是_____。

    A. 你好   B. vbokonly   C. Ok   D. Hello

49. 显示如图 4-2 所示的输入框的语句是_____。

    A. A = InputBox("请输入一个正整数", "示例", "1")

    B. A= InputBox("示例","请输入一个正整数","1"，)

    C. A=InputBox("1", "示例", "请输入一个正整数")

    D. A=InputBox("请输入一个正整数", "1"；"示例")

图 4-2　输入框

二、填空题

1. 写出下面 Val 函数表达式的值。

（1）Val("1.23E2CD")的值为_____。

（2）Val("567a")的值为_____。

（3）s="889bc"：Val(s)的值为_____。

（4）s="123d2"：Val(s)的值为_____。

（5）Val("bcd2")的值为_____。

2．一般情况下，Visual Basic 的编码规则是：一行上书写一条语句，一行上最多可以书写___（1）___个字符。若需要在同一行上书写多条语句，语句间用___（2）___隔开；若需要将一条语句分多行书写，则必须在行末加___（3）___。

3．关系式 $-5 \leqslant X \leqslant 5$ 所对应的布尔表达式是_____。

4．将下面的条件用 Visual Basic 的布尔表达式表示。

（1）X+Y 小于 10，且 X-Y 要大于 0_____。

（2）X、Y 都是正整数或都是负整数_____。

（3）X、Y 之一为 0 但不得同时为 0_____。

5．一元二次方程 $ax^2+bx+c=0$ 有实根的条件是 $a \neq 0$，并且 $b^2-4ac \geqslant 0$，表示该条件的布尔表达式是_____。

6．写出下面 Format 函数的值。

（1）Format(8888.3，"##，##0.00")的值为_____。

（2）Format(627.9，"####")的值为_____。

（3）Format(0.6677，"0.00")的值为_____。

（4）Format(0.5678，"#.00")的值为_____。

（5）Format("HELLO"，"<")的值为_____。

（6）Format("This is a good Idea"，"">")的值为_____。

7．x+y 小于等于 8 且 x-y 大于 8 的逻辑表达式为_____。

8．X 是小于 100 的非负数，对应的布尔表达式为_____。

9．关系式 $X \leqslant -5$ 或 $X \geqslant 5$ 所对应的布尔表达式为_____。

10．设 a = 5，b = 10，则执行 c = Int((b-a)* Rnd + a)+ 1 后，c 值的范围为_____。

11．写出下列代数式对应的 Visual Basic 表达式。

（1）$\dfrac{x^3 - y^3}{x \sin x - 7 \ln y}$

_____

（2）$\ln(y + \cos^2 x)$

_____

（3）$\sqrt[3]{a^{bc} + c^{ab}}$

_____

（4）$\left| \dfrac{e^x + \sin^3 x}{x(x-y)} \right|$

（注：e 为自然对数的底）

_____

（5） $\ln \dfrac{e^{xy} + \left| \tan^{-1} z + \cos^3 x \right|}{x + y + z}$ （注：e 为自然对数的底）

12. 设 A=2，B=3，C=4，D=5，写出下列布尔表达式的值。

（1） A>B And C<=D Or 2*A>C _____。

（2） 3>2*B Or A=C And B<>C Or C>D _____。

（3） Not A<=C Or 4*C=B^2 And B<>A+C _____。

13. 假定有如下的命令按钮（名称为 Command1）事件过程：

```
Private Sub Command1_Click()
    x = InputBox("输入:", "输入整数")
    MsgBox "输入的数据是:", , "输入数据:" + x
End Sub
```

程序运行后，单击命令按钮，如果从键盘上输入整数 10，则：

（1） x 的值是_____；

（2） 输入对话框的标题是_____；

（3） 信息框的标题是_____；

（4） 信息框中的提示显示的是_____。

4.4　实　验　题

一、实验目的

1. 掌握变量的定义和赋值。

2. 掌握各种类型数据的使用。

3. 掌握各种运算符、函数和表达式的计算和使用。

二、实验内容

实验 4-1　先在书本上写出以下程序段的运行结果，然后在窗体的 Click 事件过程中分别添加如下的程序段，运行验证。（请仔细观察结果）

（1） 程序代码段一：

```
Print Sgn(15 Mod -4), 15 Mod -4
Print Sgn(18 Mod 26),18 Mod 26
Print Asc("P")
Print Chr(80)
Print Asc(Chr(80))
Print Chr(Asc("P") - 1)
Print String(5, 97), String(5, "Mm")
```

（2）程序代码段二：

```
s$ = "abcdefg,123456!ABCDEF"
Print Len(s)
Print Sqr(Len(s) + 1)
Print Lcase(s)
Print Ucase(s)
Print Left(s,8)
Print Right(s,9)
Print Mid(s, 3, 5)
Print Instr(s,"efg")
```

实验 4-2 字符串的插入。要求在图 4-3（a）所示界面上输入字符串、插入点位置、插入字符串，单击"插入"按钮进行插入。

【分析】 插入过程为将字符串中插入点左边和右边的字符串使用 Left 和 Right 函数分离，使用字符串连接符按照左边字符串、插入字符串和右边字符串的顺序连接起来，如图 4-3（b）所示。

（a）实验 4-2 运行时输入界面

（b）实验 4-2 插入后的界面

图 4-3　实验 4-2 运行界面

程序代码如下：

```
Option Explicit
Private Sub CmdInsert_Click()
    Dim S1 As String, S2 As String, Pos As Integer
    S1 = TxtStr.Text
    Pos = Val(TxtPos.Text)
    S2 = TxtInsStr.Text
    TxtStr.Text = _____
End Sub
```

实验 4-3 制作一个查看某年的元旦是星期几的万年历。要求在图 4-4 所示界面上输入年份，单击"查看"按钮，查看某年的元旦是星期几。

图 4-4　实验 4-3 的运行界面

【分析】　确定某年的元旦是星期几的公式如下：

$$X = \text{Int}((Y-1)(1+\frac{1}{4}-\frac{1}{100}+\frac{1}{400})+1)$$

$$W = X - \text{Int}(X/7)*7$$

其中，Y 为公元年号，W 为计算出的结果星期几（0 表示星期日，1 表示星期一，依次类推）。请根据上述分析和参考界面自行编写代码。

实验 **4-4**　利用文本框 1 和文本框 2 输入直角三角形的两条直角边长，计算直角三角形的周长和面积。

提示：

① 该题先设两条直角边为 x, y，根据勾股定理可以计算出直角三角形的斜边，直角三角形面积 $S = (x*y)/2$。可以利用文本框接收数据和输出结果，注意由于文本框的 Text 属性为字符型，在计算时应使用 Val 函数进行转换，数值型的结果输出时应使用 Str 或 Cstr 函数进行转换。

② 在窗体上放置 4 个标签控件、4 个文本框和 3 个命令按钮，如图 4-5 所示。

实验 **4-5**　加密整数。加密过程：对于 1 个四位正整数，将每一位上的数字加 7，然后对 10 取余替代原来的数字，再将该四位整数进行左右两边数字互换，第 1 位与第 4 位互换，第 2 位与第 3 位互换。

提示：4 位整数可用随机函数 Rnd 和取整函数 Int 生成，最后加密结果可以直接显示在窗体上或采用文本框（见图 4-6）、标签显示。

图 4-5　实验 4-4 的设计界面

图 4-6　实验 4-5 的运行界面

4.5　常见错误分析

1. 在编辑源程序时，弹出"无效字符"出错框。

用户在进入 Visual Basic 后不要使用中文标点符号。

2. 变量名写错，会引起什么错误？如何防止？

用 Dim 声明的变量名，在后面的使用中表示同一变量而写错了变量名，Visual Basic 编译时就认为这是两个不同的变量。例如，下面程序段求 1～100 的和，结果放在 Sum 变量中。

```
Dim  sum As  Integer, i As  Integer
sum=0
For  i =1   to 100
    sum=sun+i
Next i
Print sum
```

显示的结果为 100。原因是累加和表达式 sum=sun+i 中的右边的变量名 sum 写成 sun。

Visual Basic 对变量声明有两种方式，即显式声明和隐式声明。上述程序写错变量名，系统就为两个不同的变量各自分配内存单元，结果造成计算结果不正确。因此，为防止此类错误产生，必须对变量声明采用显式声明方式，也就是在通用声明部分添加 Option Explicit 语句。

3. 语句书写位置有何规定？会出现何错误？

在 Visual Basic 中，除了在"通用声明"段利用 Dim 等对变量声明语句外，其他任何语句都应在事件过程中。

若写错位置，例如，在"通用声明"写了对变量赋值等可执行语句，运行时会显示"无效外部过程"的信息。若要对模块级变量进行初始化工作，则一般放在 Form_Load（）事件过程中。

4. 利用语句 x=y=z=1 给 x、y、z 3 个整型变量同时赋初值，结果并没有实现。

在 Visual Basic 中规定一个赋值语句内只能给一个变量赋值，但上述语句并没有产生语法错误，运行后 x、y、z 中的结果均为 0。原因是 Visual Basic 将上述 3 个"="表示不同的含义，最左的一个表示赋值号，其余表示为关系运算符号；因此将 y=z=1 作为一个关系表达式，再将表达式的结果赋值给 x。在 Visual Basic 中默认数值型变量的初值为 0，根据上面错误 1 的分析类推，因此表达式 y=z=1 的结果为 0，所以 x 赋得的值为 0，y、z 变量的值为默认值 0。

5. 逻辑表达式书写错误，在 Visual Basic 程序中没有造成语法错而形成逻辑错。

要将数学上表示变量 x 在一定数值范围内，如 $3 \leqslant x < 10$，以 Visual Basic 的逻辑表达式表示，有的人写成表达式为 3<=x<10，该表达式在 Visual Basic 中不产生语法错，程序能运行，但不管 x 的值为多少，表达式的值永远为 True。因为该表达式先计算 3<=x，若结果为 True，接着判断 True<10？True 转换为数值-1，-1<10 成立，结果为 True；若 3<=x 结果为 False，接着判断 False<10？False 转换为数值 0，0<10 成立，结果仍为 True。所以正确的表达式应为 x>=3 And x<10。

6. 打开工程时找不到对应的文件。

一般情况下，一个再简单的应用程序也应有一个工程文件（.vbp）和一个窗体文件（.frm）组成。工程文件记录该工程内所有文件（窗体 .frm 文件、标准模块 .bas 文件、类模块 .cls 文件等）的名称和所存放在磁盘上的路径。若读者在上机结束后，把文件复制到软盘上保存，但又少复制了某个文件，下次打开工程时就会显示"文件未找到"。也有读者在 Visual Basic 环境外，利用 Windows 资源管理器或 DOS 命令将窗体文件等改名，而工程文件内记录的还是原来的文件名，这样也会造成打开工程时显示"文件未找到"。解决此问题的方法：一是修改 .vbp 工程文件中的有关文件名；二是通过"工程"菜单的"添加窗体"中的"现存"选项，将改名后的窗体加入工程。

7. 系统函数名写错。

Visual Basic 提供了很多标准函数，如 IsNumeric（）、Date（）、Left（）等。当函数名写错时，如将 IsNumeric 写成 IsNummeric，系统显示"子程序或函数未定义"，并将该写错的函数名选中提醒用户修改。

如何判断函数名、控件名、属性、方法等是否写错，最方便的方法是当该语句写完后，按 Enter 键，系统把被识别的上述名称自动转换成规定的首字母大写形式，否则为错误的名称。

4.6 参 考 答 案

一、选择题

1. B　　2. A　　3. C　　4. C　　5. A　　6. C　　7. A　　8. B　　9. D　　10. B

11. D　12. B　13. A　14. A　15. A　16. A　17. B　18. D　19. B　20. B

21. C　22. A　23. C　24. B　25. D　26. C　27. C　28. B　29. A　30. D

31. D　32. B　33. A　34. A　35. A　36. D　37. B　38. D　39. A　40. D

41. B　42. B　43. D　44. C　45. A　46. D　47. D　48. D　49. A

二、填空题

1. （1）123　　（2）567　　　（3）889　　　　　（4）12300　　　　（5）0

2. （1）255　　（2）冒号"："　　（3）续行符" ＿"（空格和下划线）

3. x>=-5 And x <=5

4. （1）（X+Y）<10 And　（X-Y）>0

　　（2）X*Y>0 And X=Int（X）And Int（Y）=Y

　　（3）X*Y=0 And X+Y<>0

5. A<>0 And B*B -4*A*C>=0

6. （1）8888.30　　（2）628　　（3）0.67

　　（4）0.57　　（5）hello　　（6）THIS IS A GOOD IDEA

7. x+y<=8And x-y>8

8. x <100 And x >=0

9. x<=-5 or x >=5

10. 6～10

11. （1）（x^3-y^3）/（y*（sin（x））^3+7*log（y））　　　　（2）Log（y+cos（x）^2）

　　（3）（a^（b*c）+c^（a*b））^（1/3）

　　（4）abs（（exp（x）+sin（x）^3）/（x*（x-y）））

　　（5）log（（exp（x*y）+abs（tan（z）^（-1）+cos（x）^3））/（x+y+z））

12. （1）False　　（2）False　　（3）False

13. （1）"10"　　　　　　（2）"输入整数"

　　（3）"输入数据：10"　　（4）"输入的数据是："

第5章
基本控制语句

5.1 学 习 要 点

1. 赋值语句的形式以及使用赋值语句的注意点。

格式：varname = 表达式

varname 是变量或属性的名称，遵循标准变量命名约定，表达式是赋给变量或属性的值。赋值语句的作用是将表达式的值赋给变量或属性。

注意：一个赋值语句只能对一个变量赋值。当表达式值的类型与变量类型不一致时，则将表达式值的类型转换为变量的类型后赋值；如不能转换，则系统报错"类型不匹配"。

2. 选择结构语句。

（1）单边条件语句的两种格式与使用

```
(a) If <表达式> Then
        <语句块>
    End If
(b) If <表达式> Then <语句块>
```

其中表达式可以是关系表达式、逻辑表达式、算术表达式，按表达式的值非 0 为 True，0 为 False。

语句体可以是一条或多条语句，格式 b 中，所有的语句必须写在一行，用"："分隔。

（2）双边条件语句的两种格式与使用。

```
(a) If <表达式> Then
        <语句块 1>
    Else
        <语句块 2>
    End If
(b) If <表达式> Then <语句块 1> Else <语句块 2>
```

（3）多边条件语句的使用。

```
If <表达式 1> Then
    <语句块 1>
```

```
ElseIf <表达式 2>
  <语句块 2>
  …
ElseIf <表达式 n>
  <语句块 n>
  …
[Else
  <语句块 n+1> ]
End If
```

注意：ElseIf 之间不能有空格。

当 If 结构内有多个表达式条件为 True 时，仅执行第一个为 True 的条件后的语句块，然后跳出 If 结构。

（4）If 语句的嵌套与使用。

```
If <表达式> Then
  …
Else
  If <表达式> Then
…
  End If
  …
End If
```

注意：

① If 语句的完整性：即内层 If 语句必须完整地出现在外层 If 语句的 Then 子句或 Else 子句中。

② Else 与 If 的匹配：Else 始终与上面距离最近的未被匹配过的 If 匹配；End If 与 If 也要匹配，If 块必须以一个 End If 语句结束。

③ 为了更好地区分与配对，注意代码的书写规则。

（5）Select Case 语句的格式与使用。

```
Select Case <测试表达式>
  Case <表达式列表 1>
    <语句块 1>
  Case <表达式列表 2>
    <语句块 2>
  …
  Case <表达式列表 n>
    <语句块 n>
  [ Case Else
    <语句块 n+1>  ]
End Select
```

其中，测试表达式可以是数值或字符串表达式，且只能对一个变量进行多种情况的判断；表达式列表 i（i=1、2、3、…n），可以是以下几种形式之一：

形式 1　一个常量或常量表达式；

形式 2　一组用逗号分隔的枚举值，逗号相当于"或"，如 Case 1，3，5，7；

形式 3　表达式 1 To 表达式 2；表示从表达式 1 到表达式 2 中所有的值，其中表达式 1 的值必须小于表达式 2 的值。例如：

```
Case 1 to 5
```

形式 4　Is 关系运算表达式；

形式 5　前面 4 种情况的组合。

注意：表达式列表 i 中不能出现测试表达式中出现的变量。

（6）IIf 函数的形式与使用。

IIf（条件表达式，条件为 True 时的值，条件为 False 时的值）

注意：（1）IIf 函数格式中的 3 个参数均不可以省略；（2）后两个参数可以使用 IIf 函数的返回值；如可以用以下语句判断 x 的符号：s = IIf（x > 0，1，IIf（x = 0，0，−1））。

3.　循环结构语句。

（1）For…Next 循环结构的形式和使用。

```
For <循环变量>=<初值> To <终值>[Step<步长>]
    <循环体>
Next<循环变量>
```

适用于已知初值和终值的情况。步长可正可负，可为整数，也可为实数。掌握循环次数的计算方法：Int（Abs（终值−初值）/步长）+1。步长为正值时，当循环变量大于终值，循环终止；步长为负值时，当循环变量小于终值，循环终止。

例如，程序段都是计算 1～100 之间的 5 的倍数之和，结果存入 sum 变量中。

```
(a)For i=5 To 100 Step 5
    sum=sum+i
  Next i
(b)For i=100 To 5 Step -5
    sum=sum+I
  Next i
```

注意：For…Next 循环一般用于已知循环次数的循环结构。

（2）Do…Loop 循环结构的形式和使用。

当循环的次数不可知，要根据条件来决定是否循环时，一般使用 Do…Loop 循环结构。

根据不同组合，有以下 3 类形式。

① 无条件循环。

```
Do
    <循环体>
Loop
```

② 先判断条件，再执行循环。

格式一：条件为真循环。

```
Do While<条件>
    <循环体>
Loop
```

格式二：条件为假循环。

```
Do Until<条件>
    <循环体>
```

```
Loop
```

③ 先执行一次循环体再判断。

格式一：当条件为真继续循环。

```
DO
   <循环体>
Loop While<条件>
```

格式二：条件为假继续循环。

```
DO
   <循环体>
Loop Until<条件>
```

（3）While…Wend 循环的使用。

```
While <条件>
   <循环体>
Wend
```

当条件为真时，执行循环体，否则退出循环，执行 Wend 下面的语句，使用完全类似于 Do While…Loop 循环。

While…Wend 循环是早期的 Basic 语言的循环语句，现在它的功能已完全被 Do While…Loop 循环所包括，所以不常用。

（4）循环的嵌套。

循环体内又出现循环结构称为循环的嵌套或多重循环。多重循环的循环次数为每一重循环次数的乘积。

例如下面程序段的循环次数为 3*4。

```
For i=1 To 3
  For j=1 To 4
    …
  Next j
Next i
```

外循环体内要完整地包含内循环结构，不能交叉。

（5）其他辅助语句。

① GoTo 语句格式。

GoTo{标号|行号}

标号是以字母开头的字符序列，转移到的标号后应有冒号；行号是一个数字序列。

② Exit 语句。Exit 语句有多种形式，如 Exit For、Exit Do、Exit Sub、Exit Function 等，用于退出某种控制结构的执行。

③ End 语句。独立的 End 语句用于结束程序的运行，它可以放在任何事件过程中。

在 Visual Basic 中，还有多种形式的 End 语句，在控制语句或过程中经常使用，用于结束一个过程或块。如 End If、End Select、End With、End Type、End Function、End Sub 等，它与对应的语句配对使用。

④ Stop 语句。Stop 语句用于暂停程序的运行，相当于在程序代码中设置断点。当单击"继续"按钮，继续程序的运行。

⑤ With 语句格式。

```
With 对象
      语句块
End With
```

With 语句用于对某个对象执行一系列的语句，而不用重复指出对象的名称。

5.2 示 例 分 析

1. 执行下面语句：

```
a% = 14
b% = 12
a% = b% - a%
b% = b% + a%
a% = -b% ^ 2
```

变量 a 的值为_____。

　　A. 100　　　　　　　B. -100　　　　　　　C. a$x　　　　　　　D. CdE

【分析】 答案为 B。该题主要考核赋值语句的执行顺序。

在顺序结构中，语句按照出现的次序逐条执行。第 1、2 条语句给 a、b 变量赋初值，第 3 条语句使 a 为-2，第 4 条语句使 b 为 10，第 5 条语句按照运算符的优先次序，先计算乘方再取负。

2. 下列赋值语句中错误的是_____。

　　A. Myv1& = 5* x% \3 + x% Mod y%　　　　B. Myv2% = 5* x% \3 + x% Mod y%

　　C. Myv3& ="5* x% \3 + x% Mod y%"　　　　D. Myv4$ = 5* x% \3 + x% Mod y%

【分析】 答案为 C。该题主要考核赋值语句中表达式与变量类型不一致时的自动转换，如不能转换，则系统报错。

答案 A 中，表达式值的类型为整型，变量为长整型，可以赋值；答案 B 中，表达式值、变量的类型都为整型，也可以赋值；答案 D 中，表达式值的类型为整型，变量为字符型，先转换为字符后赋值；答案 C 中，表达式值的类型为字符，且不能转换为数值，而变量为长整型，故不可以赋值。

3. 下列程序的执行结果是_____。

```
Dim a As Single
a = -1.234567
b = Int(a): c = Sgn(a): d = Abs(a): e = Fix(a)
If a < b Then Print b;
If a < c Then Print c;
If a < d Then Print d;
If a < e Then Print e;
Print
```

　　A. -2 -1　1.234567 -1　　　　　　　B. -2　1.234567

　　C. -1　1.234567 -1　　　　　　　　　D. -1　-1.234567 -1

【分析】　答案为 C。该题主要测试对单边条件结构语句及函数 Int(x)、Sgn(x)、Abs(x)、Fix(x) 的理解。

Int(x)取小于等于 x 的最大整数；Fix(x)返回 x 的整数部分；Sgn(x)指出 x 的正负号；Abs(x) 取 x 的绝对值。

程序第 1 行定义了变量 a 为单精度类型，第 2 行 a 赋值为-1.234567，以后求得 Int(a)、Sgn(a)、Abs(a)、Fix(a)为-2、-1、1.234567 及-1 分别赋给 b、c、d、e，条件 a<b 不成立，而 a<c、a<d、a<e 均成立，打印输出，变量 c、d、e 的值为-1、1.234567、-1。

4. 在 Select Case x 结构中，描述判断条件 3≤x≤7 的测试项应该写成_____。

  A. Case 3 <= x <= 7   B. Case 3 <= x，x<=7

  C. Case Is <= 7，Is>=3   D. Case 3 To 7

【分析】　答案为 D。该题主要测试运算符的表示及 Case 语句的格式描述。3≤x≤7 表示 x 为 3 到 7 之间的所有值，符合测试表达式中形式 3 的格式。

5. 下列程序，当 a 的输入值为 5，10，15 时的结果分别为_____。

```
Dim a As Integer
a=InputBox("请输入 a 的值")
If a>10 Then
    If a>=15 Then Print "A"  Else Print "B"
Else
    If a>=5 Then Print "C"  Else Print "D"
End If
```

【分析】　该题主要测试对嵌套的条件语句的理解。程序先判断输入值 a 是否大于 10，如 a 大于 10，则再判断输入值是否大于或等于 15；大于等于 15，输出字符 A；小于 15，输出字符 B。如 a 小于 10，则再判断输入值是否大于或等于 5，大于等于 5，输出字符 C；小于 5，输出字符 D。

答案：当输入值为 5，输出为 C。

   当输入值为 10，输出为 B。

   当输入值为 15，输出为 A。

以上这段程序可以用 Select…Case 形式来表示，程序如下：

```
Dim a As Integer
A=Val(InputBox("请输入 a 的值"))
Select Case a
  Case 1 to 4
    Print "d"
  Case 5 to 10
    Print "c"
  Case 11 to 14
    Print "b"
  Case Else
    Print "a"
End Select
```

6. 以下程序用来产生 20 个(0,99)之间的随机整数，并将其中的偶数打印出来。

```
Private Sub Command1_Click()
  Dim i As Integer, x As Integer
  Randomize
```

```
    For i = 1 To 20
      x = Int(Rnd *___(1)___)
      If x / 2 =___(2)___Then Print x
    Next i
  End Sub
```

【分析】 答案（1）98 + 1 （2）Int(x/2)或 x\2。

根据题目要求产生 20 个随机数，而 Rnd 函数一次只能生成一个数，所以需要使用循环，并且循环次数事先可以确定，所以采用 For…Next 循环，语法如下：

```
For  v = e1 to e2【Step e3】
  …
  【Exit For】
  …
Next v
```

其中：v 代表循环控制变量，为整型或单精度型；

e1，e2 和 e3 代表控制循环的参数，e1 为初值，e2 为终值，e3 为步长；e3 =1 时，【Step e3】部分可以省略不写，3 个参数 e1、e2 和 e3 中包含的变量如果在循环体中被改变，不会影响循环的执行次数；但循环控制变量 v 若在循环体中被重新赋值，则循环次数有可能发生变化。例如上面的程序改为如下所示，循环仍然会执行 20 次：

```
Private Sub Command1_Click()
  Dim i As Integer, x As Integer
  Randomize
  e1 = 1: e2 = 20
  For i = e1 To e2
    x = Int(Rnd * 98 + 1)
    If x \ 2 = Int(x / 2) Then Print x
    e1 = 5: e2 = 18
  Next i
End Sub
```

Rnd 函数，返回一个(0, 1)间的随机双精度数。

格式:Rnd[(number)]

可选的 number 参数是 Single 或任何有效的数值表达式，number 的值决定了 Rnd 生成随机数的方式，可选的 number 值和返回值之间的关系如表 5-1 所示。

表 5-1 可选的 number 值和 Rnd 生成的数的关系

如果 number 的值是	Rnd 生成的数
小于 0	每次都使用 number 作为随机数种子得到的相同结果，即可以得到重复的随机数序列
大于 0	序列中的下一个随机数
等于 0	最近生成的数
省略	序列中的下一个随机数

说明：若要产生一个[a，b]间整数，可以采用公式：

Int(Rnd*(b-a+1)+a)。

系统产生的随机数是由种子来决定的，默认情况下，每次运行同一个应用程序，Visual Basic 都提供相同的种子，即 Rnd 将产生相同的随机数序列，可以通过改变种子的方法，使每次产生不同的随机数序列。改变种子使用语句：

```
Randomize [number]
```

其中，number 为新的种子值，若省略，则使用系统计时器返回的值作为新的种子值。

本题中由于需要得到（0，99）间的整数，即是[1，98]间的整数，所以（1）中应填写 Int（Rnd*（98-1+1）+1）即 Int（Rnd*98+1）。

注意：希望每次运行生成不同的随机数，所以在循环前加 "Randomize" 语句，在判断一个数 a 是否被另一个数 b 整除，可以使用 a Mod b=0 或 a/b=int（a/b）或 a/b=a\b，其中/运算符表示用来进行两个数的除法运算并返回一个浮点数，\运算符表示用来对两个数作除法并返回一个整数，通常，无论结果是不是整数，结果的数据类型都是 Byte、Byte 变体、Integer、Integer 变体、Long 或 Long 变体。任何小数部分都被删除。

7. 以下程序用于计算数学表达式 $s=1^2-\dfrac{1}{2^2}+\dfrac{1}{3^2}-\dfrac{1}{4^2}+\cdots+\dfrac{1}{(N-1)^2}-\dfrac{1}{N^2}$，直到第 n 项的绝对值 $<10^{-4}$ 时结束。

```
Private Sub Command1_Click()
    Dim s As Single, t As Single, I As Integer, c As Integer
    s = 0
    i = 1
    c = 1
    Do
    t = c / (i * i)
    s = s + t
    c = ____(1)____
    i = ____(2)____
    Loop While ____(3)____
    Print "s="; s
End Sub
```

【分析】答案（1）c*（-1）　　（2）i+1　　（3）Abs（t）＞0.00001

根据题意可知计算该数学表达式需要循环的次数事先无法确定，所以采用 Do…Loop 循环结构。仔细观察该数学表达式可知，所有的奇数项都为正数，偶数项为负数，所以从程序段可以看出，其中 c 的变量就是用来控制符号的，故（1）空应为 c*（-1），i 是循环控制增量，由于采用 Do…Loop While 循环形式，所以（3）应填写 Abs（t）＞0.00001。

注意：变量的初始值，在累加、累乘中尤其重要，思考为什么在程序中给 s、I、c 变量都赋初值，而 t 没有赋初值？假如把 Do…Loop While 改为 Do…Loop Until 形式，（3）应填写什么内容？

8. 下列程序运行的结果为_____。执行完该程序后，共循环了_____次。

```
Dim Sum As Integer, i As Integer,j As Integer
Sum=0
For i=1 To 17 Step 2
  For j=1 To 3 Step 2
    Sum=Sum+j
  Next j
```

```
   Next i
   Print Sum
```

【分析】 该程序是一个双重循环的程序，外层循环共 9=（$\frac{17-1}{2}$+1）次，内层循环为 2 次，每循环一次外层循环，内层循环将执行 2 次，循环体共执行 2*9=18 次。程序运行的结果为 36。

9. 执行下面程序，当单击窗体时，显示在窗体上第一行的内容是___(1)___，第二行的内容是___(2)___。

```
Private Sub Form_Click()
  Dim i As Integer, Sum As Integer
  For i = 0.5 To 8.5 Step 2.5
      Sum = Sum + i * 10
  Next i
  Print Sum
  Print i
End Sub
```

【分析】 答案（1）200　　（2）10

本题中容易犯错误的是，当看到 For i = 0.5 To 8.5 Step 2.5 时，计算 Sum = Sum + i * 10 时使用 i 的值会分别用 0.5 、3 、5.5 和 8，而忽略了 i 是 Integer（整型）。由于 i 为整型，所以 i 只能接收整型数，故在循环开始之前，就对 i 的初值、终值和步长都取整，所以 i 的取值为 0、2、4、6、8，整个执行过程中 i 和 Sum 的值如表 5-2 所示。

表 5-2　　　　　　　　　　执行过程中 i 和 Sum 的值

循环次数	i≤8.5	Sum
1	0	0
2	2	20
3	4	60
4	6	120
5	8	200
结束	10	

10. 执行下面程序，当单击窗体时，显示在窗体上的内容是_____。

```
Private Sub Form_Click()
  Dim i As Integer, j As Integer
  For i = 1 To 3
    Print "i="; i
    For j = 1 To 3
     Print Tab; "j="; j
    Next j
  Next i
End Sub
```

【分析】 窗体上的显示内容如图 5-1 所示。

本题主要分析循环嵌套时是如何执行的，从上面的显示结果可以看出，外层循环变量 i=1 时，内层循环变量 j 依次取 1、2、3，接着外层循环变量 i=2 时，内层循环变量 j 同样要依次取 1、2、3，一直到 i=3 时，内层循环变量 j 仍然要依次取 1、2、3，所以语句 Print Tab; "j="; j 属于内层循环，就会被执行 9 次，而语句 Print "i="; i 属于外层循环的，所以只被执行了 3 次。

注意：

（1）循环嵌套时，内层循环必须完全包含在外层循环之内，不能相互交叉。

当多重循环的 Next 语句连续出现时，Next 语句可以合并成一条，在其后跟着各循环控制变量，循环变量名不能省略，内层循环变量名写在前面，外层循环变量名在后面。

例如：

```
For i=…
  For j=…
    …
Next j,i
```

（2）在循环嵌套中，外层循环和内层循环必须使用不同的控制变量。

（3）在多重循环的任何一层循环中都可以使用 Exit Do、Exit For 退出该层循环，Exit Do、Exit For 只能退出该语句所在的最内层循环，而不是一次退出多层循环。

例如，上面的程序改成如下形式：

```
Private Sub Form_Click()
  Dim i As Integer, j As Integer
  For i = 1 To 3
    Print "i="; i
    For j = 1 To 3
      Print Tab(10); "j="; j
      If j = 2 Then Exit For
    Next j
  Next i
End Sub
```

则程序的输出结果如图 5-2 所示，从显示内容可以看出，当 j=2 时，执行了语句 Exit For，就退出内层循环，所以 j=3 就不循环了。

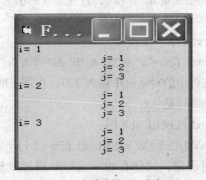

图 5-1　程序窗体显示内容

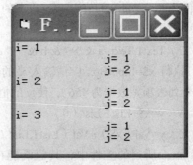

图 5-2　程序输出结果

5.3　同步练习题

一、选择题

1．下列程序段的执行结果为_____。

```
a = 0 : b = 1
```

```
a = a + b: b = b + a: Print a; b
a = a + b: b = b + a: Print a; b
```

  A．1 2   B．1 1   C．1 3   D．1 2

   3 5   3 5   3 4   3 4

2．设变量 d 为 Date 型、a 为 Integer 型、s 为 String 型、l 为 Long 型，下面赋值语句中不能执行的是_____。

  A．d=#12:30:00 PM#   B．a="3277E1"

  C．s=Now   D．l="4276D3"

3．假设变量 Bool 是一个布尔型变量，则下列赋值语句中，正确的是_____。

  A．Bool ='True'   B．Bool =.True.

  C．Bool =#True#   D．Bool = 3<4

4．以下_____程序段可以实现 x、y 变量值的交换。

  A．y=x: x=y   B．z=x: y=z: x=y

  C．z=x: x=y: y=z   D．z=x: w=y: y=z: x=y

5．下列程序段的执行结果为_____。

```
x=2:y=3
z=x=y
Print x; y; z
```

  A．2 3 2   B．2 2 2   C．2 3 False   D．False False False

6．假设变量 intVar 是一个整型变量，则执行赋值语句 intVar="2"+3 之后，变量 intVar 的值是_____；执行赋值语句 intVar="2"+"3"之后，变量 intVar 的值是_____。

  A．2   B．3   C．5   D．23   E．出错

7．设有一个文本框控件 Text1，假设已存在 3 个整型变量 a、b 和 c，且变量 a 的值为 5，变量 b 的值为 7，变量 c 的值为 12。以下的_____语句可以使文本框内显示的内容为 5+7=12。

  A．Text1.Text=a+b=c   B．Text1.Text="a+b=c"

  C．Text1.Text=a & "+" & b & "=" & c   D．Text1.Text="a" & "+" & "b" & "=" & "c"

8．执行 x$=InputBox（"请输入 x 的值"）时，在弹出的对话框中输入 123，在列表框 List1 选中 1 个列表项（数据为 456），使 y 的值是 123456 的语句是_____。

  A．y=x$+List1.List（0）   B．y=x$+List1.List（1）

  C．y=Val（x$）+Val（List1.List（0））   D．y=Val（x$）& Val（List1.List（1））

9．下面所列的控件中，其值既能在程序设计时设定，又能在程序运行时通过赋值改变的是_____。

  A．List1.ListCount   B．Text1.Index

  C．Dir1.Path   D．Label1.Visible

10．下面_____语句，可以将列表框 List1 中当前选定的列表项的值替换成"ABC"。

  A．List1.AddItem "ABC", List1.ListIndex

  B．List1.Text="ABC"

  C．List1.List（List.ListIndex）= "ABC"

  D．前三项均可

11. 设整型变量 a、b 的当前取值分别为 200 与 20，以下赋值语句中不能正确执行的是＿＿＿＿。

    A. Text1=a/b*a   B. Text1 = a*a/b

    C. Text1 = "200"*a/b   D. Text1 = A & b & a

12. 下面表达式中，＿＿＿＿的值是整型（ Interger 或 Long ）。

   ① 36+4/2   ② 123+Fix（6.61）   ③ 57+5.5\2.5

   ④ 356 & 21   ⑤ "374"+258   ⑥ 4.5 Mod 1.5

    A．①②④⑥   B．③④⑤⑥   C．②④⑤⑥   D．③⑥

13. 执行赋值语句 a=746+Mid（"74697"，3，2）后，a 变量中的值为＿＿＿＿。

    A. "74669"   B. 746   C. 815   D. 74669

14. 语句 x=x+1 的正确含义是＿＿＿＿。

    A. 变量 x 的值与 x+1 的值相等   B. 将变量 x 的值存到 x+1 中去

    C. 将变量 x 的值加 1 后赋给变量 x   D. 变量 x 的值为 1

15. 下列语句中正确的是＿＿＿＿。

    A. Text1.Text+Text2.Text=Text3.Text   B. Command1.Name=CmdOk

    C. Label1.Caption=1234   D. a=InputBox（Hello）

16. 下列程序段的执行结果为＿＿＿＿。

```
x = 2.4: z = 3: k = 5
Print "A("; x + z * k; ")"
```

    A. A（17）   B. A（17.4）   C. A（18）   D. A（2.4+3*5）

17. 设 a=10，b=5，c=1，执行语句 Print a>b>c 后，窗体上显示的是＿＿＿＿。

    A. True   B. False   C. 1   D. 出错信息

18. 某过程中有以下语句：

```
Dim V As Integer
V="200.0"        '语句 1
V=V*V            '语句 2
```

则将产生错误，原因是＿＿＿＿。

    A. 语句 1 有语法错误   B. 语句 1 运行时产生类型不匹配错误

    C. 语句 2 有语法错误   D. 语句 2 运行时产生"溢出"错误

19. 以下程序段在立即窗口中输出＿＿＿＿。

```
a = "your"
b = "sname"
c = "iscr"
Print Right(a, 3)
Picture1.Print Mid(b, 2, 4)
Debug.Print Left(c, 2)
```

    A. name   B. our   C. is   D. ournameis

20. 在窗体上画一个命令按钮 Command1。单击命令按钮时，执行如下事件过程：

```
Private Sub Command1_Click()
  a$ = "software and hardware"
  b$ = Right(a$, 8)
```

```
    c$ = Mid(a$, 1, 8)
    MsgBox a$, , b$, c$, 1
End Sub
```

则在弹出信息框的标题栏中显示的信息是＿＿＿＿＿＿。

A. 1   B. software

C. hardware   D. software and hardware

21. 在窗体上画一个文本框，其名称为 Text1，然后编写如下事件过程：

```
Private Sub Text1_KeyPress(KeyAscii As Integer)
    Dim Str As String
    str=Chr(KeyAscii)
    KeyAscii=Asc(UCase(str))
    Text1.Text=String(2,KeyAscii)
End Sub
```

程序运行后，如果在键盘上输入字母"b"，则在文本框 Text1 中显示的内容为＿＿＿＿＿＿。

A. bbb   B. BBB   C. BB   D. bb

22. 在文本框 Text1 中输入数字 12，Text2 中输入数字 34，执行以下语句，只有＿＿＿＿＿＿可使文本框 Text3 中显示 46。

A. Text3.Text=Text1.Text & Text2.Text

B. Text3.Text=Val（Text1.Text）+Val（Text2.Text）

C. Text3.Text=Text1.Text+Text2.Text

D. Text3.Text=Val（Text1.Text）& Val（Text2.Text）

23. 下列事件过程

```
Private Sub Command1_Click()
    Dim Sum As Integer
    Sum%=19
    Sum=2.32
    print Sum%; Sum
End Sub
```

运行后输出结果是＿＿＿＿＿＿。

A. 19 2.32   B.19 19   C. 2.32 2.32   D. 2 2

24. 下面程序执行的结果是＿＿＿＿＿＿。

```
Private Sub Form_Click()
    a$ = "123": b$ = "456": c = Val(a$) + Val(b$)
    Print c \ 100
End Sub
```

A. 123   B.6   C. 5   D. 579

25. 在窗体上画 2 个滚动条，名称分别为 Hscroll1、Hscroll2；6 个标签，名称分别为 Label1、Label2、Label3、Label4、Label5、Label6，其中标签 Label4~Label6 分别显示 "A"、"B"、"A*B" 等文字信息，标签 Label1、Label2 分别显示其右侧的滚动条的数值，Label3 显示 A*B 的计算结果。当移动滚动框时，在相应的标签中显示滚动条的值，如图 5-3 所示。当单击命令按钮 "计算" 时，对标签 Label1、Label2 中显示的两个值求积，并将结果显示在 Label3 中。以下不能实现上述功能的事件过程是_____。

A. Private Sub Command1_Click（）

　　Label3.Caption=Str（Val（Label1.Caption）*Val（Label2.Caption））

End Sub

B. Private Sub Command1_Click（）

　　Label3.Caption=HScroll1.Value*Hscroll2.Value

End Sub

C. Private Sub Command1_Click（）

　　Label3.Caption=HScroll1*HScroll2

End Sub

D. Private Sub Command1_Click（）

　　Label3.Caption=HScroll1.Text*HScroll2.Text

End Sub

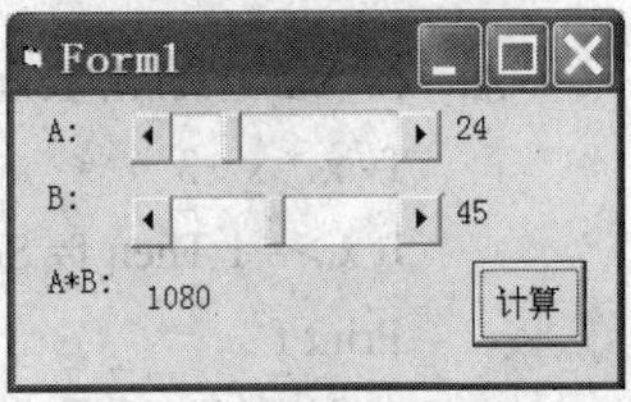

图 5-3　界面设计

26. 下列程序段的执行结果为_____。

```
a = 2
b = 5
If a * b < 1 Then b = b - 1 Else b = -1
Print b - a > 0
```

A. True　　　　　　B.False　　　　　　C. −1　　　　　　D. 1

27. 下列程序段的执行结果为_____。

```
a=75
If a > 60 Then Score=1
If a > 70 Then Score=2
If a > 80 Then Score=3
If a > 90 Then Score=4
Print " Score="; Score
```

A. Score=1　　　　B.Score=2　　　　C. Score=3　　　　D. Score=4

28. 关于语句 If x=1 Then y=1，下列说法正确的是_____。

A. x=1 和 y=1 均为赋值语句　　　　　B. x=1 和 y=1 均为关系表达式

C. x=1 为关系表达式，y=1 为赋值语句　　D. x=1 为赋值语句，y=1 为关系表达式

29. 执行以下语句后，显示结果为_____。

```
Dim x
If x Then Print x Else Print x - 1
```

A. 1　　　　　　B. 0　　　　　　C. −1　　　　　　D. 不确定

30. 如果 a 为整数，且|a|>=100，则打印 "OK"，否则打印 "Error"，表示这个条件的单行格式 If 语句是_____。

A. If Int（a）= a And Sqr（a）>= 10 Then Print "OK" Else Print "Error"

B. If Fix（a）= a And Abs（a）>= 100 Then Print "OK" Else Print "Error"

C. If Int　（a）= a And（a >= 100，a <=−100）Then Print "OK" Else Print "Error"

D. If Fix（a）= a And a >= 100 And a <=−100 Then Print "OK" Else Print "Error"

31. 下列_____程序段能实现以下分段函数。

$$f(x)=\begin{cases}\sqrt{x+1} & x<1 \\ x^2+3 & x\geq1\end{cases}$$

A. x = Val（Textl. Text）

f= x * x +3

If x >= 1 Then f= Sqr（x+1）

Print f

B. x = Val（Textl. Text）

If x >=1 Then f= Sqr（x+1）

If x < 1 Then f= x * x+3

Print f

C. x = Val（Textl. Text）

If x < 1 Then

f =Sqr（x+1）

Else

f =x*x+3

End If

Print f

D. x = Val（Textl. Text）

If x >= 1 Then f= Sqr（x+1）

f=x*x+3

Print f

32. 下列程序段的执行结果是_____。

```
a = "abcde": b = "cdefg"
c = Right(a, 3): d = Mid(b, 2, 3)
If c < d Then y = c + d Else y = d + c
Print y
```

A. abcdef   B. cdebcd   C. cdeefg   D. cdedef

33. 下列程序段的执行结果为_____。

```
a = "1"
b = "2"
a = Val(a) + Val(b)
b = Val("12")
If a <> b Then Print a - b Else Print b - a
```

A. −9   B. 9   C. 12−12   D. 0

34. 下列程序段求两个数中的大数，_____不正确。

A. Max=IIF（x > y, x , y）

B. If x > y Then Max=x Else Max=y

C. Max=x

If y >=x Then Max=y

D. If y >= x Then Max=y

Max=x

35. 设 x 是整型变量，与函数 IIf（x>0, −x, x）有相同结果的代数式是_____。

A. |x| B. −|x| C. x   D. −x

36. 以下程序段运行时从键盘上输入字符"−"，则输出结果为_____。

```
op$=InputBox("op=")
If op$="+" Then a=a + 2
If op$="-" Then a=a - 2
Print a
```

A. 2   B. −2   C. 0   D. +2

37. 在窗体上画一个命令按钮和一个文本框，名称分别为 Command1 和 Text1，然后编写如下程序：

```
Private Sub Command1_Click()
  Dim a As Integer, t As String
  a = InputBox("请输入日期(1～31)")
  t = "旅游景点:" & IIf(a > 0 And a <= 10, "长城", "") _
          & IIf(a >10 And a <= 20, "故宫", "") & IIf(a >20 And a <= 31, "颐和园", "")
  Text1.Text = t
End Sub
```

程序运行后，如果从键盘上输入 16，则在文本框中显示的内容是_____。

　　A. 旅游景点：长城故宫　　　　　　B. 旅游景点：长城颐和园

　　C. 旅游景点：颐和园　　　　　　　D. 旅游景点：故宫

38. 如果 x 的值小于或等于 y 的平方，则打印 "OK"，表示这个条件的单行格式 If 语句是_____。

　　A. If x≤y^2 Then Print "Ok"　　　　B. If x≤y^2 Print "Ok"

　　C. If x<=y^2 Then "Ok"　　　　　　D. If x<=y^2 Then Print "Ok"

39. 在窗体上画一个名称为 Text1 的文本框，要求文本框只能接收大写字母的输入。以下能实现该操作的事件过程是_____。

　　A. Private Sub Text1_KeyPress（KeyAscii As Integer）

　　　　　If KeyAscii<65 Or KeyAscii>90 Then

　　　　　　　MsgBox "请输入大写字母"

　　　　　　　KeyAscii=0

　　　　　End If

　　　　End Sub

　　B. Private Sub Text1_KeyDown（KeyCode As Integer，Shift As Integer）

　　　　　If KeyCode<65 Or KeyCode>90 Then

　　　　　　　MsgBox "请输入大写字母"

　　　　　　　KeyCode=0

　　　　　EndIf

　　　　End Sub

　　C. Private Sub Text1_MouseDown（Button As Integer，_Shift As Integer，_

　　　　　　　X As Single，Y As Single）

　　　　　If Asc（Text1.Text）<65 Or Asc（Text1.Text）>90 Then

　　　　　　　MsgBox "请输入大写字母"

　　　　　EndIf

　　　　End Sub

　　D. Private Sub Text1_Change（）

　　　　　If Asc（Text1.Text）>64 And Asc（Text1.Text）<91 Then

　　　　　　　MsgBox "请输入大写字母"

　　　　　End If

　　　　End Sub

40. 多分支选择结构的 Case 语句中"表达式列表"不能是_____。

    A. 常量值的列表，如 Case 1，3，5　　　　B. 变量名的列表，如 Case x，y，z

    C. To 表达式，如 Case 10 To 20　　　　　 D. Is 关系表达式，如 Case Is<20

41. 计算分段函数：

$$y = \begin{cases} 0 & x < 0 \\ 1 & 0 \leqslant x < 1 \\ 2 & 1 \leqslant x < 2 \\ 3 & x \geqslant 2 \end{cases}$$

下面程序段中正确的是_____。

<table>
<tr><td>

A. Select Case x

   Case x < 0

    y=0

   Case x >= 0 And x<1

    y=1

   Case x >= 1 And x<2

    y=2

   Case Else

    y=3

End Select

</td><td>

B. Select Case x

   Case x < 0

    y=0

   Case x < 1

    y=1

   Case x < 2

    y=2

   Case Else

    y=3

End Select

</td></tr>
<tr><td>

C. Select Case x

   Case Is < 0

    y=0

   Case Is <1

    y=1

   Case Is <2

    y=2

   Case Else

    y=3

End Select

</td><td>

D. Select Case x

   Case Is < 0

    y=0

   Case Is >=0，Is < 1

    y=1

   Case Is >= 1，Is < 2

    y=2

   Case Is >= 2

    y=3

End Select

</td></tr>
</table>

42. 下列程序段的执行结果为_____。

```
x=Int(Rnd() + 9)
Select Case x
   Case 10
     Print "excellent"
   Case 9
     Print "good"
   Case 8
     Print "pass"
   Case Else
     Print "fail"
End Select
```

    A. excellent　　　　　B. good　　　　　　C. pass　　　　　D. fail

43. 在窗体上画一个名称为 Command1 的命令按钮和两个名称分别为 Text1、Text2 的文本框，然后编写如下事件过程：

```
Private Sub Command1_Click()
  n=Text1.Text
  Select Case n
    Case 1To20
      x=10
    Case2,4,6
      x=20
    Case Is<10
      x=30
    Case10
      x=40
  End Select
  Text2.Text=x
End Sub
```

程序运行后，如果在文本框 Text1 中输入 10，然后单击命令按钮，则在 Text2 中显示的内容是_____。

    A. 10   B. 20   C. 30   D. 40

44. 在窗体中添加一个命令按钮，名称为 Command1，然后编写如下程序；

```
Private Sub Command1_MouseDown(Button As Integer, Shift As Integer, _
                X As Single, Y As Single)
  If Button = 2 Then
    Print "12345"
  End If
End Sub
Private Sub Command1_MouseUp(Button As Integer, Shift As Integer, _
                X As Single, Y As Single)
  Print "67890"
End Sub
```

程序运行后，在命令按钮上单击鼠标右键，则在窗体上显示的内容是_____。

    A. 12345   B. 67890   C. 12345   D. 67890
       67890   12345

45. 设工程中有 Form1、Form2 2 个窗体，Form1 为启动窗体，Form2 中有菜单 Input。要求程序运行时，在 Form1 的文本框 Text1 中输入口令并按回车键（回车键的 ASCII 码为 13）后，隐藏 Form1，显示 Form2。若口令为"Teacher"，所有菜单项都可见；否则看不到"成绩录入"菜单项。为此，某人在 Form1 窗体文件中编写如下程序：

```
Private Sub Text1_KeyPress(KeyAscii As Integer)
  If KeyAscii=13 Then
    If Text1.Text="Teacher" Then
      Form2.Input.visible=True
    Else
      Form2.Input.visible=False
    End If
  End If
```

```
    Form1.Hide
    Form2.Show
End Sub
```

程序运行时发现刚输入口令时就隐藏了 Form1，显示了 Form2，程序需要修改。下面修改方案中正确的是_____。

    A. 把 Form1 中 Text1 文本框及相关程序放到 Form2 窗体中

    B. 把 Form1.Hide、Form2.Show 两行移到 2 个 End If 之间

    C. 把 If KeyAscii=13 Then 改为 If KeyAscii="Teaeher" Then

    D. 把 2 个 Form2.input.Visible 中的"Form2"删去

46. 关于 Exit For 语句的使用说明正确的是_____。

    A. Exit For 语句可以退出任何类型的循环

    B. 一个循环只能有一个这样的语句

    C. Exit For 表示返回 For 语句去执行

    D. 一个 For 循环中可以有多条 Exit For 语句

47. 下列关于 Do …Loop 语句的叙述不正确的是_____。

    A. Do…Loop 语句采用逻辑表达式来控制循环体执行的次数

    B. 当 Do While…Loop 或 Do until…Loop 语句中 while 或 until 后表达式的值为 true 或非零时，循环继续

    C. Do …Loop while 语句与 Do …Loop until 语句都至少执行一次循环体

    D. Do while…Loop while 语句与 Do until…Loop until 语句可能不执行循环体

48. 设有以下循环结构：

```
Do
    循环体
Loop While <条件>
```

则以下叙述中错误的是_____。

    A. 若"条件"是一个为 0 的常数，则一次也不执行循环体

    B. "条件"可以是关系表达式、逻辑表达式或常数

    C. 循环体中可以使用 Exit Do 语句

    D. 如果"条件"总是为 True，则不停地执行循环体

49. While<条件>–Wend 循环对循环体的执行过程是_____。

    A. 先执行循环体，再测试<条件>是否成立

    B. 先测试<条件>是否成立，若条件成立，才能执行循环体

    C. 当<条件>为假时，执行循环体

    D. 当<条件>为真时，执行循环体

50. 要使循环体至少执行一次，应使用_____循环。

    A. For…Next   B. While…Wend

    C. Do…Loop[While|Until]   D. Do[While|Until]…Loop

51. 关于下面 For…Next 循环描述正确的是_____。

```
For i=0 to 10 step 0
```

```
  print "*";
Next i
```

A. 循环结束条件不合法　　　　B. 循环是一个无限循环

C. 循环体执行 11 次　　　　　D. 循环体执行 1 次

52. 下列程序段的执行结果为_____。

```
x=6
For k = 1 To 10 Step -2
  x=x+k
Next k
Print k; x
```

A. -1　6　　　　B. -1　16　　　　C. 1　6　　　　D. 11　31

53. 判断下面循环体的执行次数_____。

```
Dim m As Integer
m=3
For i=1 To 20 Step m
  i=i+2
  m=m+i
Next i
```

A. 2　　　　B. 3　　　　C. 4　　　　D. 7

54. 设有以下程序：

```
Private Sub Form_Click()
  x = 50
  For i = 1 To 4
    y = InputBox("请输入一个整数")
    y = Val(y)
    If y Mod 5 = 0 Then
      a = a + y
      x = y
    Else
      a = a + x
    End If
  Next i
  Print a
End Sub
```

程序运行后，单击窗体，在输入对话框中依次输入 15、24、35、46，输出结果为_____。

A. 100　　　　B. 50　　　　C. 120　　　　D. 70

55. 若有以下程序段，程序的运行结果为_____。

```
int2 = 0
For int1 = 1 To 10 Step 1
   Exit For
   int2 = int2 + 1
Next
Print int2
```

A. 1　　　　B. 0　　　　C. 10　　　　D. 程序没结果输出

56. 设有如下程序：

```
Private Sub Command1_Click()
  Dim sum As Double, x As Double
  Dim n As Integer, i As Integer
  sum = 0
  n = 0
  For i = 1 To 5
    x = n / i
    n = n + 1
    sum = sum + x
  Next
End Sub
```

该程序通过 For 循环计算一个表达式的值，这个表达式是_____。

    A. 1+1/2+2/3+3/4+4/5   B. 1+1/2+2/3+3/4

    C. 1/2+2/3+3/4+4/5   D. 1+1/2+1/3+1/4+1/5

57. 计算π近似值的公式是 $\pi/4 = 1 - \frac{1}{3} + \frac{1}{5} - \frac{1}{7} + \cdots + (-1)^{n-1}\frac{1}{2n-1}$。

某人编写下面的程序用此公式计算并输出π的近似值：

```
Private Sub Comand1_Click()
  pi = 1
  sign = 1
  n = 20000
  For k = 3 To n
    sign = -sign
    pi = pi + sign / k
  Next k
  Print pi * 4
End Sub
```

运行后发现结果为 3.227511，显然，程序需要修改。下面修改方案中正确的是_____。

    A. 把 For k=3 To n 改为 For k=1 To n

    B. 把 n=20000 改为 n=20000000

    C. 把 For k=3 To n 改为 For k=3 To n Step 2

    D. 把 pi=1 改为 pi=0

58. 计算 $1+2+2^2+2^3+2^4+\cdots+2^{10}$ 的值，并把结果显示在文本框 Text1 中，编写如下事件过程：

```
Private Sub Command1_Click()
  Dim a%, s%, k%
  s = 1
  a = 2
  For k = 2 To 10
    a = a * 2
    s = s + a
  Next k
  Text1.Text = s
End Sub
```

执行此事件过程后发现结果是错误的，为能够得到正确结果，应做的修改是_____。

    A. 把 s=1 改为 s=0   B. 把 For k=2 To 10 改为 For k=1 To 10

C．交换语句 s=s+a 和 a=a*2 的顺序　　　　D．同时进行 B、C 两种修改

59．窗体上有 List1、List2 两个列表框，List1 中有若干列表项（见图 5-4），并有下面的程序：

```
Private Sub Command1_Click()
  For k=List1.ListCount-1 To 0 Step -1
    If List1.Selected(k) Then
      List2.AddItem List1.List(k)
      List1.RemoveItem k
    End If
  Next k
End Sub
```

图 5-4　界面示意图

程序运行时，按照图示在 List1 中选中 2 个列表项，然后单击 Command1 命令按钮，则产生的结果是_____。

A．在 List2 中插入了"外语"、"物理"两项

B．在 List1 中删除了"外语"、"物理"两项

C．同时产生 A 和 B 的结果

D．把 List1 中最后 1 个列表项删除并插入到 List2 中

60．执行以下语句后，a 的值为_____。

```
Dim a As Integer
a=1
Do Until a=100
  a=a+2
Loop
```

A．99　　　　　　B．100　　　　　　C．溢出　　　　　　D．101

61．下列循环能正常结束循环的是_____。

A．i=5

  Do

  　i=i+1

  Loop Until i<0

B．i=1

  Do

  　i=i+2

  Loop Until i=10

C．i=10

  Do

  　i=i+1

  Loop Until i>0

D．i=6

  Do

  　i=i-2

  Loop Until i=1

62．在窗体上画一个名称为 Command1 的命令按钮，然后编写如下事件过程：

```
Private Sub Command1_Click()
  Dim num As Integer
  num=1
  Do Until num>6
    Print num;
    num=num+2.4
  Loop
End Sub
```

程序运行后，单击命令按钮，则窗体上显示的内容是_____。

    A. 1 3 4 5.8   B. 1 3 5   C. 1 4 7   D. 无数据输出

63. 在窗体上画一个名称为 Command1 的命令按钮，然后编写如下事件过程：

```
Private Sub Command1_Click()
    Dim a As Integer, s As Integer
    a = 8: s = 1
    Do
      s = s + a
      a = a - 1
    Loop While a <= 0
    Print s; a
End Sub
```

程序运行后，单击命令按钮，则窗体上显示的内容是_____。

    A. 7 9   B. 34 0   C. 9 7   D. 死循环

64. 在窗体上画一个命令按钮，然后编写如下事件过程：

```
Private Sub Command1_Click()
    s = 1
    Do
      s = (s + 1) * (s + 2)
      Number = Number + 1
    Loop Until s >= 30
    Print Number, s
End Sub
```

程序运行后，输出的结果是_____。

    A. 2   3   B. 2   56   C. 5   12   D. 10   20

65. 下列程序段的执行结果为_____。

```
i = 1
x = 5
Do
    i = i + 1
    x = x + 2
Loop Until i >= 7
Print "i="; i
Print "x="; x
```

    A. i=4   B. i=7   C. i=6   D. i=7

      x=5   x=15   x=8   x=17

66. 为了计算 1+3+5+…+99 的值，某人编程如下：

```
k = 1
s = 0
While k <= 99
    k = k + 2:s = s + k
Wend
Print s
```

在调试时发现运行结果有错误，需要修改。下列错误原因和修改方案中正确的是_____。

    A. While…Wend 循环语句错误，应改为 For k =1 To 99 … Next k

B.　循环条件错误，应改为 While k < 99

C.　循环前的赋值语句 k=1 错误，应改为 k=0

D.　循环中两条赋值语句的顺序错误，应改为 s = s + k: k = k + 2

67.　假定有以下程序段：

```
For i = 1 To 3
  For j = 5 To 1 Step -1
    Print i * j
  Next j
Next i
```

则语句 Print i*j 的执行次数是_____。

A.　15　　　　　　B.　16　　　　　　C.　17　　　　　D.　18

68.　下列程序段的执行结果为_____。

```
Private Sub Command1_Click()
  s = 0: t = 0: u = 0
  For x = 1 To 3
   For y = 1 To x
    For z = y To 3
      s = s + 1
    Next z
    t = t + 1
   Next y
   u = u + 1
  Next x
  Print s; t; u
End Sub
```

A..3　6　14　　　　B.14　6　3　　　　C.14　3　6　　　　D.16　4　3

69.　下列哪个程序段不能正确显示 1!，2!，3!，4!的值_____。

A.　For i=1 To 4　　　　　　　　B.　For i=1 To 4

　　　　n=1　　　　　　　　　　　　　For j=1 to i

　　　　For j=1 To i　　　　　　　　　n=1

　　　　　n=n*j　　　　　　　　　　　n=n*j

　　　　Next j　　　　　　　　　　　Next j

　　　　Print n　　　　　　　　　　Print n

　　　　Next I　　　　　　　　　　Next i

C.　n=1　　　　　　　　　　　D.　n=1

　　For j=1 To 4　　　　　　　　j=1

　　n=n*j　　　　　　　　　　　Do While j<=4

　　print n　　　　　　　　　　　n=n*j

　　Next j　　　　　　　　　　　Print n

　　　　　　　　　　　　　　　　j=j+1

　　　　　　　　　　　　　　　Loop

二、填空题

1. 执行下面的程序，单击窗体，则窗体上的显示结果为_____。

```
Option Explicit
Private Sub Form_Click()
  Dim a As Integer, b As Integer, c As Integer
  b = 6: c = 6.5
  a = b = c
  Print a
End Sub
```

2. 装载下列窗体时，窗体上显示的结果是_____。

```
Private Sub Form_Load()
  Show
  Print Sgn(-3 ^ 2) + Int(-3 ^ 2)
  Print ((10 > 9) And (8 > 9)) Or (Not (4 > 5))
  Print -71 \ 9 / 3 Mod (1 - 2 * 3 ^ 2)
  Print Log(1) + Abs(-1) + Int(Rnd(1))
End Sub
```

3. 运行下列程序，窗体上显示的结果是_____。

```
Private Sub Form_Click()
  A$ = "12": B$ = "34"
  C = Val(A$) + Val(B$):D = Val(A$ + B$)
  Print C Mod 10; D \ 10:Print C + D
End Sub
```

4. 在窗体上画一个文本框、一个标签和一个命令按钮，其名称分别为 Text1、Label1 和 Command1，然后编写如下两个事件过程：

```
Private Sub Command1_Click()
  s$ = InputBox("请输入一个字符串")
  Text1.Text = s$
End Sub
Private Sub Text1_Change()
  Label1.Caption = UCase(Mid(Text1.Text, 7))
End Sub
```

程序运行后，单击命令按钮，将显示一个输入对话框，如果在该对话框中输入字符串 "VisualBasic"，则在标签中显示的内容是_____。

5. 在窗体上单击某按钮 Command1 时输出图 5-5 所示的图形。
程序代码如下：

```
Private Sub Command1_Click( )
  Print Tab(__(1)__); "*"; Tab(__(2)__); "*"
  Print Tab(__(3)__); "*"; Tab(__(4)__); "*"
  Print Tab(__(5)__); "*"; Spc(__(6)__); "*"
  Print Tab(__(7)__); "*"; Spc(__(8)__); "*"
  Print Tab(10); "*"
End Sub
```

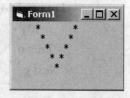

图 5-5 输出界面

6. 下列事件过程实现从键盘输入任意一个实数，用 Print 方法在窗体上显示其平方和平方根，要求每个数保留三位小数，数据之间有 4 个空格的间隔。

```
Private Sub Form_Click( )
  Dim a As Single
  a= Abs (Val(InputBox("请输入一个实数") ) )
  Print Format(a * a, "0.000");   (1)   ;   (2)
End Sub
```

7. 下列程序段的执行结果为_____。

```
x=5
y=-6
If Not x>0 Then x=y-3 Else y=x+3
Print x-y; y-x
```

8. 下列程序段的执行结果为_____。

```
Private Sub Command1_Click()
  x = 2
  y = 1
  If x * y < 1 Then y = y - 1 Else y = -1
  Print y - x > 0
End Sub
```

9. 下列程序段的执行结果为_____。

```
Private Sub Command1_Click()
  a = 1
  b = 0
  Select Case a
    Case 1
      Select Case b
        Case 0
          Print "* *0* *"
        Case 1
          Print "* *1* *"
      End Select
    Case 2
      Print "* *2* *"
  End Select
End Sub
```

10. 以下程序判断从 InputBox 中输入的 3 个数，如果都为正，显示"POSITIVE! "；如果都为负，显示"NEGATIVE! "；否则显示"NEITHER! "。阅读下列程序填空。

```
private Sub Command1_Click()
  a=Val(InputBox(""))
  b=Val(InputBox(""))
  c=Val(InputBox(""))
  If     (1)     Then
      Print "POSITIVE!"
  ElseIf     (2)     Then
      Print "NEGATIVE!"
  Else
```

```
        Print "NEITHER!"
    End If
End Sub
```

11. 下面程序用于求 3 个数中的最大数，试将程序段填写完整。

```
Private Sub Command1_Click()
    a = Val(InputBox("请输入第一个数"))
    b = Val(InputBox("请输入第二个数"))
       (1)
    Max = a
    Min = a
    If    (2)    Then Max = b
    If    (3)    Then Min = b
    If c > Max Then Max = c
    If c < Min Then Min = c
    Print "最大数为"; Max
    Print "最小数为"; Min
End Sub
```

12. 下列程序的功能是：当 x<50 时，y=0.8x；当 50≤x≤100 时，y=0.7x；当 x>100 时，没有意义。请填空。

```
Private Sub Command1_Click()
    Dim x As Single
     x = InputBox("请输入 x 的值!")
        (1)
    Case Is < 50
        y = 0.8 * x
    Case 50 To 100
        y = 0.7 * x
        (2)
        Print "输入的数据出界!"
    End Select
    Print x, y
End Sub
```

13. 工程中有 Form1、Form2 两个窗体。Form1 窗体外观如图 5-6 所示。程序运行时，在 Form1 中名称为 Text1 的文本框中输入一个数值（圆的半径），然后单击命令按钮 "计算并显示"（其名称为 Command1），则显示 Form2 窗体，且根据输入的圆的半径计算圆的面积，并在 Form2 的窗体上显示出来，如图 5-7 所示。如果单击命令按钮时，文本框中输入的不是数值，则用信息框显示 "请输入数值数据!"。请填空。

```
Private Sub Command1_Click()
  If Text1.Text = "" Then
    MsgBox "请输入半径!"
  ElseIf Not IsNumeric(    (1)    ) Then
    MsgBox "请输入数值数据!"
  Else
    r = Val(    (2)    )
    Form2.Show
```

```
     (3)    .Print "圆的面积是" & 3.14 * r * r
   End If
End Sub
```

图 5-6　窗体外观

图 5-7　显示界面

14. 设有整型变量 s，取值范围为 0～100，表示学生的成绩。有如下程序段：

```
If s>=90 Then
  Level="A"
ElseIf  s>=75 Then
  Level="B"
ElseIf  s>=60 Then
  Level="C"
Else
  Level="D"
End If
```

下面用 Select Case 结构改写上述程序，使两段程序所实现的功能完全相同。请填空。

```
Select Case s
  Case    (1)    >=90
    Level="A"
  Case 75 To 89
    Level=""
  Case 60 To 74
    Level="C"
  Case    (2)
    Level="D"
    (3)
```

15. 窗体中有一个矩形和一个圆，程序运行时，单击"开始"按钮，圆可以纵向或横向运动（通过选择按钮来决定），碰到矩形的边时，则向相反方向运动，单击"停止"按钮，则停止运动，如图 5-8 所示。可以选择单选按钮随时改变运动方向。

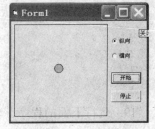

图 5-8　界面设计

```
Dim d As Integer          '模块级变量
Private Sub Command1_Click()
  Timer1.Enabled = True
End Sub
Private Sub Command2_Click()
 (1)    = False
End Sub
Private Sub Form_Load()
  d = 1
End Sub
Private Sub Timer1_Timer()
```

```
    If Option1 Then
      Shape2.Top =   (2)   + d * 50
      If Shape2.Top <= Shape1.  (3)   Or _
                      Shape2.Top + Shape2.Width >= Shape1.Top + Shape1.Height Then
        d = -d
      End If
    ElseIf Option2 Then
      Shape2.Left =   (4)   + d * 50
      If Shape2.Left <= Shape1.Left Or _
                      Shape2.Left + Shape2.Width >= Shape1.Left + Shape1.Width Then
        d = -d
      End If
    End If
End Sub
```

16. 在窗体上画一个名称为 Command1 的命令按钮，然后编写如下事件过程：

```
Private Sub Command1_Click()
   For n = 1 To 20
      If n Mod 3 <> 0 Then m = m + n \ 3
   Next n
   Print n
End Sub
```

程序运行后，如果单击命令按钮，则窗体上显示的内容是_____。

17. 运行下面的程序，单击窗体后第一行显示的内容为___（1）___，第二行为___（2）___。

```
Private Sub Form_Click()
  Dim m As Integer, n As Integer, k As Integer
  n = -3
  For m = 6 To 1 Step n
    m = m + 1: n = n - m: k = k + 1
  Next m
  Print k
  Print n
End Sub
```

18. 执行下面的程序段后，i 的值为___（1）___，s 的值为___（2）___。

```
s = 2
For i = 3.2 To 4.9 Step 0.8
  s = s + 1
Next i
```

19. 运行下面的程序，单击窗体后在窗体上显示的第一行结果是___（1）___，第三行结果是___（2）___。

```
Private Sub Form_Click()
  Dim mst As String, mst1 As String, mst2 As String
  Dim i As Integer
  mst1 = "CcBbAa"
  For i = Len(mst1) To 1 Step -2
    mst2 = Mid(mst1, i - 1, 2)
    mst = mst & mst2
```

```
     Print mst
   Next i
End Sub
```

20. 有如下程序：

```
Private Sub Form_Click()
  n = 10
  i = 0
  Do
    i = i + n
    n = n - 2
  Loop While n > 2
  Print i
End Sub
```

程序运行后，单击窗体，输出结果为_____。

21. 运行下面程序段，第一行输出结果是_____，第二行输出结果是_____。

```
Private Sub Form_Click()
  a$ = "Happy ": b$ = "New ": c$ = "Year!": d$ = c$ + b$ & a$
  Print UCase(Right$(d$, 6)); LCase(Mid$(d$, 6, 4)); LCase(Left$(d$, 5))
  m = Len(d$)
  For j = 1 To m
    e$ = Mid$(d$, j, 1)
    If e$ = "Y" Or e$ = "y" Then x = x + 1
  Next j
  Print x
End Sub
```

22. 编程求 1 到 5000 之间能被 5 整除的前若干个偶数之和，当和大于 500 时，终止求和，并输出该和。程序代码如下：

```
Private Sub command1_Click()
  Dim i As Integer, s As Long
     ___(1)___
     If ___(2)___ Then s = s + i
     If s > 500 Then Exit For
  Next i
  Print s
End Sub
```

23. 设 n 是一个四位数，它的 9 倍恰好是其反序数，求 n。（反序数就是将整数的数字倒过来形成的整数，如 1234 的反序数是 4321）

```
Private Sub command1_Click()
  Dim d1 As Integer, d2 As Integer, d3 As Integer, d4 As Integer
  Dim d As Long, i As Long
  For i = 1000 To 9999
    d1 = i Mod 10
    d2 = (i \ 10) Mod 10
    d3 = (i \ 100) Mod 10
    d4 = i \ 1000
       ___(1)___
    If ___(2)___    Then Print i
```

```
    Next i
End Sub
```

24. 求 1/2+2/3+3/5+5/8+⋯的前 1000 项的和。注：该数列从第二项开始，其分子等于前一项的分母，而其分母等于前一项分子与分母之和。要求，按四舍五入的方式精确到小数点后第二位。

```
Private Sub Command1_Click()
    s = 0
    fz = 1
    fm = 2
    For i = 1 To 1000
        ____(1)____
        t = fz
        fz = fm
        ____(2)____
    Next i
    Print Round(s, 2)
End Sub
```

25. 在[1, 10000]范围内求出个位数字是 1 的素数个数。

```
Private Sub Command1_Click()
    For i = 2 To 10000
        j = 2: k = Int(i / 2) + 1
        Do While j <= k
            If i Mod j = 0 Then ____(1)____
            j = j + 1
        Loop
        If j > k Then
            m = ____(2)____
            If m = "1" Then s = s + 1
        End If
    Next i
    Print s
End Sub
```

26. 编程计算 s=a+aa+aaa+⋯+a⋯a（n 个 a），其中 a 是一个由随机数产生的 1~9（包括 1、9）中的一个正整数，n 是一个由随机数产生的 5~10（包括 5、10）中的一个正整数。例如，n = 8，a = 7 时，s=7+77+⋯+77777777，计算结果如图 5-9 所示。

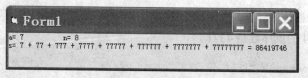

图 5-9　计算结果

```
Private Sub Form_Click()
    Dim a As Integer, n As Integer
    Dim s As Double
    j = 0
    s = 0
    a = ____(1)____
    n = ____(2)____
```

```
    Print "a="; a, "n="; n
    Print "s=";
    For i = 1 To n
            (3)
        s = s + j
            (4)
    Next
    Print "="; s
End Sub
```

27. 求整数 123456 的质因子个数。如 72 = 2*2*2*3*3，则因子个数为 5。

```
Private Sub Form_Click()
    Dim n As Long
    Dim m As Long
    Dim num As Long
    n = 123456
    m = 2
    While (m <= n)
        If (n Mod m = 0) Then
            num = num + 1
                (1)
        Else
                (2)
        End If
    Wend
    Print num
End Sub
```

28. 编程求方程 5x+4y=2，在|x|<=50，|y|<=100 内的整数解，x+y 最大值是多少？

```
Private Sub Form_Click()
    Max = 0
    For x = -50 To 50
        For y = -100 To 100
            If 5 * x - 4 * y = 2 Then
                s = x + y
                _____
            End If
        Next y
    Next x
    Print Max
End Sub
```

29. 已知 a、b、c 为正整数，求满以下足条件的 a、b、c 的组数。
    A. a>b>c   B. a+b+c<100   C. 1/（a^2）+1/（b^2）=1/（c^2）

```
Private Sub Form_Click()
    Dim a!, b!, c!, m%
    m = 0
    For c = 1 To 34
      For b =     (1)
        For a =     (2)
            If     (3)     Then
                m = m + 1
```

```
        Print a, b, c
        End If
    Next a, b, c
    Print m
End Sub
```

5.4 实 验 题

一、实验目的

1. 掌握赋值语句的使用方法。
2. 掌握常用的输入和输出数据的方法。
3. 进一步掌握常量、变量、运算符、表达式和常用函数的使用。
4. 掌握 If 语句的 3 种基本结构。
5. 掌握多分支语句 Select Case 的使用。
6. 掌握条件嵌套格式的使用。
7. 清楚循环流程，掌握循环语句的描述。
8. 掌握循环结构程序的设计方法。
9. 掌握 for 语句的使用。
10. 掌握 do 语句各种形式的使用。
11. 掌握如何控制循环条件，防止死循环或不循环。

二、实验内容

实验 5-1 输入一个总秒数，换算成小时、分钟和秒数的例子。

（1）创建应用程序的用户界面和设置对象属性，如图 5-10 所示。

（2）编写程序代码。

```
Private Sub Command1_Click()
    Dim h As Integer, m As Integer
    Dims As Integer, t As Integer
    t = Val(Text1.Text)
    h = t \ 3600
    t = t - h * 3600
    m = t \ 60
    s = t - m * 60
    Text2.Text = h
    Text3.Text = m
    Text4.Text = s
End Sub
```

实验 5-2 根据用户输入的圆半径 r，求对应的圆直径 $d=2r$、圆周长 $L=2\pi r$ 和圆面积 $S=\pi r^2$、球表面积 $SS=4\pi r^2$ 和球体积 $V=\frac{4}{3}\pi r^3$，要求保留 3 位小数显示结果（采用 Format 函数），运行界面如图 5-11 所示。（注：显示结果的对象为标签）

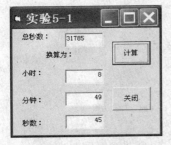

图 5-10　界面设计　　　　　　　　　　图 5-11　运行界面

实验 5-3　随机产生一个三位正整数，然后逆序输出，产生的数与逆序数同时输出。例如，产生 357，输出 753，如图 5-12 所示。

提示　三位正整数由随机函数 Rnd 生成，最后结果可以采用 MsgBox 函数显示逆序结果，如图 5-12 所示。逆序的方法可以用字符串的提取和连接、数学计算两种。

方案一：通过算术运算实现。

个位数字 = x Mod 10　　　　十位数字 = x \ 10 Mod 10　　　　百位数字 = x \ 100

此时逆序后的数据 = 个位数字 * 100 + 十位数字 * 10+ 百位数字

方案二：先将 X 转换成字符串形式，通过取子串 Mid 函数等实现。

个位数字字符 = Mid（X，3，1）　　　　十位数字字符 = Mid（X，2，1）

百位数字字符 = Mid（X，1，1）

最后逆序后的数据即为每一位上的数字字符用字符串连接符&的逆序连接。

实验 5-4　有如下公式，输入 *x*，计算 *y* 的值。运行界面如图 5-13 所示。其中，

$$y=\begin{cases}1+x & x \geq 0 \\ 1-2x & x < 0\end{cases}$$

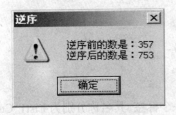

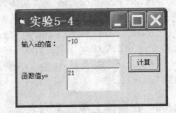

图 5-12　运行界面　　　　　　　　　　图 5-13　运行界面

```
Private Sub Command1_Click()
  Dim x As Single, y As Single
  x = Val(Text1.Text)
  If x >= 0 Then y = 1 + x Else y = 1-2 * x
  Text2.Text = y
End Sub
```

实验 5-5　改错题。

（1）以下程序段求一元二次方程的实根，利用 InputBox 输入系数，结果显示在 Label1。运行结果如图 5-14 所示。发现以下的程序代码出错，请修改。

```
Private Sub Command1_Click()
  Dim delt!, a#, b#, c#
  a = InputBox("输入系数a", , 1)
```

```
      b = InputBox("输入系数b", , 3)
      c = InputBox("输入系数c", , 2)
   Label2.Caption = "a=" & a & ",b=" & b & ",c=" & c
   delt = b * b - 4ac
   If delt >= 0 Then ' 两个实根
     delt = Sqr(delt)
     Label1.Caption = "X1=" & (-b + delt) / 2 / a & vbCrLf
     Label1.Caption = "X2=" & (-b - delt) / 2 / a
   Else
     Label1.Caption = "无实根"
   End If
End Sub
```

（2）窗体的界面设计如图 5-15 所示。在单击命令按钮后，如果选中一个单选按钮和一个或两个复选框，则对文本框中的文字做相应的设置。发现以下的程序代码出错，请修改。

图 5-14　运行结果

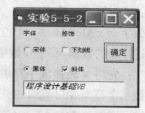

图 5-15　界面设计

```
Private Sub Command1_Click()
    If Option1.Value = True Then
      Text1.FontName = "宋体"
    If Option2.Value = True Then
       Text1.FontName = "黑体"
    If Check1.Value = 1 Then
      Text1.FontUnderline = True
    If Check2.Value = 1 Then
      Text1.FontItalic = True
End Sub
```

实验 5-6　在窗体上画一个列表框、一个命令按钮和一个标签,其名称分别为 List1、Command1 和 Label1，通过属性窗口把列表框中的项目设置为："第一个项目"、"第二个项目"、"第三个项目"、"第四个项目"。程序运行后，在列表框中选择一个项目，然后单击命令按钮，即可将所选择的项目删除，并在标签中显示列表框当前的项目数，运行情况如图 5-16 所示（选择"第三个项目"的情况）。下面是实现上述功能的程序，请填空。

```
Private Sub Command1_Click()
  If List1.ListIndex>=_____Then
    List1.RemoveItem_____
    Label1.Caption=_____
  Else
    MsgBox"请选择要删除的项目"
  End If
End Sub
```

实验 5-7　建立一个文本框，在文本框中每输入一个字符，则立即判断：若是小写字母，则把它的大写形式显示在标签 Label1 中，若是大写字母，则把它的小写形式显示在 Label1 中，若是数字字符，则把该字符直接显示在 Label1，其他字符不予显示。输入的字母总数显示在标签 Label2 中，如图 5-17 所示。

图 5-16　运行界面

图 5-17　运行界面

方案一：程序代码如下。

```
Dim n As Integer                    '模块级变量
Private Sub Text1_Change()
    Dim ch As String*1
    ch = Right$(_____)
    If ch >= "A" And ch <= "Z" Then
        Label1.Caption = LCase(ch)
        n = n + 1
    ElseIf _____ Then
        Label1.Caption =
        n = n + 1
    ElseIf _____ Then
        Label1.Caption =_____
    Else
        Label1.Caption = _____
    End If
    Label2.Caption =_____
End Sub
```

方案二：在输入时即对每一个输入的字符进行判断，还可放在文本框的 KeyPress 事件中，符合条件的字符进行处理，不符合条件的字符不予显示。请读者自行完成编程。

实验 5-8　若设计一个计算通话费用的程序。界面设计如图 5-18 所示，程序运行时，单击"通话开始"按钮，则在 Text1 中累加通话时间（每秒加 1）；单击"通话结束"按钮，则停止通话时间的累加；单击"计算通话费"按钮，则计算话费并将结果显示在 Text2 中。通过属性窗口设置计时器的适当属性，完成 3 个命令按钮和计时器的事件过程。

计算话费的公式为：

（1）不超过 18 秒，收费 0.5 元；

（2）超过 18 秒，每 6 秒加收 0.15 元，不满 6 秒以 6 秒计算。

实验 5-9　设计一个个人资料输入窗口，使用选项按钮组输入性别与民族（style=1），使用复选框输入个人爱好，如图 5-19 所示。说明：框架 Frame1 不能少，否则 4 个选项按钮成为一组。

编写命令按钮 Command1 的 Click 事件代码和文本框 Text1 的 Change 事件代码。

实验 5-10　阅读程序，写出执行结果（注意输出格式），并上机验证，充分使用单步调试工具（单步执行、立即窗口、本地窗口和监视窗口），弄清楚循环执行流程，以及相应变量值的变化情况。

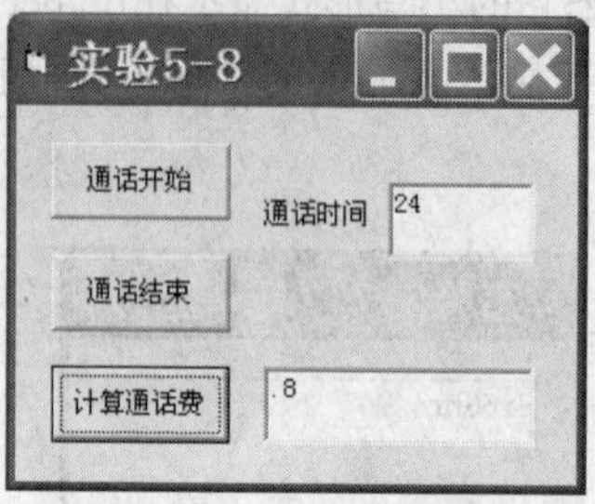

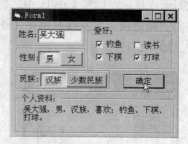

图 5-18　界面设计

图 5-19　界面设计

（1）单击命令按钮，窗体上显示的内容为_____。

```
Private Sub Command1_Click()
  Dim i As Integer
    For i=5 To 1 Step -0.8
      Print i;Int(i)
    Next i
End Sub
```

若去掉 Dim i As Integer 语句，则窗体上显示的内容为_____。

（2）单击命令按钮，窗体上显示的内容为_____。

```
Private Sub Command1_Click()
  Dim a As Integer, s As Integer
  a = 8
  s = 1
  Do
    s = s + a
    a = a - 1
  Loop While a <= 0
  Print s; a
End Sub
```

（3）单击命令按钮，窗体上显示的内容为_____。

```
Private Sub Command1_Click()
  Dim a As Integer, b As Integer, i As Integer
  a = 10: b = 0
  For i = 5 To 1 Step -2
    Do
      a = a - 4
      b = b + 1
    Loop Until b > 2 Or a < -1
  Next i
  Print a, b, i
End Sub
```

（4）以下程序中，命令按钮的"Caption"属性是"计算"，命令按钮的名称是_____，输入 Txta.Text=21，Txtb.Text=9，单击窗体上的"计算"按钮，则在窗体上输出的第一行是_____，第二行是_____，推测这段程序的作用是求两个数的_____。运行界面如图 5-20 所示。

```
Option Explicit
Private Sub Calc_Click()
```

```
Dim a%, b%, c%, d%, e%, i%
a = Val(Txta.Text)
b = Val(Txtb.Text)
If a > b Then c = b Else c = a
For i = 2 To c
   If (a Mod i) = 0 And (b Mod i) = 0 Then d = i
Next i
e = a * b / d
Print "Gcd(" & a & "," & b & ")="; d
Print "Lcm(" & a & "," & b & ")="; e
End Sub
```

实验 5-11　改错题。

（1）窗体的左右两端各有 1 条直线，名称分别为 Linel、Line2；名称为 Shapel 的圆靠在左边的 Linel 直线上（见图 5-21）；另有 1 个名称为 Timerl 的计时器控件，其 Enabled 属性值是 True。要求程序运行后，圆每秒向右移动 100，当圆遇到 Line2 时则停止移动。为实现上述功能，某人把计时器的 Interval 属性设置为 1000，并编写了如下程序：

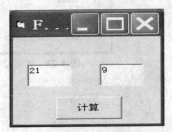

图 5-20　运行界面

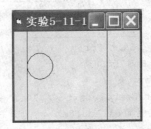

图 5-21　运行界面

```
Private Sub Timer1_Timer()
  For k=Line1X1 To Line2.X1 Step 100
   If Shape1.Left+Shapel.Width<Line2.X1Then
      Shape1.Left=Shape1.Left+100
   End If
  Next k
End Sub
```

运行程序时发现圆立即移动到了右边的直线处，与题目要求的移动方式不符。为得到与题目要求相符的结果，请修改程序。

（2）窗体如图 5-22（a）所示。要求程序运行时，在文本框 Textl 中输入一个姓氏，单击"删除"按钮（名称为 Commandl），则可删除列表框 Listl 中所有该姓氏的项目。编写以下程序来实现此功能。

```
Private Sub Command1_Click()
  Dim n%, k%
  n = Len(Text1.Text)
  For k = 0 To List1.ListCount - 1
   If Left(List1.List(k), n) = Text1.Text Then
    List1.RemoveItem k
   End If
  Next k
End Sub
```

在调试时发现，如输入"陈"，可以正确删除所有姓"陈"的项目，但输入"刘"，则只删除了"刘邦"，结果如图 5-22（b）所示。这说明程序不能适应所有情况，需要修改。

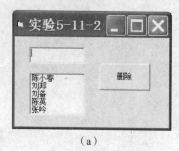

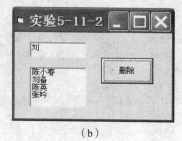

（a）　　　　　　　　　　　　　　　　　　　（b）

图 5-22　窗体设计与运行

实验 5-12　设窗体上有一个名称为 Combo1 的组合框，如图 5-23 所示，并有以下程序。

```
Private Sub Combo1_KeyPress(KeyAscii As Integer)
   Dim k As Integer
  If _____(1)_____ Then
    For k = 0 To Combo1.ListCount - 1
      If Combo1.Text = Combo1.List(k) Then
        _____(2)_____
       Exit For
      End If
    Next k
    If Combo1.Text <> "" Then
     Combo1.AddItem _____(3)_____
    End If
   End If
End Sub
```

图 5-23　界面设计

程序功能：在组合框的编辑区中输入文本后按回车键，则检查列表中有无与此文本相同的项目，若有，则把编辑区中的文本删除，否则把编辑区中的文本添加到列表的尾部。

实验 5-13　我国现有 13 亿人口，设年增长率为 1%，编写程序，计算多少年后增加到或超过 20 亿？

【分析】　$13*（1+1\%）^n>=20$，求 n？

完善程序代码：

```
Private Sub Form_Click()
   Dim n As Integer, peoplenum As Double
   peoplenum = 13
   Do
     n = n + 1
     _____(1)_____
   Loop _____(2)_____
   Print n; "年后我国人口将达到"; peoplenum; "亿"
End Sub
```

实验 5-14　在窗体上显示出所有的水仙花数。所谓水仙花数是指一个 3 位数，其中各位数字立方和等于该数字本身。例如，$153=1^3+5^3+3^3$，所以 153 就是水仙花数。

提示：

方案一：利用单循环将一个 3 位数逐位分离后进行判断。

例如：设 a 表示百位数，b 表示十位数，c 表示个位数，将一个 3 位数 m 从右边开始逐位分离的程序段为：

```
m=123
a=m\100
b=(m-a*100)\10          '十位数上的数计算有多种表示方法,请同学思考
c=m mod 10
```

方案二：利用三重循环，将 3 个数连接成一个 3 位数进行判断。

例如：设 a 表示百位数，b 表示十位数，c 表示个位数，则可能出现的 3 位数 m 的程序段如下：

```
For a=1 to 9
  For b=0 to 9
    For c=0 to 9
        m=a*100+b*10+c
    Next c
  Next b
Next a
```

方案三：把数值转换成字符串后，利用 Mid 函数取每一位上的数，这种方法比较容易，请自行完成。

思考题：求 Armstrong 数。Armstrong 数具有如下特征：一个 n 位数等于其各位数的 n 次方之和。例如，$153=1^3+5^3+3^3$

$$1634=1^4+6^4+3^4+4^4$$

实验 5-15 利用循环结构显示如图 5-24 所示的界面。

提示：

方案一：利用单循环实现。

循环体内的显示用 Sring 函数实现，解题的关键是找出循环控制变量与 string 函数内字符个数的关系，即 String（2*i-1，Trim（Str（i）））。其中 Str（i）表示将数值型 i 转换成字符串，Trim 函数表示去除字符串两边的空格，因为将数值转换成字符串后，系统自动在数字前符号位，正数为空格，负数为 "-"，

图 5-24 循环显示

而 String 函数只取字符串中的第一个字符，在该题中，由于 i 为正数，符号位为空格，所以需要用 Trim 函数。

方案二：利用循环嵌套实现。

外层循环控制行数，内层循环控制每行显示字符的个数，解题的关键是找出字符个数 m 与外层循环控制变量 i 的关系，即 m=2*i-1，所以可以采用下面程序段：

```
For i=1 to 9
   For m=1 to 2*i-1
…
   Next m
Next i
```

思考：如果改成如图 5-25（a）和图 5-25（b）所示，应如何实现？

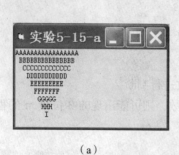

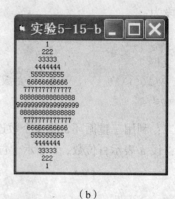

（a）　　　　　　　　　　　　　　　　（b）

图 5-25　界面设计

实验 5-16　找出 1～1000 之间的全部同构数的和。同构数是指一个数本身出现在它的平方数的右端。例如，5 的平方是 25，5 是 25 中右端的数，5 就是一个同构数。同理，25 也是一个同构数。

```
Private Sub Form_Click()
  For i = 1 To 999
    j = i * i
    Select Case j
      Case Is < 99
        k = j Mod 10
      Case Is < 999
        k = j Mod 100
      Case Else
        k = j Mod 1000
    End Select
    If k = i Then s = s + i
  Next i
  Print s
End Sub
```

实验 5-17　输入 n，计算下列表达式的值，然后将计算结果在文本框控件 Text1 中显示。

$$1+\frac{2}{3\times4}+\frac{3}{4\times5}+\frac{4}{5\times6}+\cdots+\frac{n}{(n+1)\times(n+2)}$$

实验 5-18　有一个两位数的正整数，将其个位数与十位数对调所生成的数称为对调数，如 28 是 82 的对调数。现给定一个两位的正整数，请找到另一个两位的正整数，使这两个数之和等于它们各自的对调数之和，如 56+32=65+23。

实验 5-19　使用下面的级数公式求 π 的值，当计算到某一项式 $(-1)^{n+1}\frac{1}{2n-1}$ 的绝对值小于 0.0001 时，认为满足精度，停止计算。

$$\frac{\pi}{4}=1-\frac{1}{3}+\frac{1}{5}-\frac{1}{7}+\cdots+(-1)^{n+1}\frac{1}{2n-1}+\cdots$$

提示：

本题属于事先无法知道循环次数，所以只能采用 Do…Loop 循环。

方案一：使用通项式的形式求解，通项式 $a_n = (-1)^{n+1}\dfrac{1}{2n-1}$，该方法程序比较简单。

方案二：使用迭代式的形式求解，即利用前后两项之间的关系进行计算，从第 2 项开始，每一项的正负号都是前一项的取反，每一项的分母都是前一项的分母加 2，即假设 $a_n = \dfrac{1}{n}$，则 $a_{n+1} = -\dfrac{1}{n+2}$。

思考：本题的两种方案中哪种方案运行速度快？如果把精度提高到 0.00001，程序是否可以计算？如果不能，问题出现在何处？如何改动？

实验 5-20　编程找出 10000 以内所有的回文数的平方仍是回文数的数。实现功能：（1）单击"生成数据"按钮，应将 10000 以内所有的回文数的平方仍是回文数的数按（11^2=121）形式存放在列表框中。（2）单击"返回"按钮，结束程序运行。所谓回文数是指左右数字完全对称的自然数。例如，11，121，1221 等都是回文数。

提示：

（1）找出规律——对于每个数据：首先要判断它是否回文？若是，则判断它的平方数是否回文？若它的平方数是回文，则输出该数；

（2）如何判断数据的回文性？根据回文数的特征：方法一，将数据转换成字符型，首尾对称判等相应字符；方法二，将数据转换成字符型后逆序，判断逆序数和原数据的等值性。

实验 5-21　已知 x、y、z 分别是 0～9 中的一个数，求 x、y、z 的值，使得下式成立：xxz+yzz=532（其中 xxz 和 yzz 不表示乘积，而是由 x、y、z 组成的三位数）。

5.5　常见错误分析

1. 赋值语句的方向问题。

赋值语句是有方向性的，它将赋值号右边表达式的值赋值给左边的变量或属性名。但初学者往往搞反。如 x=x+1，被写成 x+1=x。

2. 同时给多个变量赋值，在 Visual Basic 程序中没有造成语法错而形成逻辑错。

例如，要同时给 a、b、c 3 个整型变量赋初值 1，有的读者写成如下赋值语句：

a=b=c=1

在 Visual Basic 中规定，一个赋值语句只能给一个变量赋值，则上述语句中最左面的"="号为赋值号，其余为判等号，因此将 b=c=1 作为一个关系表达式，再将表达式的结果赋值给 a。

在 Visual Basic 中，整型变量的默认值为 0，则在运算时，先判断 b=c，结果为 True，把 True 转换为-1 与 1 比较，结果为 False，再将 False 转换为 0 赋值给 a，所以 a 赋得的值为 0，b、c 的值为默认值 0。上述语句没有产生语法错而形成逻辑错。

3. If 语句的书写问题。

在多行式的 If 语句中，关键字 Then、Else 后面的语句必须换行书写；单行式的 If 语句中，所有的语句必须写在一行，用"："分隔，若要分行，必须用" _"续行符。

4. 在选择结构中缺少配对的结束语句。

在多行式的 If 语句中，应有配对的 End If 语句结束。否则，程序运行时系统会提示"块 If 没有 End If"的编译错误。

同样，Select Case 语句也应有 End Select 语句配对。

5. 多边选择结构中关键字 ElseIf 的书写和条件表达式的表示。

多边选择结构中，关键字 ElseIf 之间不能写有空格，即不能写成 Else If。

若有多个条件表达式要表示时，应从最大或最小的条件依次表示，以避免条件的过滤。

6. Select Case 语句的使用。

（1）在"测试表达式"中出现多个变量。

在"测试表达式"中，只能出现一个变量；若是对多个变量进行判断，只能用 If 语句的多边选择。

（2）在"表达式列表"中出现变量和逻辑运算符。

在"表达式列表"中，关系运算用"Is"关系运算符表示。

7. 循环控制变量在循环体内被引用并赋值，影响循环次数，引起混乱。

例如，下面程序实现 1～10 十个数之和，注意[程序 1]和[程序 2]哪个可以正确使用。

[程序 1]

```
Private Sub Command1_Click()
  Print "单击 Command1 输出:"
  For i=1 To 20
    s=s+i                    '循环控制变量 i 被引用,正确使用
    Print i;
  Next i
  Print
End Sub
```

[程序 2]

```
Private Sub Command2_Click()
  Print "单击 Command2 输出:"
  For i=1 To 10
    i=i+2                    '循环控制变量 i 被赋值,改变了循环的次数,不正确使用
    Print i;
  Next i
  Print
End Sub
```

8. 不循环或死循环的问题。

出现不循环或死循环的情况主要是循环条件、循环初值、循环终值、循环步长的设置有问题。

例如，以下循环语句不执行循环体：

```
For i=10 To 20 Step -1     '步长为负,初值必须大于等于终值,才能循环
For i=20 TO 10             '步长为正,初值必须小于等于终值,才能循环
Do While False            '循环条件永远不满足,不循环
```

例如，以下循环语句为死循环：

```
For i=10 To 20 Step 0     '步长为零,死循环
```

```
DO While 1                          '循环条件永远满足,死循环
```

9. 循环结构中缺少配对的结束语句。

For…Next 语句没有配对的 Next 语句;Do 语句没有一个终结的 Loop 语句,等等。

10. 循环嵌套时，内外循环交叉。

```
For  i=1 to 4
   For j=1 to 5
Next i
Next j
```

上述循环体的交叉，运行时显示"无效的 Next 控制变量引用"。原因：外循环必须完全包含内循环，不得交叉。

11. 循环结构与 If 块结构交叉。

```
For  i=1 to 4
If  表达式 Then
   语句
Next i
End If   .
```

错误同上，正确的做法应该为 If 结构完全包含循环结构，或者循环结构完全包含 If 结构。

12. 累加、累乘时，存放累加、累乘结果的变量赋初值的问题。

（1）一重循环。在一重循环中，存放累加、连乘结果的变量初值设置应放在循环语句前。

例如，求 1～100 之间的 3 的倍数之和，结果存入 Sum 变量中，如下程序段的输出结果如何？

```
Private Sub Form_Click()
   For i=3 To 100 Step 3
    Sum=0
    Sum=Sum+i
   Next i
   Print Sum
End Sub
```

要得到正确的结果，应如何改进?

（2）多重循环。在多重循环中，存放累加、连乘结果的变量初值设置应放在外循环语句前，还是内循环语句前，这要视具体问题分别对待。

例如，30 位学生参加三门课程的期末考试，以下是用程序实现求每个学生的三门课程的平均成绩，应如何改进?

```
aver=0
For i=1 To 30
For j=1 To 3
   m=inputBox("输入第" & j & "门课的成绩")
   aver=aver+m
Next j
aver = aver/3
Print aver
Next i
```

13. "溢出"问题。

在循环中，经常出现累加、累乘、迭代等问题。在这类问题中，我们往往无法估计最后值的大小，在定义数据类型时，初学者经常使用常用的类型，这样就可能产生溢出问题。例如求 n!，程序如下：

```
Private Sub Form_Click()
    Dim n As Integer, i As Integer, s As Integer
    s = 1
    n = Val(InputBox("请输入 n 的值"))
    For i = 1 To n
    s = s * i
    Next
    Print s
End Sub
```

当 n=8 时，程序就会出现溢出错误，因为 8!=40320 已经超出 Integer 的最大值 32767，所以必须把 s 的类型改为 Long。

另外，大数相乘时或被小数除时也容易出现溢出问题，例如，a、b、c 均为 Integer，当 a=320，b=321，如果求 c=a*b 就会超出 Integer 类型的最大值 32767，产生了溢出问题。当 a=33，b=0.001，如果求 c=a/b=33000 也会超出 Integer 类型的最大值 32767。在运行程序时，如果产生溢出问题，可以试着从变量的类型方面着手修改。

5.6　编程技巧与算法的应用分析

1. 单选钮和复选框的应用

由于单选钮和复选框的状态不唯一，需要进行判断才知道其选中的状态，因此在这两个控件的应用中，选择语句出现的频率较高。

单选钮体现出多选一的局面，在同一组单选钮中只有一个按钮的 Value 属性值为 True，通常使用 If…Then…ElseIf…的语句格式进行判断。

复选框体现的是多项选择，同一组复选框中可以同时有多个被选中，也可以只选中一个，也可以一个都不选中，通常我们对各个复选框进行独立判断。

示例 1　使用单选钮和复选框进行选择性别和爱好，如图 5-26 所示。

图 5-26　界面设计

【分析】　在界面设计中使用框架，性别选择为二选一，可以采用双分支结构；爱好的每一项均为复选框，需要判断是否被选中。

```
If Optmale = True  Then
    str = str + "我是男生"
Else
    str = str + "我是女生"
End If
str = str + ",我的爱好有:"
If Chk1.Value = 1 Then str = str + Chk1.Caption
```

```
If Chk2.Value = 1 Then str = str + Chk2.Caption
If Chk3.Value = 1 Then str = str + Chk3.Caption
MsgBox  str
```

2. 信息的有效性验证

一个优秀的算法在程序执行过程中会将程序的相关信息及时反馈给用户，用户输入错误时，应最大限度的告知错误类别并提供用户修正的机会。

选择语句通常用于判断，对结果的正确性及数据的有效性判断在实际应用中经常出现。此类问题需将问题分析透彻，组织好语句的逻辑结构。

示例 2：用户输入时按键的判断。在文本框中输入一个字符串，要求只能出现数字。

此类问题的判断有两种方法：一是在输入时判断，使用文本框的 Key 事件；二是在全部输入完成后再对每个字符进行判断，使用循环结构依次获取字符串中的字符。

Visual Basic 中对象的 Key 事件，包含 KeyPress、KeyDown、KeyUp 3 个事件，我们通过对 KeyAscii 的判断可以获知用户的按键，并对不同的按键进行区分处理；因此在 KeyDown 和 KeyPress 事件中更改 KeyAscii 的值还可以更改文本框中的显示，如语句 KeyAscii=0 将使用户的输入清除，即不显示在文本框中。

我们在文本框的 KeyPress 事件中编写，直接过滤掉不合法（非数字）的字符：

```
Private Sub Text1_KeyPress(KeyAscii As Integer)
  If KeyAscii < Asc("0") Or KeyAscii > Asc("9") Then KeyAscii = 0
                                                      '过滤非数字字符

End Sub
```

通常，我们比较常用的是判断输入是字母的表达式，如下。

```
KeyAscii >= Asc("a") And KeyAscii <= Asc("z")
           Or KeyAscii >= Asc("A") And KeyAscii > Asc("Z")
```

判断输入是数字的表达式，如下。

```
KeyAscii >= Asc("0") And KeyAscii <= Asc("9")
```

5.7 参考答案

一、选择题

1. A	2. B	3. D	4. C	5. C	6. C/D	7. C	8. D
9. D	10. C	11. B	12. B	13. C	14. C	15. C	16. B
17. B	18. D	19. B	20. D	21. B	22. B	23. D	24. C
25. D	26. B	27. C	28. C	29. C	30. D	31. C	32. D
33. A	34. D	35. D	36. B	37. D	38. D	39. A	40. B
41. C	42. B	43. A	44. A	45. B	46. B	47. B	48. A
49. B	50. C	51. B	52. C	53. C	54. A	55. B	56. C
57. C	58. C	59. C	60. C	61. C	62. B	63. C	64. C
65. D	66. D	67. A	68. B	69. B			

二、填空题

1. −1

2. −10

   Trur

   −6

   1

3. 6   123

   1280

4. BASIC

5. （1）6   （2）14   （3）7   （4）13

   （5）8   （6）3   （7）9   （8）1

6. （1）Spc（4）   （2）Format（Sqr（a），"0.000"）

7. 3 −3

8. false

9. * *0* *

10. （1）a>0 And b>0 And c >0   （2）a<0 And b <0 And c<0

11. （1）c = Val（InputBox（"请输入第三个数"））   （2）b > a   （3）b < a

12. （1）Select Case x   （2）Case Else

13. （1）Text1   （2）Text1   （3）Form2

14. （1）Is   （2）Else   （3）End Select

15. （1）Timer1.Enabled   （2）Shape2.Top   （3）Top   （4）Shape2.Left

16. 21

17. （1）3   （2）−18

18. （1）5.6   （2）5

19. （1）Aa   （2）AaBbCc

20. 28

21. （1）Happy new year!   （2）2

22. （1）For i = 1 To 5000   （2）i Mod 10 = 0

23. （1）d = d1 * 1000 + d2 * 100 + d3*10 + d4   （2）d = i * 9

24. （1）s = s + fz / fm   （2）fm = fm + t

25. （1）Exit Do   （2）Right（Str（i），1）

26. （1）Int（Rnd * 9 + 1）   （2）Int（Rnd * 6 + 5）

    （3）j = j * 10 + a   （4）If i < n Then Print j；"+"； Else Print j；

27. （1）n = n \ m   （2）m = m + 1

28. If s > Max Then Max = s

29. （1）c To 50   （2）b To 100   （3）1 /（a ^ 2）+ 1 /（b ^ 2）= 1 /（c ^ 2）

第6章
程序设计算法基础

6.1 学 习 要 点

1. 算法的概念和基本特性。

（1）程序：为了解决某一特定问题而用某一种计算机语言编写的指令序列。

（2）算法：对一个问题的解决方法和步骤的描述。

（3）算法的类型：数值算法和非数值算法两大类。

（4）算法的特点如下：

- 有穷性。一个算法应当包括有限个操作步骤，或者说它是由一个有穷的操作系列组成，而不应该是无限的。

- 确定性。算法中的每一步的含义都应该是清楚无误的，不能模棱两可，也就是说不应该存在"歧义性"。

- 一个算法应该有零个或多个输入。

- 一个算法应该有一个或多个输出。

- 有效性。一个算法必须遵循特定条件下的解题规则，组成它的每一个操作都应该是特定的解题规则中允许使用的、可执行的，并且最后能得出确定的结果。

2. 算法表示的几种方法。

可用自然语言、流程图、计算机语言、伪代码等来描述一个算法。计算机程序就是用计算机能够理解的信息（计算机语言）描述的算法。

（1）自然语言即用人们直接使用的英语、汉语或其他语言来描述算法。例如，将两个变量 a 和 b 的值互换，算法描述如下。

第1步：算法开始。

第2步：将 a 的值送给 c。

第3步：将 b 的值送给 a。

第4步：将 c 的值送给 b。

第5步：算法结束。

自然语言通俗易懂，但在本例中没有指明数据的显示方式，因而以上算法需要根据程序设计人员的界面设计做适当的调整。由于语言习惯及地域差异等各种因素的影响，自然语言描述的算法极易产生歧义，通用性差，所以很少采用。

（2）计算机语言即用某一种语言格式来描述，如 Visual Basic 语言。例如，将两个变量 a 和 b

的值互换，算法用 Visual Basic 语言描述如下：

```
Dim a As Integer, b As Integer, c As Integer
a = 3: b = 5
Print "a="; a; "b="; b
c = a: a = b: b = c
Print "a="; a; "b="; b
```

（3）伪代码表示。介于自然语言和计算机语言之间的文字和符号来描述算法。例如，将两个变量 a 和 b 的值互换，算法用伪代码描述如下：

第 1 步：算法开始；

第 2 步：c=a；

第 3 步：a=b；

第 4 步：b=c；

第 5 步：End。

（4）流程图表示。流程图是一种算法的图形描述工具。

· 传统流程图的表示：用一些几何图框表示各种类型的操作，在框内写上简明的文字或符号表示具体的操作，用箭头的流程表示操作的先后顺序。图 6-1 是 ANSI（美国国家标准化协会）规定的一些常用的流程图符号。例如，将两个变量 A 和 B 的值互换的传统流程图如图 6-4 所示。

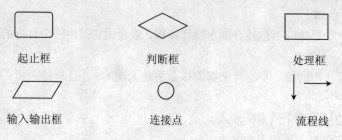

图 6-1　常用的流程图符号

· N-S 图表示：在该流程图中，去掉了带箭头的流程线，全部算法写在一个矩形框内，在该框内还可以包含其他的从属它的框。这种流程图适合于结构化程序设计。例如，将两个变量 A 和 B 的值互换的 N-S 流程图，如图 6-4 所示。

N-S 流程图规定了 3 种基本结构的画法，如图 6-2 所示。

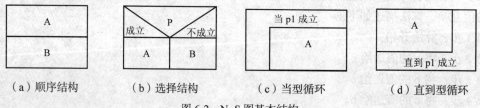

（a）顺序结构　　（b）选择结构　　（c）当型循环　　（d）直到型循环

图 6-2　N-S 图基本结构

3. 结构化程序设计的方法。

1969 年，荷兰学者戴克斯特拉（E. W. Dijkstra）等提出了结构化程序设计（Structured Programming）的概念。结构化程序设计是"按照一组能够提高程序易读性与易维护性的规则而进行程序设计的方法"，是面向过程的程序设计（Process-Oriented Programming，POP），它从程序的结构和实施方法上讨论如何产生可读性好、可靠性高，且易于维护的程序。

结构化程序设计方法的基本思路是把一个复杂问题的求解过程分阶段进行，每个阶段处理的问题都控制在人们容易理解和处理的范围内。它主要包括以下几方面内容：

（1）衡量程序质量的标准是"清晰第一、效率第二"。

（2）要求程序设计者按一定规范书写程序，而不能随心所欲地设计程序。

（3）程序由一些具有良好特性的基本结构组成，如顺序结构、选择结构和循环结构。由这些基本结构顺序地构成一个结构化的程序。避免使用可能造成程序结构混乱的 GOTO 转向语句。

（4）大型程序应分割成一些功能模块，并把这些模块按层次关系进行组织。

（5）在程序设计时应采用"自顶向下、逐步细化"的实施方法。即将一个大任务先分成若干个子任务，每一个子任务就是一个模块。如果某一个子任务还太复杂，还可以再分解成若干个子任务，如此逐层分解。对一个模块的设计也是采取这种"自顶向下、逐步细化"的方法，直到将它分解为上述基本结构为止。

4. 算法设计的基本方法。

算法设计的基本方法主要有穷举搜索法、递推法、回溯法、分治法等。

5. 常见算法。

本课程的常见算法主要包括数据的交换（如 6.2 示例分析中的 1）、自运算、求最值（如 6.2 示例分析中的 2）、累加（乘）（如 6.2 示例分析中的 3）、穷举法、递推法（迭代法）、字符串遍历、进制转换和图形字符的打印等。

6.2　示　例　分　析

1. 有两个容器 A 和 B，分别盛放不同的物品，设计算法将两个容器中的物品互换，并画出算法的流程图。

【分析】　一般地，必须增加一个空容器 C 作为过渡，如图 6-3 所示，其算法可以表示如下。

步骤 1：先将容器 A 中的物品倒入容器 C 中。

步骤 2：再将容器 B 中的物品倒入容器 A 中。

步骤 3：最后将容器 C 中的物品倒入容器 B 中。

这个算法常常被用于实现两个数据的互换。上面的算法可以简化表示为如图 6-3 所示。

① A→C

② B→A

③ C→B

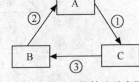

图 6-3　物品互换算法示意图

两个数据 A 和 B 互换的流程图如图 6-4 所示。

2. 设计算法求两个数 A、B 中的最大值，并画出算法的流程图。

【分析】　A 和 B 的大小关系有大于、小于和等于 3 种，分别判断这 3 种情况（以下将其合并成两种情况——大于、小于或等于）中的最大值即可。算法可以表示如下。

步骤 1：将数 A、B 进行比较，如果 A 大于 B，则转向步骤 2，否则转向步骤 3。

步骤 2：A 是最大数。

步骤 3：B 是最大数。

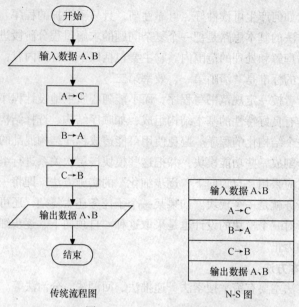

图 6-4　A 和 B 互换流程图

算法的流程图如图 6-5 所示。

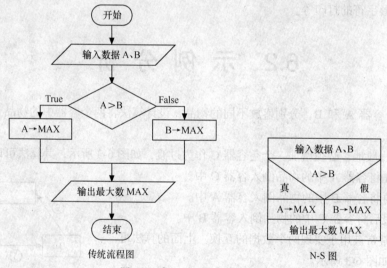

图 6-5　求 A、B 最大值流程图

实现该算法的 Visual Basic 程序代码如下：

```
Private Sub Form_Click()
    Dim A As Integer, B As Integer, MAX As Integer
    A = InputBox("请输入一个整型数")      '输入 A 的值
    B = InputBox("请输入一个整型数")      '输入 B 的值
    If A > B Then
        MAX = A
    Else
        MAX = B
    End If
```

```
    Print "最大数 MAX="; MAX          '输出 MAX 的值
End Sub
```

3. 求 $s = \sum_{i=1}^{n} a_i$ 。

【分析】 这是一个累加问题，所有的 a_i（i=1、2……n）都被加入到和变量 s 中，对于 s 而言，每次都会增加一个新的数 a_i。

步骤 1：$s=0$，$i=1$。

步骤 2：如果 $i \leqslant n$，则执行步骤 3，否则停止，s 中的值即为所求的和。

步骤 3：计算 a_i。

步骤 4：将 s 与 a_i 的和存入 s 中。

步骤 5：使 i 增加 1，转向执行步骤 2。

算法的流程图如图 6-6 所示。

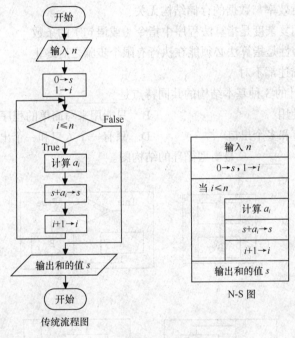

传统流程图

图 6-6 求 $s = \sum_{i=1}^{n} a_i$ 流程图

注意：存放和的变量 s 在使用前必须先赋初值，因为是加法运算，故 s 的初值设置为 0。

4. 解决某个问题或处理某件事的方法和步骤称为_____。

　　A. 程序　　　　　　B. 算法　　　　　　C. 程序设计　　　　D. 数据结构

【分析】 答案为 B。算法是解决某个问题或处理某件事的方法和步骤，在这里所讲的算法是专指用计算机解决某一问题的方法和步骤。一般分为两大类：一类是数值计算算法，主要用于解决难以处理的一些数学问题，如求解超越方程的根、求解微分方程等；另一类是非数值计算算法，如对非数值信息的排序、检索等。

程序是指完成某一特定任务的一组指令序列，或者说，为实现某一算法的指令序列称为"程序"，机器世界中真正存在的就是二进制程序。程序=算法+数据结构+程序设计方法+语言工具和环境。程序设计就是使用某种计算机语言，按照某种算法，编写程序的活动。

6.3　同步练习题

一、选择题

1. 下列有关算法的叙述中，_____是不正确的。
   A. 算法中执行的步骤可以无休止地执行下去
   B. 算法中的每一步操作必须含义明确
   C. 算法中的每一步操作都必须是可执行的
   D. 算法必须有输出

2. 下面叙述正确的是_____。
   A. 算法的执行效率与数据的存储结构无关
   B. 算法的空间复杂度是指算法程序中指令（或语句）的条数
   C. 算法的有穷性是指算法必须能在执行有限个步骤之后终止
   D. 以上 3 种描述都不对

3. 结构化程序设计的 3 种基本结构的共同特点是_____。
   A. 不能嵌套使用 　　　　　　　　B. 只能用来写简单的程序
   C. 有多个入口和多个出口 　　　　D. 只有一个入口和一个出口

4. 下面结构图中，_____是当型循环的结构图。

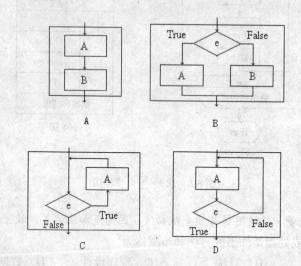

5. 下面描述中，符合结构化程序设计风格的是_____。
   A. 使用顺序、选择和重复（循环）3 种基本控制结构表示程序的控制逻辑
   B. 模块只有一个入口，可以有多个出口
   C. 注重提高程序的执行效率
   D. 不使用 goto 语句

6. 结构化程序设计主要强调的是_____。
   A. 程序的规模 　　　　　　　　　B. 程序的易读性

C. 程序的执行效率 D. 程序的可移植性

7. 下面不属于软件设计原则的是_____。

　　A. 抽象　　　　　　B. 模块化　　　　C. 自底向上　　　D. 信息隐蔽

8. 在下列选项中，哪个不是一个算法一般应该具有的基本特征_____。

　　A. 确定性　　　　　B. 可行性　　　　C. 无穷性　　　　D. 可以没有输入

9. 为了避免流程图在描述程序逻辑时的灵活性，提出了用方框图来代替传统的程序流程图，通常也把这种图称为_____。

　　A. PAD 图　　　　　B. N–S 图　　　　C. 结构图　　　　D. 数据流图

10. 在计算机中，算法是指_____。

　　A. 查询方法　　　　　　　　　　　B. 加工方法

　　C. 解题方案的准确而完整的描述　　D. 排序方法

二、填空题

1. 程序的 3 种基本结构是 ＿＿（1）＿＿、＿＿（2）＿＿、＿＿（3）＿＿。

2. 一个算法应具有的特点是 ＿＿（1）＿＿、＿＿（2）＿＿、＿＿（3）＿＿、＿＿（4）＿＿、＿＿（5）＿＿。

3. 结构化程序设计的方法是 ＿＿（1）＿＿、＿＿（2）＿＿、＿＿（3）＿＿、＿＿（4）＿＿。

4. 算法的表示方法有多种形式，常用的有自然语言、计算机语言、＿＿（1）＿＿和＿＿（2）＿＿。

5. 结构化程序设计方法的主要原则可以概括为自顶向下、逐步求精、_____和限制使用 goto 语句。

6.4　实　验　题

一、实验目的

1. 了解算法的概念和基本特性。

2. 掌握算法表示的几种方法。

（1）自然语言；

（2）伪代码表示；

（3）计算机语言；

（4）传统流程图表示；

（5）N–S 图表示。

3. 掌握结构化程序设计的方法。

4. 学会分析程序代码。

二、实验内容

实验 6-1　设计以下习题的不同算法，为每一题画一个算法的流程图。

（1）求 1+2+3+…+100。

（2）判断一个数 n 能否同时被 3 和 5 整除。

（3）求方程式 $ax^2+bx+c=0$ 的根。分别考虑：有两个不等的实根和有两个相等的实根。

实验 6-2 在 Visual Basic 环境中输入以下程序代码，编译运行该程序，写出程序的执行结果，并根据程序代码画出该程序的算法流程图。

（1）程序代码如下：

```
Private Sub Form_Click()
  Dim x As Double, y As Double
  x = InputBox("请输入一个数")
  If x > 7 Then
    y = x * x - 2
  ElseIf x >= -2 Then
    y = Sin(x) * 2 - x
  Else
    y = 0
  End If
  Print "y="; y
End Sub
```

（2）程序代码如下：

```
Private Sub Form_Click()
  Dim i As Integer, s1 As Integer, s2 As Integer
  i = 1: s1 = 0: s2 = 0
  Do While i <= 10                          '当i<=10时重复执行以下语句体
    If i Mod 2 = 1 Then                     '如果 i 是奇数
      s1 = s1 + i
    Else
      s2 = s2 + i
    End If
    i = i + 1
  Loop
  Print "奇数之和="; s1; "偶数之和="; s2     '输出 s1 和 s2
End Sub
```

实验 6-3 用近似公式 $e \approx 1 + \dfrac{1}{1!} + \dfrac{1}{2!} + ... + \dfrac{1}{n!}$ 计算自然对数的底 e 的近似值（假设 n=100）。写出完整的算法，画出流程图并编程实现。

实验 6-4 求出 100 以内的所有勾股数，"勾股数"是指满足条件 a2+b2=c2（a≠b）的自然数。编程实现，体会枚举法并画出该程序的流程图。

实验 6-5 编程实现求 Armstrong 数，Armstrong 数具有如下特征：一个 n 位数等于其各位数的 n 次方之和。例如，$153=1^3+5^3+3^3$

$1634=1^4+6^4+3^4+4^4$

实验 6-6 编程实现 6.5.2-6.5.7 中的有关算法，体会算法的含义。

6.5 编程技巧与算法的应用分析

6.5.1 数据的自运算

自运算是指相对于自己的一种运算，即变量当前的值需要通过前一次的赋值经过运算而得到的，这种运算在本质上属于递推概念。

例如：

（1）x = x + 1，表示将变量 x 的值增加 1。

（2）x = x − 1，表示将变量 x 的值减少 1。

（3）将图像 Image1 的 Width 属性扩大两倍，可表示为 Image1.Width = Image1.Width * 2。

（4）在字符串 s 的后面添加字符 "!"，可表示为 s = s & "!"。

（5）删除字符串 s 的最后一个字符，可表示为 s = Left（s，Len（s）−1）。

6.5.2　穷举法的应用

穷举算法的实质是对问题的所有可能解逐一进行测试，从中挑选出符合某些条件的解。符合条件的解往往不止一个，因此要把所有的可能一个不漏地进行测试。这种算法适用于那些解的值域是有限的、确定的和有序的，例如，下面的百鸡问题、实验题中的求水仙花数问题、勾股数问题等。

示例：百鸡问题。用 100 元钱买 100 只鸡，每只公鸡 5 元，每只母鸡 3 元，1 元买 3 只小鸡。要求每一种鸡至少买一只，且每一种鸡必须是整只，编程求出各种鸡各买多少只？

【分析】设公鸡、母鸡、小鸡的个数分别为 a、b、c，根据题意可得到以下方程：

$$\begin{cases} a+b+c=100 \\ 5a+3b+c/3=100 \end{cases}$$

这是不定方程组，3 个未知数，只有两个方程。利用穷举法来求解这类问题特别合适，因为这个变量的取值范围是有限的，可以把各变量不同的取值组合起来进行测试，由已知条件可知，a 的取值范围应为 1～19，b 的取值范围应为 1～33，c（小鸡）的值可由 100-a-b 来求出。再有 a、b、c 的值组合来判断总钱数的要求 5a+3b+c/3=100 是否成立（在 5a+3b+c/3=100 时一定要保证 c 能被 3 整除，所以可以增加一个 c%3==0 的条件，读者也可考虑采用其他方法保证 c 能被 3 整除），如果成立，就输出该组合 a、b、c 的值，然后继续测试其他可能的组合，直到把所有的可能性都测试一遍为止。

程序段设计如下：

```
Private Sub Form_Click()
  Dim a As Integer, b As Integer, c As Integer
  For a = 1 To 19                        '母鸡的可能数
    For b = 1 To 33                      '公鸡的可能数
      c = 100 - a - b
      If (a * 5 + b * 3 + c / 3) = 100 And c Mod 3 = 0 Then
          Print "公鸡"; a; "只", "母鸡"; b; "只", "小鸡"; c; "只"
      End If
    Next b
  Next a
End Sub
```

注意：在解决此类问题时，一定要注意尽量减少循环的次数，提高程序的运行速度。如百鸡问题，我们采用上面的程序，循环会运行 19*33=627 次，假如我们改成如下程序：

```
Private Sub Form_Click()
```

```
    Dim a As Integer, b As Integer, c As Integer
    For a = 1 To 19                          '母鸡的可能数
      For b = 1 To 33                        '公鸡的可能数
        For c = 1 To 100                     '增加了一层循环,表示小鸡的数
          If (a * 5 + b * 3 + c / 3) = 100 And c Mod 3 = 0 And (a + b + c) = 100 Then
              Print "公鸡"; a; "只", "母鸡"; b; "只", "小鸡"; c; "只"
            End If
          Next c
      Next b
  Next a
End Sub
```

此时循环的次数为 19*33*100=62700 次。

6.5.3 迭代法的应用

迭代法除了应用在高次方程求根上，在其他很多场合上也会被使用，如下面的 Fibonacci（斐波那契）数列问题、猴子吃桃问题、母牛问题、阶乘问题等。这类问题均可由前项的值递推出后项的值。解题的关键是找出前后项的迭代关系。

示例：输出 Fibonacci（斐波那契）数列前 n 项的值。

已知 Fibonacci（斐波那契）数列为 1，1，2，3，5，8，13…。该数列第 1 项和第 2 项均为 1，从第 3 项开始，每一项都是前面两项的和，前后项的迭代关系可以表示成如下形式：

$$f(n) = \begin{cases} 1 & (n=1或2) \\ f(n-2)+f(n-1) & (n>2) \end{cases}$$

程序设计如下：

```
Private Sub Form_Click()
Dim n As Integer, i As Integer
Dim f1 As Integer, f2 As Integer, f3 As Integer
n = Val(InputBox("输入 n 的值", "Fibonacci(斐波那契)数列"))
f1 = 1: f2 = 1                          '生成数列的第 1 项和第 2 项
If n = 1 Then
  Print f1
Else
  Print f1, f2,
End If
For i = 3 To n
  f3 = f1 + f2
  Print f3,
  f1 = f2
  f2 = f3
  If i Mod 5 = 0 Then Print          '每 5 个数一行
Next
End Sub
```

注意：程序运行时，可分别输入 n=10，n=15，n=20，n=25，当输入 n=25 时，会出现什么问题，为什么？如何修改程序就可正常运行？

6.5.4　累加和累乘

累加和累乘算法是数学上经常使用的运算。累加（乘）是指在某个值的基础上一次又一次的加上（乘以）一些数，累加（乘）的结果是运算最终的目标，通常只需使用一个变量来存放各次运算结果，称这样的变量为累加（乘）器。

例如：求

$$\frac{1}{2!} - \frac{3}{4!} + \frac{5}{6!} - \frac{7}{8!} \cdots \cdots = \sum_{n=1}^{\infty} \frac{(-1)^{n+1}(2n-1)}{(2n)!}$$

直到某项的绝对值小于 10 的-6 次方。程序代码如下：

```
Private Sub Form_Click()
n = 0
Sum = 0
Do
   n = n + 1
   fact = 1
   For j = 1 To 2 * n
     fact = fact * j
   Next j
   t = (-1) ^ (n + 1) * (2 * n - 1) / fact
   Sum = Sum + t
Loop While Abs(t) >= 10 ^ (-6)
Print Sum
End Sub
```

从上面程序可以看出整个算式是个累加过程（sum=sum+t），累加器为 sum，而阶乘的求解是个累乘过程（fact=fact*j），累乘器为 fact。求解累加累乘时，要注意为累加累乘器设置初值和求解结果溢出问题。

6.5.5　求最值

最值问题一般表现为求 n 个数中的最大（小）值。

例如：任意输入 20 个学生的数学成绩，并求其中的最高分和最低分。

程序代码如下：

```
Private Sub Form_Click()
Dim grade As Integer, i As Integer, max As Integer, min As Integer
   Print "20个学生的数学成绩是:"
   grad = InputBox("请输入学生成绩")
   Print grad;
   min = grad: max = grad              '设置第一个数为最大值、最小值
   For i = 2 To 20
      grad = InputBox("请输入学生成绩")
      Print grad;
      If i Mod 10 = 0 Then Print
      If grad > max Then max = grad     '求最大值
      If grad < min Then min = grad     '求最小值
   Next i
   Print "最高分是"; max; "最低分是"; min
End Sub
```

6.5.6 字符串遍历

字符串的遍历是指逐个访问字符串中的每一个字符，并对其进行指定的操作。

1. 完全遍历

一般的，我们总是从字符串的第一个字符开始访问，直到最后一个字符，称为字符串的完全遍历，经常采用以下语句结构进行字符串的遍历。

```
For i=1 To Len(str)
    …  ' 对 str 中第 i 个字符 Mid(str,i,1)进行处理
Next i
```

2. 回文字符串

回文字符串是指该字符串正读和反读都一样。如 "aba"、"abab"、"处处飞花飞处处"、"珠联璧合璧联珠" 等都属于回文字符串。

【分析】 对回文字符串的判断主要有两种方法。

（1）按定义判断。先求出字符串的反序字符串，然后和原字符串比较，如果相等则是回文，否则不是回文。

```
Dim str As String, i As Integer
'以下求 Text1 中文本的反序串 str
For i=1 To Len(Text1.Text)
    str=Mid(Text1.Text, i, 1) & str
Next i
If str=Text1 Then MsgBox "是回文" Else MsgBox "不是回文"
```

（2）首尾字符的成对比较。将字符串折半比较，若每对字符都相等则是回文，否则只要有一对字符不等就不是回文。

```
Dim i As Integer
For i=1 To Len(Text1.Text) \ 2
    If Mid(Text1.Text, i, 1)<>Mid(Text1,.Text Len(Text1.Text)-i+1,1)Then Exit For
Next i
If i > Len(Text1.Text) \ 2 Then MsgBox "是回文" Else MsgBox "不是回文"
```

6.5.7 进制转换

1. D 进制整数转换成十进制整数

若 D 进制数表示为 $a_k a_{k-1} \cdots a_2 a_1 a_0$，则转换成十进制数据的方法是按位权展开求和，展开多项式如下所示：

$$M = a_k \cdot D^k + a_{k-1} \cdot D^{k-1} + \cdots + a2 \cdot D^2 + a_1 \cdot D^1 + a_0 \cdot D^0$$

也可以表示成 $M = (((...(a_k \cdot D + a_{k-1}) \cdot D + \cdots) \cdot D + a_2) \cdot D + a_1) \cdot D + a_0$

其中后一种表达式中避免了对基数 D 的幂指数的求解，且将求和归结为求若干次 $a_i \cdot D + a_{i-1}$ 的过程，这是较为常用的方法。

```
Dim s As String, ch As String * 1
    Dim num As Double, i As Integer, d As Integer
    d=Val(Text1.Text)
```

```
s= Text2.Text
    If d <= 16 And d >= 2 Then
        For i=1 To Len(s)
            ch=Mid(s, i, 1)
            Select Case ch
                Case "0" To "9"                           '对字符 0～9 处理
                    If d <= Asc(ch) - Asc("0") Then       '若超出进制字符范围的数字
                        MsgBox "字符与进制不符", vbCritical
                        Exit Sub                          '直接跳至 End Sub 语句执行
                    End If
                    num=num * d + Asc(ch) - Asc("0")
Case "a" To "f", "A" To "F"                               '对字符 a～f 和 A～F 处理
                    If d <= Asc(ch) - Asc("a") + 10 Then  '超出范围的字母
                        MsgBox "字符与进制不符", vbCritical
                        Exit Sub
                    End If
                    ch=LCase(ch)
                    num=num * d + Asc(ch) - Asc("a") + 10 '
                Case Else                                 '非法进制数据
                    MsgBox "非法输入", vbCritical
                    Exit Sub
            End Select
        Next i
Else
        MsgBox "进制错误,应小于16大于1", vbCritical
    End If
Text3.Text= str(num)
```

2. 十进制整数转换成 D 进制整数

十进制整数转换成 D 进制整数的方法是连续整除 D 取余，直到整除所得的商为零，把所得的各个余数按照相反顺序排列起来。

例如：将十进制整数 123 转换成 2 进制如图 6-7 所示，将十进制整数 123 转换成十六进制如图 6-8 所示。123=（1111011）$_2$　　123=（7B）$_{16}$

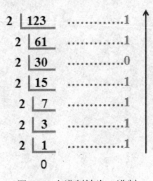

图 6-7　十进制转为二进制　　　　　　　　　图 6-8　十进制转为十六进制

程序如下。

```
d=Val(Text1.Text)
    If d <= 16 And d >= 2 Then
        num=Val(Text2.Text)
```

```
    If num < 0 Then num=-num
    Do While num <> 0
        If d <= 10 Then
            s=CStr(num Mod d) & s
        Else
            s=Chr(Asc("A") + num Mod d - 10) & s
    End If
        num=num \ d
    Loop
    If Val(Text2.Text) < 0 Then s="-" & s
    Text2.Text=s
Else
    MsgBox "进制错误,应小于16大于1", vbCritical
End If
```

6.6　参　考　答　案

一、选择题

1. A　　2. C　　3. D　　4. C　　5. A　　6. B　　7. C　　8. C　　9. B　　10. C

二、填空题

1.（1）顺序结构　　（2）选择结构　　（3）循环结构
2.（1）有穷性　　（2）确定性　　（3）有零个或多个输入
　（4）有一个或多个输出　　（5）有效性
3.（1）自顶向下　　（2）逐步细化　　（3）模块化设计　　（4）结构化编码
4.（1）伪代码　　（2）流程图
5. 模块化

第7章
高级数据类型

7.1 学 习 要 点

1. 数组的概念。

数组：一组相同类型的变量的集合，使用同一个名字来组织。

数组元素：数组中的各个变量。

数组的类型：在 Visual Basic 中有变量数组和控件数组两种类型的数组。变量数组根据声明时是否确定数组中元素的个数可将数组分为定长数组和动态数组。数组必须先声明后使用，声明就是让系统在内存中分配一个连续的区域，用来存储数组元素。

2. 定长数组的声明。

在声明时已确定了数组元素个数和维数的为定长数组。定长数组编译时在内存中分配了存储区域，以后在使用时不能改变大小。

格式:Dim 数组名([下界 TO]上界[，[下界 TO]上界[，…]])[As 类型]

此语句声明了数组名、数组维数、数组大小、数组类型（默认类型为变体类型）。

注意：定长数组的下界、上界必须为常量表达式，不能为变量或变量表达式；省略下界，默认为 0，也可用 Option Base n 语句重新设置下界的值。

3. 动态数组的声明和重新定义。

动态数组由于在声明时没有给出数组的大小，所以动态数组在运行时分配存储区域。

格式:Dim 数组名()[As 类型]

此语句仅声明了数组名，没有确定数组大小和维数，在使用数组元素前必须重新定义。

格式:ReDim [Preserve]数组名([下界 To]上界[，[下界 To]上界[，…]])

注意：动态数组的上界、下界可以是已经赋值的变量或表达式。若有 Preserve 关键字，在改变原有数组大小的同时保留数组中原来的数据。

4. 数组的操作。

（1）数组元素赋初始值。

- 利用循环结构。
- 利用 Array 函数。

（2）数组输入。

- 通过 InputBox 函数给数组输入数据（少量数据）。
- 通过文本框给数组输入数据（大量数据）。
- 通过 Rnd 函数给数组输入数据（大量数据）。

（3）数组输出。

利用 For…Next 循环语句的循环结构输出。

（4）求数组中的最大（最小）元素及下标、求和、平均值、排序和查找等。

5. 数组有关函数。

LBound 确定数组下界，后者 UBound 函数确定数组上界。这两个函数非常有用，可增强程序的通用性。

Split 函数：将字符串用分隔符将各项数据分离到数组中。

Array 函数：对数组进行整体初始化，从而提高了程序运行的效率。

（1）用 Array 函数初始化的只能是变体型数组。

（2）引用数组元素时，下标不能超出下界到上界的范围，下界是由 Option Base n 语句指定的下界决定，默认情况为 0，赋值后的数组大小由赋值的 Array 函数括号中参数的个数决定。

Erase 函数：

格式：Erase 函数：Erase 数组名[，数组名]…

（1）Erase 语句用于静态数组时，如果数组是数值型，则把数组中的所有元素置为 0；如果是字符串数组，则把所有元素置为空字符串；如果是记录型数组，则根据每个元素（包括定长字符串）的类别重新进行设置。

（2）Erase 语句用于动态数组时，将删除整个数组结构并释放该数组所占用的内存。在下次引用该动态数组之前，必须重新用 ReDim 语句定义该数组的维数。

（3）Erase 语句用于变体型数组时，每个元素将被重置为"空"（Empty）。

6. 控件数组。

相同类型的控件组成的数组。

控件数组的建立有 3 种方法。方法 1：在设计时的窗体上，画出一个控件，并选中该控件，通过对该控件进行复制和粘贴操作，粘贴操作多次，就可以建立所需的控件数组元素；方法 2：Name 设置法，将需要放置在数组中的控件的 Name 属性都设置为相同，当设置第二个控件的 Name 时也会弹出以上的提示建立控件数组的消息框。方法 3：首先在设计时建立一个控件，其 Index 属性设置为 0，表示为控件数组，然后在程序运行时通过 Load 方法建立其他控件元素。

控件数组元素：由控件的 Index 属性值表示数组元素的下标。

7. 自定义类型及其数组。

与数组相同的是存放一组相互有关的数据，不同的是各数据元素的类型不同。因此要引用自定义类型变量的某个元素时不能用下标表示。

（1）定义结构类型形式如下：

```
Type 自定义类型名
    成员名1 As 数据类型名
    ……
    成员名n As 数据类型名
End Type
```

（2）声明自定义类型变量。

定义了类型，内存没有分配存储单元，就如同系统仅定义了 Integer 等数据类型一样，必须声明该类型的变量。

> 格式:Dim　自定义类型变量名　As　自定义类型名

（3）自定义类型变量元素的引用。

> 格式:自定义类型变量.元素

（4）自定义类型数组。

自定义类型数组中的每个元素都是自定义类型。

（5）自定义类型与数组区别。

数组是存放一批类型相同的数据集合，通过声明时上下界的值决定了数组的大小，通过下标引用数组中各元素；自定义类型是一组相关数据的集合，在定义自定义类型时必须逐一声明自定义类型中的每一个元素，各元素类型可以各不相同，通过指定元素名来引用自定义类型中的某元素。

自定义类型数组常用于存放一组相关的信息集合，如若干个学生的基本情况等。

8. 枚举类型。

当一个变量只有几种可能的值时（如表示星期、月份的变量），可以定义为枚举类型。"枚举"是指将变量的值一一列举出来，变量的值只限于列举出来的值的范围内。

（1）定义枚举类型形式如下：

```
[Public|Private] Enum 枚举类型名
    枚举元素 1[ = 常数表达式 1]
        ……
    枚举元素 n[ = 常数表达式 n]
End Enum
```

说明：

- 枚举类型的定义应放在窗体模块、标准模块或公用的类模块的声明部分，不能出现在过程内部。
- 关键字 Public 和 Private 为可选，默认时表示 Public。
- 枚举元素的命名必须遵循 Visual Basic 标识符的命名规则。
- 常数表达式的值是 Long 类型，也可以是其他 Enum 类型；常数表达式可以省略，默认情况下，第一个常数为 0，后面的常数依次加 1。

（2）声明枚举类型变量。

声明枚举类型之后，即可定义该类型的变量，然后使用该变量存储枚举常数的数值。

> 格式:Dim　自定义类型变量名　As　枚举类型名

7.2　示 例 分 析

1. 如果在模块的声明段中有 Option Base 0 语句，则在该模块中使用 Dim a（6，3 to 5）定义的数组的元素个数是_____。

    A. 30   B. 18   C. 35   D. 21

【分析】答案为 D。在 Visual Basic 中，如果不加 Option Base 1 声明，系统默认 Option Base 0，所以 Option Base 0 可以省略不写，数组的下标值从 0～上界。若加 Option Base 1 声明，则下标值从 1～上界。在定义数组时，也可指定下标值的下界，本例数组的第二维即指定下界为 3，所以该数组 a 的元素个数为 7（0-6）*3（3-5）=21。

注意：数组中数组元素的个数称为数组的长度（大小），数组元素的多少受内存大小的制约。

数组的大小（元素的个数）= 第一维大小 * 第二维大小 * ……

维的大小 = 维上界 − 维下界 + 1

2. 下面有关数组处理的叙述中，不正确的是_____。

① 在过程中用 ReDim 语句定义的动态数组，其下标的上下界可为赋了值的变量

② 用 ReDim 语句重新定义动态数组时，不得改变数组的数据类型

③ 在过程中，可以使用 Dim、Private 和 Static 语句定义数组

④ 可用 Public 语句在窗体模块的通用说明处定义一个全局数组

    A. ①②③④   B. ①③④   C. ①②③   D. ②④

【分析】答案为 B。ReDim 语句是一个执行语句，只能出现在过程中；用 ReDim 重新定义动态数组时，只能被用来改变数组中元素的数目，不能改变数组的数据类型。下标的上下界可以用赋了值的数值型变量或赋的值可转换为数值的变量，示例如下：

```
Dim a() as integer
m$=" abcd"
n$="100"
Redim a(m)    '此语句为错误—数据类型不匹配
Redim a(n)    '此语句为正确
```

在定义时还可以用 Public、Private、Static 等替代，它们之间的区别如表 7-1 所示。

表 7-1   变量说明

语　　句	适　用　范　围
Public	用于标准模块的声明段，定义公用（全局）数组
Private	用于模块的声明段，定义模块级数组
Dim	用在过程中，定义局部数组
Static	用在过程中，定义静态数组

3. 对动态数组 A( )，若原数组为 A(5)，要改变为数组 A(10)时，为保证其数组内的数据不丢失，应使用_____语句进行定义。

    A. Dim A(10)   B. ReDim A(10)

    C. ReDim Preserve　A(10)   D. Dim A(5 To 10)

【分析】答案为 C。每次执行 ReDim 语句时，当前存储在数组中的值将全部丢失。Visual Basic 重新将数组元素的值置为 0（对 Numeric 数组）、置为零长度字符串（对 String 数组）、Empty（对 Variant 数组）或者置为 Nothing（对于对象的数组）。若希望在改变数组大小时不丢失数组中的数据，使用具有 Preserve 关键字的 ReDim 语句。使用 Preserve 关键字，只能改变多维数组中最后一维的上界，而不能改变维数的数目。

4. 给定一个日期，计算该日在该年的第几天？运行界面如图 7-1 所示。

【分析】 解题的关键在于以下 3 点。（1）当给定的日期在 3 月份后，要注意闰年问题，因为闰年的 2 月份有 29 天。（2）由于每月的天数不同，考虑用一维数组来存储每月的天数，以便优化程序。在给数组赋值，可以利用 Array 函数进行整体赋值。注意数组的下界，为了和月份对应，下界从 1 开始。（3）若给定的是第 i 月，则应将 1、2、3、…、i−1 月的天数相加，再加上该月的天数。

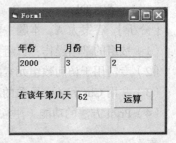

图 7-1　程序运行界面

程序如下：

```
Option Base 1                                      '使数组的下界从 1 开始
Private Sub Command1_Click()
    Dim year As Integer, month As Integer, day As Integer
    Dim i%, flag As Integer, day_tab As Variant
    day_tab = Array(31, 28, 31, 30, 31, 30, 31, 31, 30, 31, 30, 31)    '给数组赋值
    year = Val(Text1.Text) : month = Val(Text2.Text) : day = Val(Text3.Text)
    If (year Mod 4 = 0 And year Mod 100 <> 0 Or year Mod 400 = 0) And month > 2 Then
            flag = 1
    Else: flag = 0
    End If                                          '以上是判定闰年和月份是否>2
    For i = 1 To month - 1
            day = day + day_tab(i)                  '累加天数
    Next
    day = day + flag :Text4.Text = day
End Sub
```

注意：本题在设计界面时，用于存储年份、月份、日的文本框是独立的，读者可以考虑用文本框控件数组来存储。

5. 下述对控件数组描述正确的是_____。

    A. 组成控件数组的控件所有的属性值都相同

    B. 按钮与文本可以组成控件数组

    C. 窗体也可以创建成控件数组

    D. 控件数组的外观可以不相同

【分析】 答案为 D。控件数组是由一组具有共同名称和相同类型的控件组成，控件数组中每个控件都具有相同的属性，但属性值可分别设置，每一个控件共享同样的事件过程。

6. 在窗体上画一个命令按钮，然后编写如下事件过程：

```
Private Sub Command1_Click()
    Dim a(5) As String
    For i = 1 To 5
        a(i) = Chr(Asc("A") + (i - 1))
    Next i
    For Each b In a                  '表示通过 For 循环依次输出 a 数组中的
        Print b;                     '每个数组元素 (此处用 b 表示数组中的元素)
    Next
End Sub
```

程序运行后，单击命令按钮，输出结果是_____。

    A．ABCDE   B．1 2 3 4 5   C．abcde   D．出错信息

【分析】 答案为 A。本题主要考核知识点如下：

（1）数组的基本操作：数组元素的访问（给数组元素赋值，读取数组元素）。

（2）专门用于访问数组元素的 For…Each 循环的功能和执行流程。

（3）常用 Chr 和 Asc 函数的功能。

（4）Print 方法的功能（注意输出格式）。

表 7-2   循环过程

循环 i	a（i）	循环 i	a（i）
1	a（1）=Chr（Asc（"A"）+（1−1））="A"	4	a（4）=Chr（Asc（"A"）+（4−1））="D"
2	a（2）=Chr（Asc（"A"）+（2−1））="B"	5	a（5）=Chr（Asc（"A"）+（5−1））="E"
3	a（3）=Chr（Asc（"A"）+（3−1））="C"		

7.3　同步练习题

一、选择题

1．下面的数组声明语句中_____是错误的。

    A．Dim A（108）As Integer   B．Dim A（1，2）As Integer

    C．Dim A（7.8）As Integer   D．Dim A（n）As Integer

2．若有说明：Dim a（1 to 10）As Integer，则下列应用_____合法。

    A．a（1）="adk"   B．a（7）=32768

    C．a（8）="23"   D．a（0）=2.3

3．下列关于数组的叙述中，错误的是_____。

    A．数组在使用之前，必须先用数组说明语句进行说明

    B．数组是同类变量的一个有序的集合

    C．数组元素可以是控件

    D．在 Visual Basic 中，数组只能在模块中定义，不能在过程中定义

4．在窗体上画 1 个命令按钮，其名称为 Command1，然后编写如下程序：

```
Private Sub Command1_Click()
    Dim a(15) As Integer
    Dim x As Integer
    For i = 1 To 10
        a(i) = 8 + i
    Next i
    x = i - 2
    Print a(x)
End Sub
```

程序运行后，单击命令按钮，输出结果为_____。

    A．15   B．16   C．17   D．18

5. 以下说法中，不正确的是_____。

    A. 数组下标的下界默认值是 0，上界可以为负数，但下界必须小于上界

    B. Dim X(-1 To 1, 5, 10 To 15)定义了数组 X，则数组 X 可存储的元素个数是 108

    C. 同一数组中的各元素，在计算机中的存储是连续的、大小固定的

    D. 数组元素的下标可以是常数、变量，但不能是表达式

6. 某过程的说明语句中，正确的数组说明语句是_____。

Const N As Integer=4

Dim L As Integer

    ① Dim X(L) As Integer

    ② Dim A(K) As Integer

Const K As Integer=3

    ③ Dim B(N) As Integer

    ④ Dim Y(2000 To 2008) As Integer

    A. ①②④   B. ①③④   C. ③④   D. ②③

7. 若有说明 Dim a(3, 4) As Integer，则下面正确的叙述是_____。

    A. 此说明语句不正确   B. 只有 a(0, 0)初值为 0

    C. 数组 a 中每个元素的初值都为 0   D. 每个元素都有初值，但未必都为 0

8. 二维数组元素在内存中的存放顺序是_____。

    A. 按列主顺序存放   B. 按行主顺序存放

    C. 不在内存中   D. 随机存放

9. 用下面语句定义的数组的元素个数是_____。

```
Dim A (-3 To 5) As Integer
```

    A. 6   B. 7   C. 8   D. 9

10. 下列说法错误的是_____。

    A. 设有一三维数组 B(1 To 5, 2, -7 To 8)，则 Lbound(B, 3)=-7，Ubound(B, 1)=5

    B. Right("ABCDE", 3)= "CDE"，Mid("ABCDE", 2, 3)= "BCD"

    C. int(-3.5) =Cint(-3.5)=Fix(-3.5)=-4

    D. Lcase$("ABC")= "abc"，Ucase$("Abc")= "ABC"

11. 若二维数组 a 有 m 行，则计算任意元素 a(I, j)在数组中位置的公式为_____（设 a（0，0）位于第一位）。

    A. i*m+j   B. j*m+i+1   C. i*m+j-1   D. i*m+j+1

12. 以下程序输出的结果是_____。

```
Dim a
a=Array(1,2,3,4,5,6,7)
For i=Lbound(a) To Ubound(a):a(i)=a(i)*a(i):Next
Print a(i)
```

    A. 49   B. 0   C. 不确定   D. 程序出错

13. 以下说法不正确的是_____。

    A. 使用 ReDim 语句可以改变数组的维数

B. 使用 ReDim 语句可以改变数组的类型

C. 使用 ReDim 语句可以改变数组每一维的大小

D. 使用 ReDim 语句可以对数组中的所有元素进行初始化

14. 下列语句中的_____可以用来正确的声明一个动态数组。

A. Private A（n）As Integer　　　　　B. Dim A（ ）As Integer

C. Dim A（ , ）As Integer　　　　　　D. Dim A（1 to n）

15. 设用复制、粘贴的方法建立了一个命令按钮数组 Command1，以下对该数组的说法错误的是_____。

A. 命令按钮的所有 Caption 属性都是 Command1

B. 在代码中访问任意一个命令按钮只需使用名称 Command1

C. 命令按钮的大小都相同

D. 命令按钮共享相同的事件过程

16. 控件数组的 index 的值从_____开始的。

A. 与 TabIndex 相同　　　　　　　　B. 0

C. 1　　　　　　　　　　　　　　　　D. 无效值

17. 设有命令按钮 command1 的单击事件过程，代码如下：

```
Private Sub Command1_Click()
  Dim a(3, 3) As Integer
  For i = 1 To 3
    For j = 1 To 3
      a(i, j) = i * j + i
    Next j
  Next i
  Sum = 0
  For i = 1 To 3
    Sum = Sum + a(i, 4 - i)
  Next i
  Print Sum
End Sub
```

运行程序，单击命令按钮，输出结果是_____。

A. 20　　　　　　B. 7　　　　　　C. 16　　　　　　D. 17

18. 下列程序段的执行结果为_____。

```
Dim M(10)
For  K=1 To 10
    M(K)=11-K
Next K
X=6
Print M(2+M(X))
```

A. 2　　　　　　B. 3　　　　　　C. 4　　　　　　D. 5

19. 设在窗体上有一个名称为 Command1 的命令按钮，并有以下事件过程

```
Private Sub Command1_Click()
  Dim b As Variant
  b=Array(1,3,5,7,9)
```

```
...
End Sub
```

此过程的功能是把数组 b 中的 5 个数逆序存放（即排列为 9，7，5，3，1）。为实现此功能，省略号处的程序段应该是。

A. For i=0 To 5−1\2

        tmp=b(i)

        b(i)=b(5−i−1)

        b(5−i−1)=tmp

   Next

B. For i=0 To 5

        tmp=b(i)

        b(i)=b(5−i−1)

        b(5−i−1)=tmp

   Next

C. For i=0 To 5\2

        tmp=b(i)

        b(i)=b(5−i−1)

        b(5−i−1)=tmp

   Next

D. For i=1 To 5

        tmp=b(i)

        b(i)=b(5−i−1)

        b(5−i−1)=tmp

   Next

20. 下列程序段的执行结果为_____。

```
Dim M(10) As integer
For I=0 To 10
  M(I)=2*I
Next I
Print M(M(3))
```

   A. 0   B. 4   C. 6   D. 12

21. 执行以下 Command1 的 Click 事件过程在窗体上显示的结果为_____。

```
Option Base 1
Private Sub Command1_Click()
  Dim a
  a=Array(1,2,3,4)
  j=1
  For i=4 To 1 Step -1
    s=s+a(i)*j : j=j*10
  Next i
  Print s
End Sub
```

   A. 4321   B. 12   C. 34   D. 1234

22. 设执行以下程序段时依次输入 1、3、5，执行结果为_____。

```
Dim a(4) As Integer,b(4) As Integer
For K=0 To 2
  a(K+1)=Val(InputBox("请输人数据:")) : b(3-K)=a(K+1)
Next K
Print b(K)
```

   A. 1   B. 3   C. 5   D. 0

23. 下列程序段的执行结果为_____。

```
Option Base 1
```

```
Private Sub Command1_Click()
  Dim a(10) As integer , p(3) As Integer
  k=5
  For i=1 To 10
    a(i)=i
  Next i
  For i=1 To 3
    p(i)=a(i*i)
  Next I
  For i=1 To 3
    k=k+p(i)*2
  Next i
  Print k
End sub
```

    A. 33   B. 28   C. 35   D. 37

24. 下列程序段的执行结果为_____。

```
Dim M(2) As integer
For I= 1 To 2
  M(I)=0
Next I
K=2
For I=1 To K
  For J=1 To K
    M(J)=M(I)+1: Print M(K);
  Next J
Next I
```

    A. 1 2 2 3   B. 1 2 3 4   C. 0 2 2 3   D. 0 1 2 3

25. 下列程序段的执行结果为_____。

```
Dim A(10,10)
For I=2 To 4
  For J=4 To 5
    A(I,J)=I*J
  Next J
Next I
Print A(2,5)+A(3,4)+A(4,5)
```

    A. 22   B. 32   C. 42   D. 52

26. 下列程序段的执行结果为_____。

```
Dim A(3,3) As integer
For M=1 To 3
  For N=1 To 3
    If  N=M Or N=3-M+1 Then A(M,N)=1  Else A(M,N)=0
  Next N
Next M
For M=1 To 3
  For N=1 To 3
    Print A(M,N);
  Next N
  Print
Next M
```

A. 1 0 0   B. 1 1 1   C. 0 0 0   D. 1 0 1

    0 1 0   1 1 1   0 0 0   0 1 0

    0 0 1   1 1 1   0 0 0   1 0 1

27. 以下程序输出的结果是_____。

```
Option Base 1
Private Sub Command1_Click()
Dim a, b(3, 3)
a = Array(1, 2, 3, 4, 5, 6, 7, 8, 9)
For i = 1 To 3
   For j = 1 To 3
     b(i, j) = a(i * j)
     If (j >= i) Then Print Tab(j * 3); Format(b(i, j), "###");
   Next j
Next i
End Sub
```

A. 1 2 3   B. 1   C. 1 4 7   D. 1 2 3

   4 5 6   4 5   2 4 6   4 6

   7 8 9   7 8 9   3 6 9   9

28. 在窗体上画一个名称为 Text1 的文本框和一个名称为 Command1 的命令按钮，然后编写如下事件过程：

```
Private Sub Command1_Click()
  Dim array1(10, 10) As Integer
  Dim i As Integer, j As Integer
  For i = 1 To 3
     For j = 2 To 4
         array1(i, j) = i + j
     Next j
  Next i
  Text1.Text =array1(2, 3) + array1(3, 4)
  '将数组元素 array1(2, 3)和 array1(3, 4)累加的结果显示在文本框中
End Sub
```

程序运行后，单击命令按钮，在文本框中显示的值是_____。

A. 12   B. 13   C. 14   D. 15

29. 以下程序输出的结果是_____。

```
Public Enum team
    my
    your = 4
    his
    her = his + 10
End Enum
Private Sub Form_Click()
    Print my & your & his & her
End Sub
```

A. 0123   B. 04010   C. 04515   D. 14515

30. 窗体上有名称为 Text1、Text2 的 2 个文本框，有一个由 3 个单选按钮构成的控件数组 Option1，如图 7-2 所示。程序运行后，如果单击某个单按钮，则执行 Text1 中的数值与该单选按钮所对应的运算（乘以 1、10 或 100），并将结果显示在 Text2 中，如图 7-3 所示。为了实现上述功能，在程序中的问号（？）处应填入的内容是_____。

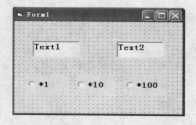
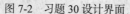

图 7-2　习题 30 设计界面

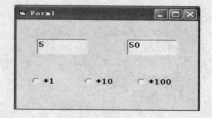

图 7-3　习题 30 运行界面

```
Private Sub Option1_Click(Index As Integer)
  If Text1.Text <> "" Then
    Select Case ?
      Case 0 : Text2.Text = Val(Text1.Text)
      Case 1: Text2.Text = Val(Text1.Text) * 10
      Case 2: Text2.Text = Val(Text1.Text) * 100
    End Select
  End If
End Sub
```

A.　Index

B.　Option1.index

C.　Option1（index）

D.　Option1（index）.Value

31. 在窗体的通用声明处有语句 Dim A（）As Single，以下在某事件过程中重定义此数组的一组正确语句是_____。

A.　ReDim A(3, 3)

　　ReDim A(4, 4)As Integer

B.　ReDim A(3, 3)

　　ReDim Preserve A(4, 4)

C.　ReDim A(3)

　　ReDim A(3, 3)As Integer

D.　ReDim A(3, 3)

　　ReDim Preserve A(3, 4)

32. 在窗体模块的通用声明处有如下语句，会产生错误的语句是_____。

（1）Const A As Integer=25

（2）Public St As String*8

（3）Redim B(3) As Integer

（4）Dim Const X As Integer=10

A.　（1）（2）

B.　（1）（3）

C.　（1）（2）（3）

D.　（2）（3）（4）

二、填空题

1. 设有数组声明语句如下：

Option Base 1

Dim A(2, -1 To 1)

以上语句所定义的数组 A 为___(1)___维数组，共有___(2)___个元素，第一维下标从___(3)___到___(4)___，第二维下标从___(5)___到___(6)___。

2. 由 Array 函数建立的数组，其变量必须是_____。

3. 对长度为 10 的线性表进行冒泡排序，最坏情况下需要比较的次数为_____。

4. 运行下面代码段后，窗体上第 1 行的打印结果是___(1)___，第 2 行的打印结果是___(2)___。

```
Private Sub Form_Click()
  Dim A(3, 3) As integer
  For J = 1 To 3
    For K = 1 To 3
        A(J, K) = (J - 1) * 3 + K
    Next K
  Next J
  For J = 2 To 3
    For K = 1 To 2
      Print A(K, J);
    Next K
    Print
  Next J
End Sub
```

5. 下列程序段的输出结果是_____。

```
Dim A(5) As integer
For I=0 To 4
  A(I)=I+1 :   M=I+1
  If M=3 Then A(M-1)=A(I-2) Else A(M)=A(I)
  If I=3 Then A(I+1)=A(M-4)
  A(4)=I
  Print A(I);
Next I
```

6. 下列程序段的输出结果是_____。

```
Dim M(5,5) As integer,S(5) As integer
For I=1 To 5
  S(I)=0
  For J=1 To 5
      M(I,J)=I+J: S(I)=S(I)+M(I,J)
  Next J
Next I
For Each X In S
  Print X;
Next X
```

7. 下列程序段的输出结果是_____。

```
Dim A(5,1 to 5) As Integer
For i=0 To 5
  For j=1 To 5
    A(I,j)=i-j : Print A(I,j);
  Next j
  Print
Next i
For Each X In A
  S=S+X
Next X
Print "S=";S
```

8. 下列程序单击命令按钮 Command1 的输出结果为_____。

```
Dim A() As Integer
Private Sub Command1_Click()
  ReDim A(1 To 5)
  For I=1 To 5
    A(I)=I
  Next I
  ReDim A(1 To 10)
  For I=6 To 10
    A(I)=2*I
  Next I
  For I=1 To 10
    Print A(I);
  Next I
End Sub
```

9. 下列程序单击命令按钮 Command1 的输出结果为_____。

```
Dim A() As Integer
Private Sub Command1_Click()
  ReDim A(1 To 5)
  For I=1 To 5
    A(I)=I
  Next I
  ReDim Preserve A(1 To 10)
  For I=6 To 10
    A(I)=2*I
  Next I
  For I=1 To 10
    Print A(I);
  Next I
End Sub
```

10. 以下程序代码将具有 100 个元素的数组 A 按每行 10 个数的形式赋值给二维数组 B。即将 A（1）到 A（10）依次赋值给 B（1,1）到 B（1,10），将 A（11）到 A（20）依次赋值给 B（2,1）到 B（2,10）······将 A（91）到 A（100）依次赋值给 B（10,1）到 B（10,10）。

```
Private Sub Command1_Click()
Dim A(1 To 100) As Integer,B (1 To 10,1 To 10) As Integer
  For I=1 To    (1)
    A(I)=Int(Rnd*5+1)
```

```
     Next I
     For I=1 To ___(2)___
       For J=1To ___(3)___
         B(I,J)= ___(4)___  :  Print B(I,J);
       Next J
       Print
     Next I
End Sub
```

11. 在窗体上画 1 个命令按钮，其名称为 Command1，然后编写如下事件过程：

```
Private Sub Command1_Click()
  Dim arr(1 To 100) As Integer
  For i = 1 To 100
    arr(i) = ___(1)___
  Next i
  Max = arr(1) : Min = arr(1)
  For i = 1 To 100
    If ___(2)___ Then  Max = arr(i)
    If ___(3)___ Then  Min = arr(i)
  Next i
  Print "max="; Max, "min="; Min
End Sub
```

程序运行后，单击命令按钮，将产生 100 个 1000 以内的随机整数，放入数组 arr 中，然后查找并输出这 100 个数中的最大值 Max 和最小值 Min，请填空。

12. 下面的程序是将输入的一个数插入到递减的有序数列中，插入后使该序列仍递减。

```
Private Sub insert(a() As integer,m As Integer)      'm 是欲插入的数,a 是有序动态数组
  Dim n As integer
  n=UBound(a)+1
  Redim ___(1)___
  For I=UBound(a)-1 to 0 Step -1
    If m>=a(I) Then
         ___(2)___  :  If I=0 then ___(3)___
    Else
         ___(4)___  :  Exit For
    End If
  Next I
End Sub
```

13. 以下程序代码使用二维数组 A 表示矩阵，实现单击命令按钮 Command1 时使矩阵的两条对角线上的元素值全为 1，其余元素值全为 0。

```
Private Sub Command1_Click()
  Dim A(4,4)
  For I=1 To 4
    For J=1 To 4
        A( ___(1)___ )=0
    Next J
    A( ___(2)___ )=1  :  A( ___(3)___ )=1
  Next I
  For I=1 To 4
    For J=1 To 4
```

```
        PrintA(I,J);
    Next J
    Print
  Next I
End Sub
```

14. 下面的事件过程把一维数组中元素的值向右循环移位，移位次数由文本框输入。"循环"指的是最右边的元素值补到最左边。例如，数组各元素的值依次为 0，1，2，3，4，5，6，7，8，9，10；移位三次后，各元素的值依次为 8，9，10，0，1，2，3，4，5，6，7。请填空。

```
Private Sub Command1_Click()
Dim a(10) As Integer, i As Integer, j As Integer
Dim k As Integer, i1 As Integer, j1 As Integer
For i = 0 To 10
    a(i) = i
Next i
j = Text1.Text
Do
        k = k + 1 : i1 = UBound(a) : j1 = a(i1)
        For i = i1 To LBound(a) + 1 Step -1
            (1)
        Next i
            (2)
Loop Until    (3)
For i = 0 To 10
        Print a(i)
Next i
End Sub
```

15. 下面程序的功能是从键盘输入一个大写英文字母，要求按字母的顺序打印出 3 个相邻的字母，指定的字母在中间。若指定的字母为 Z，则打印 YZA；若 A，则打印 ZAB。

```
Private Sub Form_KeyPress(KeyAscii As Integer)
  Dim c(3) As String*1
  c(2)=chr(KeyAscii)
  If    (1)     then
    msgbox "error data! " : Exit Sub
  End If
  Print c(2)
  If c(2)=      (2)      then
    c(1)= "Y" : c(3)= "A"
  print c(1);c(2);c(3)
  ElseIf c(2)=      (3)      then
    c(1)="Z" : c(3)="B" : print c(1);c(2);c(3)
  Else
    c(1)=chr(    (4)    ) : c(3)=chr(    (5)    )
    print c(1);c(2);c(3)
  End If
End Sub
```

16. 以下程序的功能是重新排列数组 a 中的元素，使相等元素相邻存放，并且保持它们在数组中首次出现时的相对次序。请填空。

原数组：1，2，4，3，3，2，3，1，5，4

重排后：1，1，2，2，4，4，3，3，3，5

排列的原理是先删去重复的元素，再根据元素在数组中出现的次数展开排列。

```
Private Sub Form_Click()
Dim n As Integer, i As Integer, j As Integer, k As Integer, t As Integer, m As Integer
Dim a() As Integer, b() As Integer
n = 10 : m = 1
ReDim a(n), b(n)
a(1) = 1: a(2) = 2: a(3) = 4: a(4) = 3
a(5) = 3
a(6) = 2: a(7) = 3: a(8) = 1: a(9) = 5: a(10) = 4
    (1)
Do While m <= t
   k = 1: i = m + 1
   Do While i <= t
     If a(i) = a(m) Then
        k = k + 1
        For j =    (2)
           a(j) = a(j + 1)
        Next j
        t = t - 1
     Else
         (3)
     End If
   Loop
   b(m) = k: m = m + 1
Loop
For i = 1 To m - 1
    Print a(i);
Next
Print : t = n
For i = m - 1 To 1 Step -1
   For j = 1 To    (4)
      a(t) = a(i) :    (5)
   Next j
Next i
For i = 1 To n
   Print a(i);
Next i
End Sub
```

17. 以下程序代码将任意一组数存入数组，从键盘接收一数据，将其插入数组中，插入的位置也从键盘接收。

```
Dim A()
Private Sub Form_Click()
   N=InputBox("数据个数:") : N=N+1 :    (1)
   For I=1 To  N-1
    A(I)=Val(InputBox("原数据:"))
   Next I
   D=Val(InputBox("插入的数据: ")) : P=Val(InputBox("插入的位置:"))
   Do While    (2)
    MsgBox"位置越界! " : P=Val(InputBox("插入的位置:"))
   Loop
   For I=N To    (3)    Step-1
    A(I)=A(I-1)
```

```
    Next I
    A(P)=    (4)
    For I=1 To N
      Text1.Text=Text1.Text & Str(A(I)) & " "
    Next I
End Sub
```

18. 以下程序代码实现单击命令按钮 Command1 时生成 20 个（0，100）之间的随机整数，存于数组中，打印数组中大于 50 小于 90 的数，并求这些数的和。

```
Private Sub Command1_Click()
    Dim arr(1 To 20)
    For i=1 To 20
      arr(i)=   (1)
      Text1.Text=Text1.Text & arr(i) & Chr(13) & Chr(10)
    Next i
    Sum=0
    For Each x    (2)
      If    (3)    Then
         Print Tab(20);x  :  Sum=    (4)
      End If
    Next    (5)
    Print Tab(20) ;"Sum=";Sum
End Sub
```

19. 以下程序代码生成大小可变的正方形图案，如图 7-4、图 7-5 所示，最外圈是第一层，要求每层上用的数字与层数相同。

```
Option Base 1
Dim a() AS Integer
Private Sub Form_Click()
    N=InputBox("请输入行数:") :    (1)
    For i=   (2)                    'i 为层数
      For j=i To n-i+1
        For k=i To n-i+1
            (3)
        Next k
      Next j
    Next i
    For i=1 To n
      For j=1 To n
        Print Tab(j*3);a(I,j);
      Next j
        (4)
    Next i
End Sub
```

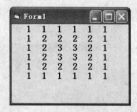

图 7-4　n=6 时的正方形图案

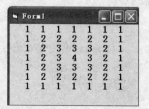

图 7-5　n=7 时的正方形图案

20. 执行下面的程序，单击按钮 Command1，A（1, 1）的值是_____（1）_____，A（1, 4）的值是_____（2）_____，A（4, 1）的值是_____（3）_____，A（4, 4）的值是_____（4）_____，A（2, 3）的值是_____（5）_____。

```
Option Base 1
Private Sub Command1_Click()
    Dim a() As Integer, i As Integer, j As Integer, k As Integer, n As Integer
    n = 4 : ReDim a(n, n) : i = 1: j = n : a(i, j) = 1
    For k = 2 To n * n
      If i + 1 > n Then
        i = n - j + 2: j = 1
      ElseIf i + 1 <= n And j + 1 > n Then
        j = j - i: i = 1
      Else: i = i + 1: j = j + 1
      End If
      a(i, j) = k
    Next k
    For i = 1 To n
      For j = 1 To n
        Print a(i, j);
      Next j
      Print
    Next i
End Sub
```

7.4 实 验 题

一、实验目的

1. 掌握数组的声明和数组元素的引用。
2. 掌握定长数组和动态数组的使用差别。
3. 掌握数组常用的操作和常用算法。
4. 掌握自定义类型及数组的使用。
5. 熟悉枚举类型的使用。

二、实验内容

实验 7-1   随机生成 12 个二位正整数，分别赋值给一个 3×4 的数组，找出每一行中的最大元素，运行后界面如图 7-6 所示。

部分程序代码如下请填空。

```
Option Explicit
Option Base 1
Dim a(3, 4) As Integer
Private Sub Form_Click()
    Dim i As Integer, j As Integer, mmax As Integer
    Randomize
    Print "数组:"
    For i = 1 To 3
        For j = 1 To 4
```

```
        a(i, j) = _____
        Print _____
      Next j
      Print
    Next i
    Print "其中:"
    For i = 1 To 3
      mmax = _____
      For j = 2 To 4
        If mmax < a(i, j) Then _____
      Next j
      Print "第" + Str(i) + "行中的最大元素为:"; mmax
    Next i
End Sub
```

实验 7-2 下列程序代码读入 N 个数，用选择排序法对这 N 个数按从大到小的顺序排序，并在文本框 Textl 中输出排序结果。

部分程序代码如下，请填空。

```
Dim_____
Private Sub Command1_Click()
  N=Val(InputBox("请输入 N:")) : ReDim A(N)
  For I=1 To_____
    A(I)=Val(InputBox("请输入 A(I):", ,I))
  Next I
  Text1.Text=""
  For I=1 To N-1
    For J=_____ To N
      If A(I)<A(J) Then
        T=A(I)
        A(I)=_____
        A(J)=_____
      End If
    Next J
    Text1.Text=Text1.Text & Str(A(I)) &" "
  Next I
  Text1.Text=Text1.Text & Str(A(N))
End Sub
```

实验 7-3 实现 $N \times N$ 矩阵的转置。

【分析】 矩阵的转置是指矩阵的行和列元素以对角线为中轴线互换，即原来的 i 行 j 列元素在转置后称为 j 行 i 列元素（使用二维数组存放矩阵）。

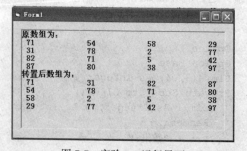

图 7-6　实验 7-1 运行界面　　　　　　图 7-7　实验 7-3 运行界面

（1）程序代码段如下，请填空。

```
Option Explicit
Const N = 4
Private Sub Form_Click()
    Dim a(N, N) As Integer, i As Integer, j As Integer, temp As Integer
    Picture1.Cls                       '每次数据生成前清除图片框中的内容
    Picture1.Print "原数组为:"
    For i = 1 To N
        For j = 1 To N
            a(i, j) = Int(100 * Rnd) + 1
            'Picture1.Print a(i, j),
        Next j
        Picture1.Print
    Next i
    Picture1.Print "转置后数组为:"
    For i = 1 To N

        _____      '填写代码段,实现矩阵的转置

    Next i

    _____          '填写代码段,输出矩阵
End Sub
```

（2）调试程序，并保存文件。

实验 7-4　编程实现把十进制数转换为二、八、十六进制数。

提示如下：

十进制转换成 r 进制的规则是"除 r 反序取余法"：把要转换的十进制数反复除以 r 取其余数，
直至商为 0；再将余数反序排列即为对应的 r 进制
数。例如，十进制数 78 转换成二进制数为 1001110，
转换成八进制数为 116，转换成十六进制数为 4E。
运行界面设置如图 7-8 所示。

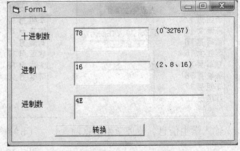

思考：（1）如何避免 r 进制数前面出现不必要
的先导"0"？如果输入十进制数超过 32767，会引
起什么错误？

（2）考虑如何把进制输入的文本框改为单选按
钮和列表框来实现？它们的运行结果如图 7-9 和

图 7-8　实验 7-4 运行界面

7-10 所示。由于在使用单选按钮或列表框时，需要保存它们的值，所以在通用声明段中声明一个
整型变量来保存单选按钮或列表框被选中的值。

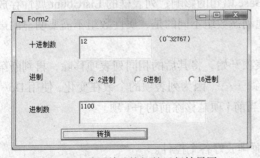

图 7-9　采用单选按钮的运行结果图

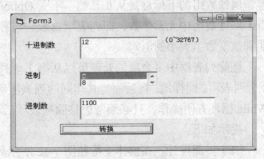

图 7-10　采用列表框的运行结果图

实验 7-5 利用二维数组设计一个程序，输出界面如图 7-11 所示。

提示如下：

（1）定义一个二维数组。

（2）利用 Tab 函数确定每列的宽度，使每列对齐。

（3）由于显示三角图形，所以内层循环要特别注意。

```
九九乘法表
1×1=1
2×1=2   2×2=4
3×1=3   3×2=6   3×3=9
4×1=4   4×2=8   4×3=12  4×4=16
5×1=5   5×2=10  5×3=15  5×4=20  5×5=25
6×1=6   6×2=12  6×3=18  6×4=24  6×5=30  6×6=36
7×1=7   7×2=14  7×3=21  7×4=28  7×5=35  7×6=42  7×7=49
8×1=8   8×2=16  8×3=24  8×4=32  8×5=40  8×6=48  8×7=56  8×8=64
9×1=9   9×2=18  9×3=27  9×4=36  9×5=45  9×6=54  9×7=63  9×8=72  9×9=81
```

图 7-11　实验 7-5 运行界面

实验 7-6　如图 7-12 所示，运行时，由窗体右侧的文本框对列表框进行学生信息的输入，单击"输入学生信息"按钮将数据添加至列表框 1；单击"整理学生信息"，去除列表框 1 中的重复学生信息；在查找对象下面的 Text1 文本框输入一个姓名或姓，单击"查找对象（学生姓氏）"按钮，则在列表框中进行查找。若找到匹配的列表项，则把该人的信息显示在列表框 2 中；若未找到，则在列表框 2 中显示"查无此人"。

（a）输入学生信息，整理学生信息前

（b）整理学生信息前后

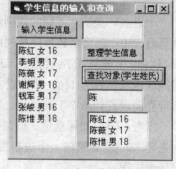
（c）查找学生

图 7-12　实验 7-6 运行界面

【分析】　此题需要综合运用本章介绍的查找和删除算法完成。

列表框的 List 属性也可看作为一个一维动态数组，数组元素的值为各个列表项显示的文本内容，属性数组的下标总是从 0 开始，不受 Option Base 语句的影响；列表框的 ListCount 属性存放 List 属性数组中元素个数，即列表项总数。与普通动态数组不同的是，属性数组不需要明显的声明和改变数组大小的语句。

删除列表框中多余项的处理可以从第 1 个列表项开始，将其后的相同列表项移除，再判断第 2 个列表项，同样地，将后面与其相同的列表项移除，……，因为列表项的个数在变化，使用 Do… While 循环方便操作，且必须考虑移除列表项后，当前 j 项是移除前的 j+1 项。

提示如下：

（1）界面设计。在窗体上按照图 7-12 所示界面排放好各个控件。

（2）属性设置参见表 7-3 所示。

表 7-3 属性设置

对　象	属 性 名	属 性 值
列表框 1	Name	LstStuInfo
列表框 2	Name	LstFind
文本框 1	Name	TxtStu
	Text	空
文本框 2	Name	TxtName
	Text	空
命令按钮 1	Name	CmdAdd
	Caption	输入学生信息
命令按钮 2	Name	CmdClearUp
	Caption	整理学生信息
命令按钮 3	Name	CmdFind
	Caption	查找对象（学生姓氏）

（3）部分程序代码如下。

```
Option Explicit
Private Sub CmdAdd_Click()

    _____
    TxtStu = ""
    TxtStu.SetFocus
End Sub
Private Sub CmdClearUp_Click()
    Dim i As Integer, j As Integer
    Do While i < LstStuInfo.ListCount
        j = i + 1
        Do While j < LstStuInfo.ListCount
            If LstStuInfo.List(i) = LstStuInfo.List(j) Then

            _____
            Else

            _____
            End If
        Loop
        i = i + 1
    Loop
End Sub
Private Sub CmdFind_Click()
    Dim k As Integer, n As Integer
    n = _____
    k = 0
    LstFind.Clear
    For _____
        If _____Then
            LstFind.AddItem LstStuInfo.List(k)
        End If
    Next k
    If _____ Then
        LstFind.AddItem "查无此人"
    End If
End Sub
```

实验 7-7　利用控件数组设计一个简易计算器。

提示如下：

（1）界面设计。在窗体上按照图 7-13 所示界面放置一个按钮（CommadButton）控件，其 Caption 属性设置为 0，名称设置为 cmdDigit；并将其 Index 属性设为 0（作为控件数组的起始索引值），利用复制粘贴的方法复制出其他 11 个按钮控件，它们的标题（Caption）属性分别设置为 "1"、"2"、"3"、"4"、"5"、"6"、"7"、"8"、"9"、"00"、"." 构成控件数组，并按照所示界面排放好各个控件。

利用同样方法设计标题为 "+"、"−"、"×"、"÷"、"=" 的按钮控件数组，控件名为 cmdOperator；标题为 "+"、"−"、"×"、"÷"、"=" 的 Index 属性设分别为 0、1、2、3、4。

把标题为 "1/X"、"EXP"、"LOG" 和 "X^Y" 的按钮控件作为一个控件数组，控件名为 cmdAccumulate；并依次设置它们的 Index 属性值为 0、1、2、3。

将标题为 "±"、"C" 和 "AC" 的按钮控件分别命名为 cmdSign、cmdClear 和 cmdAllClear。

放置一个文本框，属性值默认，文本框左边上放置标题为 "+" 的 Label 控件命名为 lblOperator。

（2）部分程序代码。

```
Dim strOperator()                     '四则运算符
Dim blnDigit As Boolean               '当前状态,True 表示数字状态,False 表示运算符状态
Dim dblResult                         '存放第一个操作数或运算结果
Private Sub Form_Load()
  strOperator = Array("+", "-", "×", "÷", "="): Call cmdAllClear_Click
End Sub
Private Sub cmdAllClear_Click()    '单击一次 AC 按钮,删除文本框中光标前的所有数字
   dblResult = 0: blnDigit = False: Text1.Text = "": lblOperator = "+"
End Sub
Private Sub cmdClear_Click()          '单击一次 C 按钮,删除文本框中光标的前一个数字
   Dim intLen%
   intLen=Len(Text1.Text):If intLen>0Then Text1.Text=Left(Text1.Text, intLen-1)
End Sub
Private Sub cmdDigit_Click(Index As Integer)
   Static blnDot As Boolean
   Dim strKey$
   strKey = cmdDigit(Index).Caption
   If strKey = "." Then If Not blnDot Then blnDot = True Else Exit Sub
   If Not blnDigit Then Text1.Text = ""
   Text1.Text = Text1.Text & strKey
   blnDigit = True
End Sub
Private Sub cmdOperator_Click(Index As Integer)
  If blnDigit Then
     Select Case lblOperator.Caption
         Case "+": dblResult = _____
         Case "-": dblResult = _____
         Case "×": dblResult = _____
         Case "÷"
             If _____ Then
                dblResult = _____
             Else
                Exit Sub
```

```
            End If
        Case "=": dblResult = _____
    End Select
    Text1.Text = dblResult: blnDigit = False
End If
lblOperator.Caption = strOperator(Index)
End Sub
Private Sub cmdSign_Click()
    Dim strDot$
    strDot = IIf(Right(Text1.Text, 1) = ".", ".", "")
    Text1.Text = -Val(Text1.Text) & strDot
If Not blnDigit Then dblResult = -dblResult
End Sub
```

读者思考一下如何实现标题为"1/X"、"EXP"、"LOG"和"X^Y"的按钮控件的功能。补充完整整个计算器的功能。

实验 7-8 自定义类型数组的应用,要求如下。

(1)自定义一个教师数据类型,包括教师工号、姓名、工资三项内容,然后再声明一个教师类型数组,个数由键盘输入。

(2)窗体设计如图 7-14 所示;单击"新增"按钮时,将文本框中输入的内容添加到数组的当前元素中;单击"排序"按钮时,将输入的内容工号按递增顺序排列,并在图形框中显示;单击"清空"按钮,把文本框中的内容清除;在"工号"文本框中输入一个工号,单击"查找"按钮,把该工号的教师信息对应显示在文本框中。要求"查找"按钮必须在"排序"按钮执行后才可用。一旦单击"新增"按钮,"查找"按钮就不可用。

图 7-13 程序运行结果图

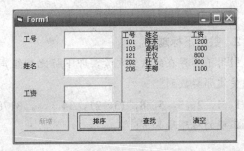

图 7-14 实验 7-8 运行界面

提示如下:

(1)自定义的教师类型可以在标准模块中定义,若在窗体通用声明段定义,必须加 Private 声明。

(2)由于用于存储教师信息的数组和保存当前输入教师的个数变量在"新增"、"排序"、"查找"按钮单击事件中都要使用,所以该数组和变量都应该在通用声明段中定义。由于教师的人数无法事先确定,所以存储教师信息的数组应定义成动态数组。

(3)解决该题需要涉及排序算法,查找算法。

(4)由于"查找"按钮、"排序"按钮和"新增"按钮在题意中有相互制约的关系,所以必须注意它们初始的 Enable 属性的设置和运行中的属性值的改变。

实验 7-9　利用随机函数生成一组数存放在数组中，把该数组的值显示在图形框中，然后将下标为奇数的数组元素从数组中删除，再把新数组显示在另一个图形框中。

实验 7-10　编程实现首先生成一个由小到大已排好序的整数数组，再输入一个数据，单击"插入"按钮会自动把这个数据插入到原数组适当的位置，并保持数组的有序性。程序运行界面如图 7-15 所示。

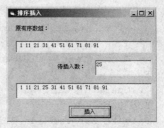

图 7-15　实验 7-10 运行界面

7.5　常见错误分析

1. Dim 数组声明。

有时用户为了程序的通用性，声明数组的上界用变量来表示，示例如下：

```
n=InputBox("输人数组的上界")
Dim a(1 To n)As Integer
```

程序运行时将在 Dim 语句处显示"要求常数表达式"的出错信息，即 Dim 语句中声明的数组上、下界必须是常数，不能是变量。

解决程序通用的问题，一是将数组声明得很大，这样浪费一些存储空间；二是利用动态数组，将上例改变如下：

```
Dim a() As Integer
n=InputBox("输人数组的上界")
ReDima(1 Ton)As Integer
```

2. 数组下标越界。

引用了不存在的数组元素，即下标比数组声明时的下标范围大或小。例如，要形成有如下 30 项的斐波那契数列：

1，1，2，3，5，8，13，21，34，…，317811，514229，832040

正确的程序段如下：

```
Dim a(1 To 30) As Long,i%
a(1)=1:a(2)=1
For i=3 To 30
a(i)=a(i-2)+a(i-1)
Next i
```

若将 For i=3 To 30 改为 For i=1 T0 30，程序运行时会显示"下标越界"的出错信息，因为开始循环时 i=1，执行到循环体语句 a(i)=a(i-2)+a(i-1)，数组下标 i-2、i-1 均小于下界 1。

同样若将上例 a(i)=a(i-2)+a(i-1) 语句改为 a(i+2)=a(i)+a(i+1)，程序运行时也会显示"上标越界"的出错信息，这时是数组下标大于上界 30。

3. 数组维数错。

数组声明时的维数与引用数组元素时的维数不一致。例如，显示 3×5 的矩阵：

$$\begin{bmatrix} 1 & 2 & 3 & 4 & 5 \\ 6 & 7 & 8 & 9 & 10 \\ 11 & 12 & 13 & 14 & 15 \end{bmatrix}$$

程序代码如下：

```
Dim a(3, 5) As Long
For i = 1 To 3
    For j = 1 To 5
        a(i) = i * j
        Print a(i); "";
    Next j
    Print
Next i
```

程序运行到 a(i)=i*i 语句时出现"维数错误"的信息，因为在 Dim 声明时是二维数组，引用时数组仅有一个下标。

4. Aarry 函数使用问题。

Aarry 函数可方便地对数组整体赋值，但只能声明 Variant 的变量或仅由括号括起的动态数组。赋值后的数组大小由赋值的个数决定。

例如，要将 1、2、3、4、5、6、7 这些值赋值给数组 a，表 7-4 列出了 3 种错误及相应正确的赋值方法。

表 7-4　　　　　　　　　　　　　　　　Array 函数表示方法

错误的 Array 函数赋值	正确的 Array 函数赋值
Dim a（1 To 8） a=Array（1，2，3，4，5，6，7）	Dim a（） a=Array（1，2，3，4，5，6，7）
Dim a As Integer A=Array（1，2，3，4，5，6，7）	Dim a a=Array（1，2，3，4，5，6，7）
Dim a a（）=Array（1，2，3，4，5，6，7）	Dim a a=Array（1，2，3，4，5，6，7）

从表 7-4 可以看出，用 Array 函数对数组赋初值，这时数组只能是 Variant 类型并且是动态数组，甚至连数组声明都不需要。

5. 如何获得数组的上界、下界？

Array 函数可方便地对数组整体赋值，但在程序中如何获得数组的上界、下界，以保证访问的数组元素在合法的范围内，可使用 UBound 和 LBound 函数来决定数组访问。

在上例中，若要打印数组 a 的各个值，可通过下面程序段实现：

```
For i=LBound(a) To UBound(a)
Print a(i)
Next i
```

6. 给数组赋值。

Visual Basic 6.0 提供了可对数组整体赋值的新功能，方便了数组对数组的赋值操作。但真正使用不那么方便，有不少限制。数组赋值形式如下：

```
数组名 2=数组名 1
```

就此形式作讨论：这里的数组名 2，实际上在前面的数组声明时，只能声明为 Varian 的变量，赋值后的数组 2 的大小、维数、类型同数组名 1；否则，若声明成动态或静态的数组，示例如下：

```
Dim 数组名 2()  或 Dim 数组名 2(下标)
```

程序在运行到上述赋值语句时显示"不能给数组赋值"的出错信息。所以，为了程序的安全、可靠，建议读者还是忍痛割爱，少用 Visual Basic 6.0 的这一新功能，最好使用传统的循环结构来给数组赋值。

7. 自定义类型引用。

自定义类型必须先定义类型，然后再用该类型定义变量，引用时只能通过变量来引用，若用类型引用，就会出现"要求对象"的错误，示例如下：

```
Private Type datee
    year As Integer
    month As Integer
    day As Integer
End Type
Private Type student
    xh As Long
    xb As String * 5
    xr As datee
End Type
Dim stu1 As student
Private Sub Form_Load()
    student.xb = "nan"          '使用类型名 student 来引用
End Sub
```

自定义类型的成员也可以是自定义类型，但在引用时，必须引用到最小一级，例如，上面的例子中出现如下引用，就会出现"类型不匹配"的错误。

```
Private Sub Form_Load()
    stu1.xh = 1020
    stu1.xr = 1997              'stu1.xr 的 xr 成员仍然是一个自定义类型,应改
End Sub                         '为 stu1.xr.year=1997
```

7.6　编程技巧与算法的应用分析

7.6.1　排序算法、控件属性值设置和数据输入的应用

排序算法顾名思义应该用在需要排序的场合，例如，运动会结束后按班级排名，评定奖学金按总分排名等，其实我们也可用在同时需要求出最大值和最小值的场合，以减少程序量（因为不采用排序算法，那么必须编写一段求最大值和一段求最小值的程序）。

示例：图 7-16 所示的名称为 Form1 的窗体上有 4 个 Text 控件和 6 个命令按钮，功能如下：开始启动工程时，界面上除了"退出"按钮和"输入密码"按钮可用，其余按钮均不用；文本框中只有一个输密码的可用，其余 3 个均禁止使用（灰色显示）。在密码文本框中输入密码后，单击

"输入密码"按钮。如输入密码正确,"开始录入"按钮可用;输入密码不正确,出现提示"密码不正确,请重新输入"。

单击"开始输入"按钮后,利用 InputBox 让用户连续输入 10 个数,若输入非数字的符号,则给出警告"输入数据无效,请重新输入数值数据!!!请输入第 n 个数";录入完后,数据按从小到大的顺序在文本框中显示,"开始录入"按钮变灰不可用,其他按钮变为可用。

按相应按钮可分别求出所录入数据的最大数(a(10))和最小数(a(1)),并在对应文本框中显示;单击"清除"按钮将所有的文本框清空。

程序设计如下:

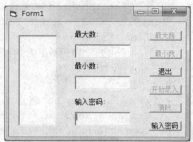

图 7-16 程序运行结果图

```
Option Explicit
Dim a(10) As Variant
Private Sub Command1_Click()
  Text2.Text = a(10) : Command1.Enabled = False : Command5.Enabled = True
End Sub
Private Sub Command2_Click()
  Text3.Text = a(1) : Command2.Enabled = False : Command5.Enabled = True
End Sub
Private Sub Command3_Click()
  End
End Sub
Private Sub Command4_Click()
  Dim i%, j%, m As Variant
  For i = 1 To 10
    a(i) = InputBox("请输入第" & i & "个数", "输入")
    Do While IsNumeric(a(i)) = False
      a(i) = InputBox("输入数据无效,请重新输入!请输入第" & i & "个数", "输入")
    Loop
  Next i
  For i = 1 To 9
    For j = 1 To 10 - i
      If Val(a(j)) > Val(a(j + 1)) Then
        m = a(j) : a(j) = a(j + 1) : a(j + 1) = m
      End If
    Next j
  Next i
  For i = 1 To 10
    Text1.Text = Text1.Text & a(i) & vbNewLine
  Next i
  Command1.Enabled = True : Command2.Enabled = True
  Command3.Enabled = True : Command4.Enabled = False : Command5.Enabled = True
End Sub
Private Sub Command5_Click()
  Text1.Text = "" : Text2.Text = "" : Text3.Text = ""
  Command4.Enabled = True : Command5.Enabled = False
  Command1.Enabled = False : Command2.Enabled = False
End Sub
Private Sub Command6_Click()
```

```
    If Text4.Text = "vb" Then
        Command4.Enabled = True : Command3.Enabled = True: Command6.Enabled = False
        Text4.Enabled = False: Text1.Enabled = True
   Text2.Enabled = True: Text3.Enabled = True
    Else
        MsgBox "密码不正确,请重新输入!!!" : Text4.Text = ""
    End If
End Sub
Private Sub Form_Load()
    Command4.Enabled = False :  Command5.Enabled = False
    Command1.Enabled = False :  Command2.Enabled = False
    Text1.Enabled = False: Text2.Enabled = False:Text3.Enabled = False
End Sub
Private Sub Text4_GotFocus()
    Text4.Text = "" : Text4.PasswordChar = "*"
End Sub
```

注意如下问题：

（1）在解该题时，由于既存在排序，有需要求最大值和最小值，所以要先利用排序算法（冒泡法、选择法），再充分利用数组存放一组排好序的数特性，直接就可输出最大值和最小值。如本题的最大值就是 a（10），最小值就是 a（1）。

（2）通过文本框输入密码，利用文本框 PasswordChar 属性，当属性值设为某字符时，文本框中所有内容均显示为该字符。

（3）控件是否可用，可以利用控件的 Enable 属性设置。当 Enable 属性值为 True 时可用，为 False 时不可用（灰色）。

（4）判断是否是数字可用 IsNumeric（ ）函数，若是数字返回 True，否则返回 False。

（5）数据的输入，由于只有少量数据（10 个数），所以采用 InputBox 函数，采用 InputBox 函数输入还存在不宜对输入的数据作合法性检验；若是大量的数据输入并需要合法性验证，可采用文本框或 Rnd 函数实现。

用 Rnd 函数实现，上述程序黑体部分可改为如下形式：

```
For i = 1 To 10
    a(i) = Rnd * 32767
 Next i
```

用文本框实现，在界面上增加一个文本框 Text5，上述程序黑体部分可改为如下形式：

```
Dim b() As String
t = Replace(Text5, ",,", ",")      '去除出现连续的分隔符
b = Split(t, ",")
For i = 1 To 10
     a(i) = b(i - 1)
Next i
```

判断输入数字是否可用文本框的 KeyPress 事件。

7.6.2 查找算法的应用分析

查找算法适用的范围很广，诸如搜索问题，查找符合特定条件的数据等。查找算法有顺序查找和二分法查找两种。顺序查找在被查找的数比较前面时，搜索时间少，但当被搜索的数不在或

在比较靠后的位置时，搜索时间长，但算法简单，容易理解，不受条件限制。二分法查找适合于有序数的查找，查找时间相对短，但算法比较复杂。

例如，如图 7-17 所示，模拟帮助中的搜索功能。在"输入被搜索的一段文字"下面的文本框中输入任意一段文字，在"输入要搜索的内容"下面的文本框中输入要搜索的文字，利用"顺序搜索"按钮进行搜索，也可先按"排序"按钮，然后再利用"二分搜索"进行搜索。

程序设计如下：

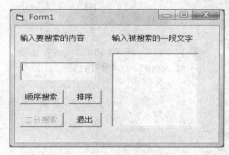

图 7-17　程序运行结果图

```vb
Option Explicit
Dim a() As String, N As Integer
Private Sub cmdsearch1_Click()                    '顺序搜索
    Dim key As String, i As Integer
    key = Text1.Text : N = Len(Text2.Text) : i = 1
    Do While i <= N
        If StrComp(CStr(Mid$(Text2.Text, i, Len(key))), key) = 0 Then Exit Do
        i = i + 1
    Loop
    If i > N Then
        MsgBox "没有找到" & key
    Else
        MsgBox key & "在所输入的文本中第" & i &  "个位置开始"
    End If
End Sub
Private Sub cmdsort_Click()                       '选择法排序
    Dim i As Integer, j As Integer, temp As String
    N = Len(Text2.Text) :ReDim a(N)
    For i = 1 To N
      a(i) = Mid$ (Text2.Text, i, 1)
Next i
For i = 1 To N - 1
      For j = i + 1 To N
            If a(i) > a(j) Then
                temp = a(i) : a(i) = a(j) : a(j) = temp
        End If
        Next j
Next i
Text2.Text = Join(a, "") :cmdsearch2.Enabled = True
End Sub
Private Sub cmdsearch2_Click()                    '二分搜索
    Dim key As String, Left As Integer, Right As Integer, Mid1 As Integer
    key = Text1.Text : N = Len(Text2.Text) : Left = 1: Right = N
    Do While Left <= Right
        Mid1 = (Left + Right) \ 2
        If StrComp(CStr(Mid$(Text2.Text, Mid1, Len(key))), Text1.Text) = 0 Then
            Exit Do
        ElseIf StrComp(CStr(Mid(Text2.Text, Mid1, Len(key))), Text1.Text) > 0 Then
            Right = Mid1 - 1
        Else
```

```
        Left = Mid1 + 1
      End If
    Loop
    If Left > Right Then
        MsgBox "没有找到" & key
    Else
        MsgBox key & "在所输入的文本中第" & Mid1 & "个位置开始"
    End If
End Sub
```

注意如下问题：

（1）在"输入被搜索的一段文字"下面的文本框中，由于需要输入多行文字，所以文本框的 MultiLine 属性必须设置成 True。

（2）在搜索中，需要比较被搜索的文字和搜索文字是否相同，比较的内容为字符串，所以不能直接比较，利用 StrComp 函数进行比较。在采用 StrComp 函数进行比较时，要求参数必须是字符串，而利用 Mid 函数生成的仅仅是字符序列，所以要利用 Cstr（）函数进行转换，StrComp（CStr（Mid$（Text2.Text， Mid1， Len（key）））， Text1.Text）语句读者要仔细体会。

（3）Mid 函数的格式如下：

```
Mid (string, start[, length])
```

Mid 函数的语法参数找述见表 7-5 所示。

表 7-5 　　　　　　　　　　　　　　　　Mid 函数的参数描述

参　　数	描　　述
string	字符串表达式，从中返回字符。如果 string 包含 Null，则返回 Null
start	string 中被提取的字符部分的开始位置。如果 start 超过了 string 中字符的数目，Mid 将返回零长度字符串（""）
length	要返回的字符数。如果省略或 length 超过文本的字符数（包括 start 处的字符），将返回字符串中从 start 到字符串结束的所有字符

说明：判断 string 中字符的数目，可使用 Len 函数。Start 的默认最小值为 1。

如果需要返回字符串中的字节数据，可用 MidB 函数。

（4）顺序查找由于是依次进行比较，所以利用条件 i>N 判断是否找到；而二分查找每次都根据将查找范围一分为二，并根据中间位置的数据与关键字的比较，将查找的数据区间缩小一半，所以判断是否找到，利用的条件是 left>right。

（5）读者考虑如何利用 Time 函数测试一下两种查找方法的搜索时间，并进行比较分析。

7.7　参　考　答　案

一、选择题

1. D　　2. C　　3. D　　4. C　　5. D　　6. C　　7. C　　8. A

9. D　　10. C　　11. B　　12. D　　13. B　　14. B　　15. B　　16. B

17. C　　18. C　　19. C　　　20. D　　　21. D　　22. A　　23. A　　24. C

25. C　　26. D　　27. D　　　28. A　　　29. C　　30. A　　31. D　　32. D

二、填空题

1.（1）2　　（2）6　　　（3）1　　　（4）2　　　（5）−1　　（6）1

2. Variant（或变体型）

3. 45

4.（1）2　　5　　　　（2）3　　6

5. 1　2　1　4　4

6. 0　20　25　30　35　40

7. −1 −2 −3 −4 −5

　　0　−1 −2 −3 −4

　　1　0　−1 −2 −3

　　2　1　0　−1 −2

　　3　2　1　　0 −1

　　4　3　2　　1　0

　　s=−15

8. 0　0　0　0　0　12　14　16　18　20

9. 1　2　3　4　5　12　14　16　18　20

10.（1）100　　　（2）10　　　（3）10　　（4）a（（I−1）*10+j）

11.（1）Int（Rnd * 1000）　　　（2）arr（i）＞Max　　　（3）arr（i）＜Min

12.（1）preserve a（n）　　　（2）a（I+1）=a（I）

　　（3）a（I）=m　　　　　　（4）a（I+1）=m

13.（1）I, J　　　（2）I, I　　　（3）I, 5−I

14.（1）a（i）=a（i−1）　　（2）a（LBound（a））=j1　（3）k=j

15.（1）c（2）<"A" or c（2）>"Z"　　　　（2）"Z"　　　　　（3）"A"

　　（4）keyAscii−1　　　　　　　　　（5）keyAscii+1

16.（1）t=n　　　（2）i To t−1　　　（3）i=i+1

　　（4）b（i）　　（5）t=t−1

17.（1）Redim A（n）　　（2）P>n or P <1　　（3）P+1　　　　　（4）D

18.（1）int（Rnd*99+1）　　（2）In arr　　（3）x>50 and x <90

　　（4）sum+x　　（5）x

19.（1）Redim a（n, n）　　（2）1 to n　　（3）a（j, k）=i　　（4）Print

20.（1）7　　　　（2）1　　（3）16　　　　（4）10　　　　（5）5

第8章 过 程

8.1 学 习 要 点

1. 过程的概念。

Visual Basic 的程序代码是由若干被称为"过程"的代码行以及向系统提供某些信息的说明组成。除了内部函数过程和事件过程外，Visual Basic 还允许用户自定义过程，将功能模块或被重复使用的代码定义成过程，供事件或其他过程多次调用，使程序结构清晰简练、高效，便于调试和维护。

2. 过程的定义和调用方法。

（1）Sub 子过程。

定义形式：

```
[Private|Public][Static] Sub 子过程名（[形参列表]）
[局部变量和常量声明]
…
[Exit Sub]
…
End Sub
```

特点：无返回值，无类型。Exit Sub 表示退出子过程，返回到主调过程的调用处。

调用形式：Call 子过程名（[实参列表]）或子过程名 [实参列表]

特点：是一条独立的语句。

（2）Function 函数过程。

定义形式：

```
[Private|Public][Static] Function 函数过程名（[形参列表]）[As 数据类型]
[局部变量或常数定义]
…
[函数名 = 表达式]
[Exit Function]
…
[函数名 = 表达式]
End Function
```

特点：有返回值，有类型，在过程体内至少赋值一次。

调用形式：函数过程名（[实参列表]）

特点：函数过程的调用比较简单，可以像使用 Visual Basic 内部函数一样来调用函数过程。它不是一条独立的语句，必须参加表达式的运算。函数过程的返回值可以作为另一次函数过程调用的实参；当忽略或放弃返回值时，可以像调用子过程一样调用函数过程。

3. 参数与参数传递。

形参：出现在过程定义的形参表中的变量名、数组名。

实参：在调用过程时，传递给相应过程的变量名、数组名、对象名、常数或表达式。

实参和形参的参数传递方式有两种：

（1）按值传递：在过程定义时，形参名前设置有关键字"ByVal"，则指定它对应的实参是按值传递。这种传递方式是一种单向传递；系统给形参和实参分配不同的内存单元，在调用时只能由实参将值传递给形参，调用结束后实参保持调用前的值不变。

形参只能是基本类型的变量，不能是定长的字符串、数组、自定义类型、对象；实参可以是同类型的常数、变量、数组元素或表达式。

（2）按地址传递：在定义过程时，形参名前默认或设置有关键字"ByRef"，则指定了它对应的实参是按地址传递。这是一种双向传递；形参和实参共用内存的"同一"地址，即共享同一个存储单元，这样在被调过程中的形参值一旦被改变，相应的实参值也随之改变。

形参可以是变量、仅带圆括号的数组名，不能是定长的字符串、数组元素；实参可以是同类型的常数、变量、数组元素或表达式、仅带圆括号的数组名。

当实参是常量、表达式形式时，系统强制按值传递参数；当实参是数组、对象形式时，系统强制按地址传递参数。形参与实参的类型匹配要求如表 8-1 所示。

表 8-1　　　　　　　　　　　　　　　形参与实参的类型匹配要求

传递方式	形　参	实　参	匹配要求
按地址传递	变量	变量、数组元素、对象	要求实参的类型、个数、顺序与形参完全一致
		常量或表达式	要求实参的个数、顺序与形参完全一致，当类型不一致时，应用自动转换原则，若不能转换则出错
按值传递	变量	变量、数组元素、对象、常量或表达式	要求实参的个数、顺序与形参完全一致，当类型不一致时，应用自动转换原则，若不能转换则出错
	数组、对象	数组、对象	系统强制按地址传递参数

（3）参数的类型对应关系参如表 8-2 所示。

表 8-2　　　　　　　　　　　　　　　形参与实参的类型对应关系

形　参	实　参
变量	变量、常量、表达式、数组元素、对象
数组	数组

（4）变量的作用域参如表 8-3 所示。

表 8-3　　　　　　　　　　　　　　　变量的作用域

变量类型	定义语句	定义位置	作用范围
局部（过程级）变量	Dim，Static	过程内部	该过程内
窗体/模块级变量	Private/Dim	窗体/模块的通用声明段	该窗体/模块的所有过程
全局变量	Public	窗体/模块的通用声明段	应用程序的所有模块的所有过程

静态变量：在过程内，用 Static 定义的变量。在第一次调用时分配空间及初始化，以后就不再重新分配，直到程序运行结束才释放。

同名变量：两个变量，相同的名字，不同的存储单元。处理原则：作用域相互独立时无影响；当作用域发生嵌套时，优先访问局限性大的变量。

（5）递归过程。递归过程是在过程定义中调用（或间接调用）自身来完成某一特定的任务的过程。

构成递归过程的条件：递归结束条件（又称为终止条件或边界条件）；能用递归形式表示，且递归向终止条件发展（收敛性）。

8.2　示　例　分　析

1. 下列关于 Sub 过程的叙述正确的是＿＿＿＿。

A. 一个 Sub 过程必须有一个 Exit Sub 语句

B. 一个 Sub 过程必须有一个 End Sub 语句

C. 在 Sub 过程中可以定义一个 Function 过程

D. 可以用 Goto 语句退出 Sub 过程

【分析】 答案为 B。该题考核掌握 Sub 过程定义的概念。

Visual Basic 中规定，一个过程中，可以没有 Exit Sub 或 Exit Function 语句，也可以有一条或多条这样的语句；Sub 过程定义以 Sub 开头，以 End Sub 结束；过程可以嵌套调用，但不能嵌套定义；程序运行到最后一个语句 End Sub 或执行到 Exit Sub 语句时，退出 Sub 过程，返回到调用语句的下一条语句去继续执行。

2. 设有子过程 Pro1，有一个形参变量，下列调用语句中，按地址传递数据的语句是＿＿＿＿。

A. Call Pro1(a)　　　　　　　　　B. Call Pro1(12)

C. Call Pro1(a*a)　　　　　　　　D. Call Pro1(12+a)

【分析】 答案为 A。该题考核掌握调用 Sub 过程时参数的传递方式。

定义 Sub 过程时，形参前使用 ByVal 关键字表示按值传递，默认或使用 ByRef 关键字表示按地址传递。当实参是常量、表达式形式时，系统强制按值传递参数。

3. 运行下面的程序，当单击窗体时，窗体上显示的内容为＿＿＿＿。

```
Private Sub Test(x As Integer)
  x = x * 2 + 1
  If x < 6 Then
    Call Test(x)
  End If
  x = x * 2 + 1
  Print x
End Sub
Private Sub Form_Click()
  Test 2
End Sub
```

【分析】 该题考核递归过程的概念。

在本题中，形参定义为地址传递，但第一次调用时，实参为常数 2，强制按值传递，形参 x 的值为 2，经过 x=x*2+1 运算后，x 变为 5，当 x 的值小于 6 时，就调用自身。所以继续调用 Test

过程，（以后的调用中，实参为变量，都按地址传递）。形参 x 的值为 5，经过 x=x*2+1 运算后 x 变为 11，11>6，停止调用 Test 过程；执行 End If 下面的语句 x=x*2+1 和 Print x，输出 23；回到第一次调用 Test 过程时，还有 x=x*2+1 和 Print x 未执行，计算后输出 47。

答案：23

47

4. 如下程序，运行的结果是_____。

```
Dim a As Integer, b As Integer, c As Integer
Private Sub Q1(x As Integer, y As Integer)
  Dim c As Integer
  x = 3 * x: y = y ^ 2: c = x Mod y
End Sub
Private Sub Q2(ByVal x As Integer, y As Integer)
  Dim c As Integer
  x = 3 * x: y = y ^ 2: c = x Mod y
End Sub
Private Sub Command1_Click()
  a = 3: b = 5: c = 7
  Call Q1(a, b)
  Print "a="; a; "b="; b; "c="; c
  Call Q2(a, b)
  Print "a="; a; "b="; b; "c="; c
End Sub
```

【分析】 该题考核变量的作用域概念。

在本题中，先定义了窗体级变量 a、b、c，在 Command1_Click（）事件过程中给这三个变量分别赋值为 3、5、7；调用 q1 过程时，实参 a，b 按地址传递给形参 x，y，则 a、x 合用一个存储单元，值为 3；运行 q1 后，x 为 9，则 a 也为 9；同样，b、y 合用一个存储单元，值为 5；运行 q1 后，y 为 25，则 b 也为 25；q1 中又定义了一个过程级变量 c，运算后此 c 的值为 9， q1 运行结束，此 c 消亡，窗体级变量 c 在过程 q1 中被屏蔽，其值未变仍为 7；输出窗体级变量 a=9、b=25、c=7。调用 q2 过程时，实参 a 按值传递给形参 x，则 x 的变化不影响 a；实参 b 按地址传递给形参 y，运行 q2 后，y 为 625，则 b 也为 625；过程 q2 中定义了过程级变量 c，窗体级变量 c 在过程 q2 中被屏蔽，其值未变仍为 7，输出窗体级变量 a=9、b=625、c=7。

答案： a=9 b=25 c=7
       a=9 b=625 c=7

8.3 同步练习题

一、选择题

1. 下列有关过程的说法错误的是_____。
   A. 在 Sub 或 Function 过程中不能再定义其他 Sub 或 Function 过程
   B. 调用过程时，形参为数组的参数对应的实参，既可以是固定大小的数组也可以是动态数组
   C. 过程的形式参数不能再在过程中用 Dim 语句进行说明
   D. 使用 ByRef 说明的形式参数在形实结合时，总是按地址传递方式进行结合的

2. 以下关于函数过程的叙述中，正确的是_____。

    A. 函数过程形参的类型与函数返回值的类型没有关系

    B. 在函数过程中，过程的返回值可以有多个

    C. 当数组作为函数过程的参数时，既能以传值方式传递，也能以传址方式传递

    D. 如果不指明函数过程参数的类型，则该参数没有数据类型

3. 以下叙述中错误的是_____。

    A. 语句"Dim a，b As Integer"声明了两个整型变量

    B. 不能在标准模块中定义 Static 型变量

    C. 窗体层变量必须先声明，后使用

    D. 在事件过程或通用过程内定义的变量是局部变量

4. 以下叙述中正确的是_____。

    A. 一个 Sub 过程至少要有一个 Exit Sub 语句

    B. 一个 Sub 过程必须有一个 End Sub 语句

    C. 可以在 Sub 过程中定义一个 Function 过程，但不能定义 Sub 过程

    D. 调用一个 Function 过程可以获得多个返回值

5. 下面关于过程参数的说法错误的是_____。

    A. 过程的形参不可以是定长字符串类型的变量

    B. 形参是定长字符串的数组，则对应的实参必须是定长字符串型数组，且长度相同

    C. 若形参是按地址传递的参数，形参和实参也能以按值传递方式进行形实结合

    D. 按值传递参数，形参和实参的类型可以不同，只要相容即可

6. Sub 过程与 Function 过程最根本的区别是_____。

    A. Sub 过程可以使用 Call 语句或直接使用过程名调用，而 Function 过程不可以

    B. Function 过程可以有参数，Sub 过程不可以

    C. 两种过程参数的传递方式不同

    D. Sub 过程的过程名不能返回值，而 Function 过程能通过过程名返回值

7. 程序的不同过程之间，不能通过_____进行数据传递。

  （1）用全局变量　　　　　　　　　　（2）窗体或模块级变量

  （3）将形参与实参结合　　　　　　　　（4）静态变量

    A.（1）（2）（4）　　　　B.（1）（2）（3）　　　　C.（2）（4）　　　　D.（4）

8. 下列叙述中正确的是_____。

    A. 在窗体的 Form_Load 事件过程中定义的变量是全局变量

    B. 局部变量的作用域可以超出所定义的过程

    C. 在某个 Sub 过程中定义的局部变量可以与其他事件过程中定义的局部变量同名，但其作用域只限于该过程

    D. 在调用过程时，所有局部变量被系统初始化为 0 或空字符串

9. 以下叙述中错误的是_____。

    A. 如果过程被定义为 Static 类型，则该过程中的局部变量都是 Static 类型

    B. Sub 过程中不能嵌套定义 Sub 过程

    C. Sub 过程中可以嵌套调用 Sub 过程

    D. 事件过程可以像通用过程一样由用户定义过程名

10. 下面关于对象作用域的说法，正确的是_____。
    A. 在窗体模块中定义的全局过程，在整个程序中都可以调用它
    B. 分配给已打开文件的文件号，仅在打开该文件的过程范围内有效
    C. 过程运行结束后，过程的静态变量的值仍然保留，所以静态变量作用域是整个模块
    D. 在标准模块中定义的全局变量的作用域比在窗体模块中定义的全局变量的作用域大

11. 下面有关数组的说法中，_____是错误的。
    A. 在模块中由于未使用 Option Explicit 语句，所以数组不用先定义就可以使用，只不过是 Variant 类型
    B. 过程定义中，形参数组可以是定长字符串类型
    C. Erase 语句的作用是对固定大小数组的值重新初始化或收回分配给动态数组的存储空间
    D. 定义数组时，数组维界值可以不是整数

12. 以下对数组参数的说明中，错误的是_____。
    A. 在过程中可以用 Dim 语句对形参数组进行声明
    B. 形参数组只能按地址传递
    C. 实参为动态数组时，可用 Redim 语句改变对应形参数组的维界
    D. 只需把要传递的数组名作为实参，即可调用过程

13. 在窗体 Form1 中用 "Public Sub Fun（x As Integer, y As Single）" 定义过程 Fun，在窗体 Form2 中定义了变量 i 为 Integer，j 为 Single，若要在 Form2 的某事件过程中调用 Form1 中的 Fun 过程，则下列语句中，正确的语句有_____个。
    （1）Call Fun（i, j）　　　　　　　（2）Call Form1.Fun（i, j）
    （3）Form1.Fun（i）, j　　　　　　（4）Form1.Fun i+1,（j）
    A. 1　　　　　　　B. 2　　　　　　　C. 3　　　　　　　D. 4

14. 下面是求最大公约数的函数的首部：
Function Gcd（ByVal x As Integer,　ByVal y As Integer）As Integer
若要输出 8、12、16 这 3 个数的最大公约数，下面正确的语句是：_____。
    A. Print Gcd（8, 12）, Gcd（12, 16）, Gcd（16, 8）
    B. Print Gcd（8, 12, 16）
    C. Print Gcd（8）, Gcd（12）, Gcd（16）
    D. Print Gcd（8, Gcd（12, 16））

15. 在窗体模块的通用声明处有如下语句，会产生错误的语句是_____。
（1）　Const A As Integer=25　　　　　　（2）Public St As String*8
（3）　Redim B（3）　As Integer　　　　　（4）Dim Const X As Integer=10
    A.（1）（2）　　　　B.（1）（3）　　　　C.（1）（2）（3）　　　　D.（2）（3）（4）

16. 下列定义 Sub 过程的语句中，正确的语句是_____。
（1）Private Sub Test（St As String * 8）　　　（2）Private Sub Test（Sarray（）As String * 5）
（3）Private Sub Test（Sarray（）As String）　　（4）Private Sub Test（St As String）
    A.（1）（2）　　　　　　　　　　B.（1）（4）
    C.（2）（3）（4）　　　　　　　　D.（1）（2）（3）（4）

17. 下面的过程定义语句中合法的是_____。
    A. Sub Proc1（ByVal n（））　　　　　B. Sub Proc1（n）As Integer

  C．Function Proc1（Procl）   D．Function Proc1（ByVal n）

18. 假定有一个过程 sub Add(a as single，b as single),则下面的调用哪些是正确的_____。

（1）call Add 908，sin（0）   （2）Add 12，"123"   （3）call Add（-9812，sin（9））

（4）Add 12，12   （5）Add（12，3456）   （6）call Add（）

（7）Add （，123）

  A．（1）（2）（3）（4）（5）   B．（3）（4）（5）（7）

  C．（3）（4）（5）（6）   D．（2）（3）（4）

19. 假定一个工程有一个窗体文件 Form1 和两个标准模块文件 Model1 及 Model2 组成。Model1 代码如下：

```
Public x As Integer, y As Integer
Sub S1()
  x = 1
  S2
End Sub
Sub S2()
  y = 10
  Form1.Show
End Sub
Model2 代码如下：
Sub Main()
  S1
End Sub
```

其中 sub Main 被设置为启动过程。 程序运行后，各模块的执行顺序是_____。

  A．Form1→Model1→Model2   B．Model1→Model2→Form1

  C．Model2→Model1→Form1   D．Model2→Form1→Model1

20. 在窗体上画一个名称为 Text1 的文本框，一个名称为 Command1 的命令按钮，然后编写如下事件过程和通用过程：

```
Private Sub Command1_Click()
  n=Val(Text1.Text)
  If n\2=n/2 Then
    f=F1(n)
  Else
    f=F2(n)
  End If
  Print f;n
End Sub
Public Function F1(ByRef x)
  x=x*x
  F1=x+x
End Function
Public Function F2(ByVal x)
  x=x*x
  F2=x+x+x
End Function
```

程序运行后，在文本框中输入 6，然后单击命令按钮，窗体上显示的是_____。

  A．72 36   B．108 36   C．72 6   D．108 6

21. 下列程序的执行结果为_____。

```
Private Sub Command1_Click()
  Dim s1 As String, s2 As String
  s1 = "abcd"
  Call Transfer(s1, s2)
  Print s2
End Sub
Private Sub Transfer(ByVal xstr As String, ystr As String)
  Dim tempstr As String
  i = Len(xstr)
  Do While i >= 1
    tempstr = tempstr + Mid(xstr, i, 1)
    i = i - 1
  Loop
  ystr = tempstr
End Sub
```

　　A. dcba　　　　　　B. abdc　　　　　　C. abcd　　　　　　D. dabc

22. 下面程序的输出结果是_____。

```
Private Sub Command1_Click()
  ch$ = "ABCDEF"
  Proc ch
  Print ch
End Sub
Private Sub Proc(ch As String)
  s = ""
  For k = Len(ch) To 1 Step -1
    s = s & Mid(ch, k, 1)
  Next k
  ch = s
End Sub
```

　　A. ABCDEF　　　　B. FEDCBA　　　　　C. A　　　　　　　D. F

23. 在窗体上画 1 个命令按钮，名称为 Command1，然后编写如下程序：

```
Dim flag As Boolean
Private Sub Command1_Click()
  Dim intNum As Integer
  intNum = InputBox("请输入:")
  If flag Then
    Print F(intNum)
  End If
End Sub
Function F(x As Integer) As Integer
  If x < 10 Then
    y = x
  Else
    y = x + 10
  End If
  F = y
End Function
Private Sub Form_MouseUp(Button As Integer, Shift As Integer, X As Single, Y As
Single)
```

```
    flag = True
  End Sub
```

运行程序，首先单击窗体，然后单击命令按钮，在输入对话框中输入 5，则程序的输出结果为_____。

    A. 0   B. 5   C. 15   D. 无任何输出

24. 单击命令按钮时，下列程序代码的执行结果为_____。

```
Private Function FirProc(x As Integer, y As Integer, z As Integer)
  FirProc = 2 * x + y + 3 * z
End Function
Private Function SecProc(x As Integer, y As Integer, z As Integer)
  SecProc = FirProc(z, x, y) + x
End Function
Private Sub Command1_Click()
  Dim a As Integer, b As Integer, c As Integer
  a = 2: b = 3: c = 4
  Print SecProc(c, b, a)
End Sub
```

    A. 21   B. 19   C. 17   D. 34

25. 标准模块中有如下程序代码：

```
Public x As Integer, y As Integer
Sub Var_pub()
  x = 10 : y = 20
End Sub
```

在窗体上有 1 个命令按钮，并有如下事件过程：

```
Private Sub Command1_Click()
  Dim x As Integer
  Call Var_pub
  x = x + 100
  y = y + 100
  Print x; y
End Sub
```

运行程序后单击命令按钮，窗体上显示的是_____。

    A. 100　100   B. 100　120   C. 110　100   D. 110　120

26. 以下程序的运行结果正确的是_____。

```
Private Function F(a As Integer, b As Integer) As Integer
  Dim i As Integer
  Static m As Integer
  i = 2: i = i + (m + 1): m = i + a + b
  F = m
End Function
Private Sub Form_Click()
  Dim k As Integer, m As Integer, p As Integer
  k = 4: m = 1
  p = F(k, m): Print p;
  p = F(k, m): Print p
```

```
End Sub
```

    A. 8 8   B. 8 17   C. 8 16   D. 8 20

27. 以下程序的运行结果正确的是_____。

```
Private Sub Command1_Click()
  Print P1(3, 7)
End Sub
Public Function P1(x!, n%)
  If n = 0 Then
    P1 = 1
  Else
    If n Mod 2 = 1 Then
      P1 = x * P1(x, n \ 2)
    Else
      P1 = P1(x, n \ 2) \ x
    End If
  End If
End Function
```

    A. 18   B. 7   C. 14   D. 27

28. 某人设计了下面的函数 Fun，功能是返回参数 a 中数值的位数，在调用该函数时发现返回的结果不正确，函数需要修改，下面的修改方案中正确的是_____。

```
Function Fun(a As Integer) As Integer
  Dim n%
  n = 1
  While a \ 10 >= 0
    n = n + 1
    a = a \ 10
  Wend
  Fun = n
End Function
```

    A. 把语句 n=1 改为 n=0   B. 把循环条件 a\10>=0 改为 a\10>0

    C. 把语句 a=a\10 改为 a=a Mod 10   D. 把语句 Fun=n 改为 Fun=a

29. 设 a、b 都是自然数，为求 a 除以 b 的余数，某人编写了以下函数，在调试时发现函数是错误的。为使函数能产生正确的返回值，应做的修改是_____。

```
Function Fun(a As Integer, b As Integer)
  While a >= b
    a = a - b
  Wend
  Fun = a
End Function
```

    A. 把 a=a−b 改为 a=b−a   B. 把 a=a−b 改为 a=a\b

    C. 把 While a>b 改为 While a<b   D. 把 While a>b 改为 While a>=b

30. 窗体上有名称分别为 Text1、Text2 的 2 个文本框，要求文本框 Text1 中输入的数据小于 500，文本框 Text2 中输入的数据小于 1000，否则重新输入。为了实现上述功能，在以下程序中问号（？）处应填入的内容是_____。

```
Private Sub Text1_LostFocus()
  Call Checkinput(Text1, 500)
End Sub
Private Sub Text2_LostFocus()
  Call Checkinput(Text2, 1000)
End Sub
Sub Checkinput(t As ?, x As Integer)
  If Val(t.Text) > x Then
    MsgBox "请重新输入!"
  End If
End Sub
```

A. Text   B. SelText   C. Control   D. Form

二、填空题

1. 执行下面程序，单击命令按钮 Command1 后，显示在窗体上第一行的内容是___（1）___，第二行的内容是___（2）___，第三行的内容是___（3）___。

```
Option Explicit
Private Sub Command1_Click()
  Dim n As Integer, m As Integer
  n = 2
  Do While m < 3
   n = n + 2
   If Fun(n) Then
     Print n
     m = m + 1
   End If
  Loop
End Sub
Private Function Fun(ByVal n As Integer) As Boolean
  If n / 2 = Int(n / 2) Then
   Fun = Fun(n / 2)
  Else
   If n = 1 Then Fun = True
  End If
End Function
```

2. 执行下面的程序后，单击按钮 Command1，窗体上显示的结果为_____。

```
Option Explicit
Private Sub Command1_Click()
  Dim a As Integer, b As Integer
  a = 2: b = 3
  For n = 1 To 6
   If n Mod 2 = 0 Then
     b = Fun(n, a) + a
   Else
     a = Fun(b, n) + b
   End If
   Print n, a, b
  Next n
End Sub
Private Function Fun(x As Integer, y As Integer) As Integer
```

```
    x = y - 1 + n
    y = x + y - n
    Fun = x + y
End Function
```

3. 执行下面的程序，单击 Command1，在窗体界面上显示的第一行内容是___（1）___，第二行是___（2）___，第三行是___（3）___，第四行是___（4）___。

```
Option Explicit
Private Sub Command1_Click()
  Dim a As Integer, b As Integer, i As Integer
  i = 1218
  a = i \ 100
  b = i Mod 100
  If b <> 0 Then
    Print a
    Print b
    Print Lcd((a), (b)); a; b
    Print Lcd(a, b); a; b
  End If
End Sub
Private Function Lcd(x As Integer, y As Integer) As Integer
  Dim d As Integer
  If x < y Then
    d = x: x = y: y = d
  End If
  d = x
  Do
    If x Mod y = 0 Then
      Lcd = x
      Exit Do
    Else
      x = x + d
    End If
  Loop
End Function
```

4. 执行下面程序，单击命令按钮 Command1 后，则在窗体上第一行显示的是___（1）___，第二行显示的值是___（2）___。

```
Option Explicit
Dim x As Integer
Private Sub Command1_Click()
  Dim y As Integer
  x = 10: y = 2
  Call Process(y)
  Print x, y
  Call Process((y))
  Print x, y
End Sub
Private Sub Process(n As Integer)
  Dim y As Integer
  If n > 0 Then
    x = x - n
    y = x
```

```
   Else
      x = x + n
      y = x + 2
   End If
   n = -n
End Sub
```

5. 执行下面程序，单击 Command1 按钮，窗体上显示的第一行是 （1） ，第二行是 （2） ，第三行是 （3） 。

```
Option Explicit
Private Sub Command1_Click()
   Dim i As Integer, n As Integer
   For i = 5 To 15 Step 2
      n = Fun1(i, i)
      Print n
   Next i
   Print i
End Sub
Private Function Fun1(ByVal a As Integer, b As Integer)
      b = a + b
      Fun1 = a + b
End Function
```

6. 执行下面的程序，当单击窗体时，显示在窗体上的第一行内容是 （1） ，第二行内容是 （2） ，第三行内容是 （3） 。

```
Option Explicit
Dim a As Integer
Private Sub Command1_Click()
   Dim b As Integer
   a = 1: b = 2
   Print Fun1(Fun1(a, b), b)
   Print a
   Print b
End Sub
Private Function Fun1(x As Integer, y As Integer) As Integer
   Dim i As Integer
   For i = 1 To y
      y = y + 1
      x = x + 1
      a = x + y
   Next i
   Fun1 = a + y
End Function
```

7. 单击一次命令按钮之后，下列程序代码的执行结果为_____。

```
Public Sub Proc(a() As Integer)
   Static i As Integer
   Do
      a(i) = a(i) + a(i + 1)
      i = i + 1
   Loop While i < 2
End Sub
```

```
Private Sub Command1_Click()
  Dim m As Integer, i As Integer, x(4) As Integer
  For i = 0 To 4
    x(i) = i + 1
  Next i
  For i = 0 To 2
    Call Proc(x)
  Next i
  For i = 0 To 4
    Print x(i);
  Next i
End Sub
```

8. 执行下面程序，单击命令按钮 Command1 后，显示在窗体上第 1 行的内容是___（1）___，A（2，1）的值是___（2）___，A（3，3）的值是___（3）___。

```
Option Base 1
Private Sub Command1_Click()
  Dim a(3, 3) As Integer, k As Integer
  Dim i As Integer, j As Integer
  Call Sub1(a)
  For i = 1 To 3
    For j = 1 To 3
      Print Right("0" & a(i, j) & " ", 3);
    Next j
    Print
  Next i
End Sub
Private Sub Sub1(a() As Integer)
  Dim n As Integer, k As Integer, i As Integer, j As Integer
  n = UBound(a, 1)
  For i = 1 To n - 2
    For j = i To n - i
      a(i, i) = k + 1
      a(j, n + 1 - i) = k + 2
      a(n + 1 - i, n + 1 - j) = k + 3
      a(n + 1 - j, i) = k + 4
      k = k + 4
    Next j
  Next i
  If n Mod 2 <> 0 Then
    a((n + 1) / 2, (n + 1) / 2) = k + 1
  End If
End Sub
```

9. 运行下面的程序，当单击窗体时，窗体上第 1 行内容为___（1）___，第 3 行内容为___（2）___，第 4 行内容为___（3）___。

```
Dim x As Integer, y As Integer
Private Sub Form_Click()
  Dim a As Integer, b As Integer
  a = 5: b = 3
  Call Sub1(a, b)
  Print a, b
  Print x, y
```

```
End Sub
Private Sub Sub1(ByVal m As Integer, n As Integer)
  Dim x As Integer, y As Integer
  x = m + n: y = m - n
  m = Fun1(x, y)
  n = Fun1(y, x)
End Sub
Private Function Fun1(a As Integer, b As Integer) As Integer
  x = a + b: y = a - b
  Print x, y
  Fun1 = x + y
End Function
```

10. 执行下面的程序，在文本框 Text1 中输入数据 15768 后单击命令按钮 Command1 按钮，窗体上显示的第一行是___（1）___，第二行是___（2）___，第三行是___（3）___。

```
Option Explicit
Private Function Pf(x As Integer) As Integer
  If x < 100 Then
    Pf = x Mod 10
  Else
    Pf = pf(x \ 100) * 10 + x Mod 10
    Print Pf
  End If
End Function
Private Sub Command1_Click()
  Dim x As Integer
  x = Text1.Text
  Print Pf(x)
End Sub
```

11. 执行下面的程序，图片框第 1 行内容是___（1）___，图片框第 2 行内容是___（2）___。

```
Private Sub Command1_Click()
  Dim S As String
  S = "ABC"
  Back S
  Picture1.Print
  Picture1.Print S
End Sub
Private Sub Back(St As String)
  If Len(St) > 1 Then
    Back (Right(St, Len(St) - 1))
  End If
  Picture1.Print Left(St, 1);
End Sub
```

12. 给出下列程序代码在单击命令按钮时的输出结果_____。

```
Private Sub Command1_Click()
  Dim x As Integer, y As Integer
  Dim n As Integer, z As Integer
  x = 1: y = 1
  For n = 1 To 3
    z = Proc1(x, y)
```

```
      Print n, z
    Next n
  End Sub
  Private Function Proc1(x As Integer, y As Integer) As Integer
    Dim n As Integer
    Do While n <= 4
      x = x + y
      n = n + 1
    Loop
    Proc1 = x
  End Function
```

13. 执行下面程序，单击命令按钮 Command1 后，显示在窗体上第一行的内容是___（1）___，第二行的内容是___（2）___，最后一行的内容是___（3）___。

```
Option Explicit
Dim n As Integer
Private Sub Command1_Click()
  Dim i As Integer
  For i = 3 To 1 Step -2
    n = Fun(i, n)
    Print n
  Next i
End Sub
Private Function Fun(a As Integer, b As Integer) As Integer
  Static x As Integer
  Dim Sum As Integer, i As Integer
  x = x + n
  For i = 1 To a
    b = b + x + i
    n = n - i \ 2
    Sum = Sum + b
  Next i
  a = a + 1
  Fun = Sum + a
End Function
```

14. 执行下面程序，单击 Command1 按钮，多行文本框 Text1 中显示的第一行是___（1）___，第三行是___（2）___。

```
Option Explicit
Private Sub Command1_Click()
  Dim st As String, n As Integer, ast As String
  st = "Basic"
  n = Len(st)
  Do
    ast =Change(st, n)
    Text1 = Text1 & ast & vbCrLf
    n = n - 1
  Loop Until n <= 1
End Sub
Private Function Change(st As String, n As Integer) As String
  Static p As Integer
  p = p + 1
  Change = Right(st, n - 1) & Left(st, p)
End Function
```

15. 单击窗体，执行以下程序中，窗体第 1 行的输出结果为　(1)　，第 3 行的输出结果为　(2)　，第 5 行的输出结果为　(3)　。

```
Option Explicit
Dim i%, j%, k%
Private Sub Form_Click()
  i = 0: j = 1: k = 2
  Call Q(i, k): Print i, j, k
  Call Q(j, k): Print i, j, k
  Call Q(k, j): Print i, j, k
End Sub
Private Sub Q(ByVal h%, k%)
  Dim j%
  j = k
  If h = 0 Then
    Call P(i)
  ElseIf h = 1 Then
    Call P(j)
  Else
    Call R
  End If
End Sub
Private Sub P(j%)
  j = j + 1
  Print i, j, k
End Sub
Private Sub R()
  j = j + 1
End Sub
```

16. 如果一个正数从高位到低位上的数字递减，则称此数为降序数。例如，96321、52 等都是降序数。本程序当单击命令按钮时从键盘输出一个正整数，调用 NumDecl 过程判断输入的数是否是降序数，并在单击事件过程中输出判断结果。

```
Private Sub Command1_Click()
  Dim n As Long, flag As Boolean
  n = InputBox("请输入一个正整数")
  Call NumDec1(n, flag)
  If    (1)    Then
    Print n; "是降序数"
  Else
Print n; "不是降序数"
  End If
End Sub
Private Sub NumDec1(n As Long, flag As Boolean)
  Dim x As String, i As Integer
  x =   (2)
  For i = 1 To Len(x)
    If   (3)    Then Exit For
  Next i
  If i = Len(x) + 1 Then flag = True Else flag = False
End Sub
```

17. 找出由两个不同数字组成的平方数，并将结果显示在列表框 List1 中。运行结果如图 8-1 所示。

```
Option Explicit
Private Sub Command1_Click()
  Dim i As Long, n As Long
  For i = 11 To 300
      (1)
    If Verify(n) Then
          (2)
    End If
  Next i
End Sub
Private Function Verify(    (3)    ) As Boolean
  Dim a(0 To 9) As Integer, i As Integer, js As Integer
  Do While n <> 0
      (4)
  n = n \ 10
  Loop
  For i = 0 To 9
    js = js + a(i)
  Next i
    (5)
End Function
```

18. 下面程序是把给定的二进制整数转换为八进制整数。

```
Private Sub Command1_Click()
  Dim a As String, b As String, c As String
  Dim L As Integer, m As Integer, n As Integer
  a = InputBox("请输入一个二进制数", "输入框")
    (1)
    a = String(L, "0") & a
    (2)
  For m = 1 To n / 3
    b = Mid(a, 3 * m - 2, 3)
      (3)
  Next m
  Text1.Text = c
End Sub
Private Function Zh(ByVal s As String) As String
  Dim i As Integer, n As Integer, p As Integer
  p = 1
  For i = 2 To 0 Step -1
      (4)
    p = p + 1
  Next i
  Zh = Str(n)
End Function
```

19. 下面程序的功能是验证任意一个大于 5 的奇数可表示为 3 个素数之和。完善程序，实现以上功能，运行结果如图 8-2 所示。

图 8-1　习题 17 程序界面

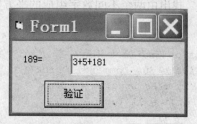

图 8-2　习题 19 程序界面

```
Option Explicit
Option Base 1
Private Sub Command1_Click()
  Dim p() As Integer, n As Integer, m As Integer
  Dim i As Integer, j As Integer, k As Integer
  Dim ch As String
  n = InputBox("输入一个大于 5 的奇数!")
  Label1.Caption =    (1)
  Call Prime(p, n)
  m = UBound(p)
  For i = 1 To m
    For j = 1 To m
      For k = 1 To m
        If    (2)    Then
          ch = CStr(p(i)) & "+" & CStr(p(j)) & "+" & CStr(p(k))
          Text1.Text = ch
            (3)
        End If
      Next k
    Next j
  Next i
End Sub
Private Sub Prime(a() As Integer, n As Integer)
  Dim i As Integer, idx As Integer
  Dim j As Integer
  For i = 2 To n
    For j = 2 To Sqr(i)
      If i Mod j = 0 Then Exit For
    Next j
    If j > Sqr(i) Then
      (4)
      ReDim Preserve a(idx)
      A(Idx) = i
    End If
  Next i
End Sub
```

20. 下面程序的功能是验证一个命题：对任何一个非零的正整数，若为偶数则除以 2，若为奇数则乘 3 加 1，得到一个新的正整数后再按照上面的法则继续演算，经过若干次演算后得到的结果必然为 1，运行结果如图 8-3 所示。

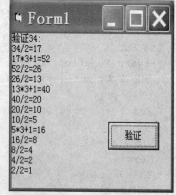

图 8-3　习题 20 程序界面

```
Option Explicit
Private Sub Command1_Click()
```

```
  Dim x As Integer
  Cls
  x = InputBox("请输入一个正整数")
  Print "验证" & x & ":"
  Call Yz(x)
End Sub
Sub Yz(n As Integer)
  Dim i As Integer, s As String
  If n Mod 2 = 0 Then
    s = n & "/2"
    n = n / 2
    Print s & "=" & n
  ElseIf    (1)    Then
       (2)
    n = n * 3 + 1
    Print s & "=" & n
  Else
          (3)
  End If
       (4)
End Sub
```

8.4　实　验　题

一、实验目的

1. 掌握过程的定义和调用。
2. 理解参数的按值和按地址传递方式，并学会使用。
3. 学会编写和调用递归调用过程，并理解递归回溯的整个过程。
4. 能够区别过程级、模块级和全局变量的作用域，并能够根据实际需要使用它们。

二、实验内容

实验 8-1　根据所给程序代码，写出程序运行的结果和过程的功能。可以利用单步调试工具的使用，理解过程调用的执行流程，并请注意参数传递。

（1）程序 1 如下：

```
Private Sub Command1_click()
  Print Fun(24, 18)
End Sub
Function Fun(a As Integer, b As Integer)
  Dim c As Integer
  If a < b Then
    c = a: a = b: b = c
  End If
  c = 0
  Do
    c = c + a
  Loop Until c Mod b = 0
  Fun = c
End Function
```

运行的结果为_____，函数过程的功能为_____。

（2）程序 2 如下：

```
Option Explicit
Private Sub Command1_Click()
  Dim i As Integer, j As Integer
  Dim k As Integer
  i = 1: j = 2
  k = Fun(i, Fun(i, j)) + i + j
  Print "i="; i, "j="; j, "k="; k
End Sub
Function Fun(a As Integer, ByVal b As Integer) As Integer
  a = a + b
  b = a + b
  Fun = a + b
End Function
```

运行的结果是_____。

实验 8-2　改错题。

（1）为达到把 a、b 中的值交换后输出的目的，某人编程如下：

```
Private Sub Command1_Click()
  a% = 10: b% = 20
  Call Swap(a, b)
  Print a, b
End Sub
Private Sub Swap(ByVal a As Integer, ByVal b As Integer)
  c = a: a = b: b = c
End Sub
```

在运行时发现输出结果错了，需要修改。

（2）某人编写了一个能够返回数组 a 中 10 个数的最大值的函数过程，代码如下：

```
Function MaxValue(a() As Integer) As Integer
  Dim max%
  max = 1
  For k = 2 To 10
    If a(k) > a(max) Then
      max = k
    End If
  Next k
  MaxValue = max
End Function
```

程序运行时，发现函数过程的返回值是错的，需要修改。

实验 8-3　编写一个子程序过程，实现字符串的大小写转换，运行界面如图 8-4 所示。

【分析】　首先，为子程序过程定义一个有意义的名称：Conversion；其次，考虑要实现指定字符串的处理，需要外界提供给子程序过程一个字符串，因此，必须定义一个字符串类型的形参；最后，在过程体中采用穷举算法，实现大小写转换。注意，仅在本过程中用到的变量，都定义为本过程的局部变量。具体的大小写转换子程序过程的定义如下：

```
Option Explicit
```

```
Private Sub Command1_Click()
  Dim ch As String
  ch = Text1.Text
  _____  '调用子程序过程 Conversion 实现字符串的大小写转换
  Text1.Text = ch
End Sub
Private Sub Conversion( _____ )  '子程序过程 Conversion 的定义
  Dim i As Integer, ch As String * 1
  For i = 1 To Len(s)
    ch = Mid(s, i, 1)
    If ch >= "A" And ch <= "Z" Then
      Mid(s, i, 1) = LCase(ch)
    ElseIf _____ Then
      Mid(s, i, 1) = UCase(ch)
    End If
  Next i
End Sub
```

实验 8-4　编写一个标准模块，该模块包含能比较 3 个数大小并返回最大数的函数过程和 Sub 过程。分别调用这两个过程来求 6 个数的最大数，运行界面如图 8-5 所示。

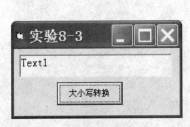

图 8-4　实验 8-3 运行界面

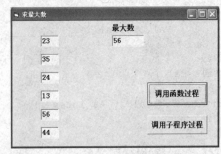

图 8-5　实验 8-4 运行界面

实验 8-5　找出 100 以内（含 100）自然数对，使两个成对的自然数满足其和与差都是平方数，如 26 和 10，其和为 36，其差为 16，均为平方数，运行界面如图 8-6 所示。

【分析】　函数过程 Pf 判断自然数 n 是否是平方数，对于自然数 i 和 j，调用函数过程 Pf，若 i+j 和 j-i 同时是平方数，则在列表框内显示 i 和 j。

```
Private Sub Command1_Click()
  For i = 1 To 100
    For j = _____ To 100
      If _____ Then
        List1.AddItem i & " " & j
      End If
    Next j
  Next i
End Sub
Public Function Pf(x As Integer) As Boolean
  Dim y As Integer
  _____
  If y * y = x Then
    _____
  Else
    pf = False
```

```
    End If
End Function
```

实验 8-6 通过键盘向文本框输入正整数。在"除数"框架中选择一个单选按钮，然后单击"处理数据"命令按钮，将大于文本框中的正整数并且能够被所选除数整除的 5 个数添加到列表框 List1 中，运行结果如图 8-7 所示。

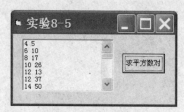

图 8-6 实验 8-5 运行界面

图 8-7 实验 8-6 运行界面

提示 选项按钮 Option1 是一个控件数组。

```
Private Sub Command1_Click()
  Dim y As Integer
  For i = 0 To 2
    If _____ = True Then
      y = Val(Option1(i)._____ )
    End If
  Next
  Call Calc(y)
End Sub
Private Sub Calc(y As Integer)
  ClearList
  i = 1
  x = Val(Text1.Text) + 1
  Do While i <= _____
    If x Mod y = 0 Then
      List1.AddItem _____
      i = i + 1
    End If
    x = x + 1
  Loop
End Sub
Private Sub ClearList()
  For k = List1.ListCount - 1 To 0 Step -1
    List1.RemoveItem _____
  Next k
End Sub
```

实验 8-7 参数传递。

（1）注意数值传递、地址传递的区别。

```
Private Sub Command1_Click()
  Dim x As Integer, y As Integer, z As Integer
  x = 3
  y = 5
  z = Fy(y)
  Print Fx(Fx(x)), x, y
```

```
End Sub
Function Fx(ByVal a As Integer)
  a = a + a
  Fx = a
End Function
Function Fy(ByRef a As Integer)
  a = a + a
  Fy = a
End Function
```

执行上述代码后，程序的执行结果为＿＿＿＿＿＿＿。

（2）当实参是变量、表达式、常量，形式参数是如何定义的，参数又是如何传递的？

```
Option Explicit
Private Sub Form_Click()
  Dim a As Integer, b As Single, c As String, d As Boolean
  a = 5: b = 45.6: c = "234.3"
  Call Test(a, b, d)
  Print a, b, c, d
  Call Test(4, (c), a > b)
  Print a, b, c, d
  Test a, b, (c)
  Print a, b, c, d
  Call Test(a + b, b, Not d)
  Print a, b, c, d
End Sub
Sub Test(x As Integer, y As Single, z As Boolean)
  y = y + x
  x = x + y
  z = x > y And Not z
  Print x; y; z
End Sub
```

执行上述代码后，程序的执行结果为＿＿＿＿＿＿＿。

（3）当实参是数组，形式参数是如何定义的，参数的传递方式又如何？

```
Private Sub Command1_Click()
  Dim arr(5) As Integer
  For k = 1 To 5
    arr(k) = k
  Next k
  Call Prog(arr)
  For k = 1 To 5
    Print arr(k);
  Next k
End Sub
Sub Prog(a() As Integer)
  n = UBound(a)
  For i = n To 2 Step -1
    For j = 1 To n - 1
    If a(j) < a(j + 1) Then
      t = a(j): a(j) = a(j + 1): a(j + 1) = t
    End If
    Next j
  Next i
End Sub
```

程序设计基础——Visual Basic 学习与实验指导（第 2 版）

实验 **8-8** 变量的作用域。

（1）注意全局变量、局部变量、模块变量的作用域范围。

```
Option Explicit
Public x As Single
Private a As Integer, b As String
Private Sub Command1_Click()
  Dim y As Integer
  x = 8: y = 9
  Call P2(y, Str(x))
  x = a: y = a + x
  Call P1(x, y)
  Print x, y, a, b
End Sub
Private Sub P1(m As Single, n As Integer)
  m = a + m: x = n Mod 4: b = b & CStr(n)
End Sub
Private Sub P2(ByVal x As Integer, d As String)
  a = a + x: b = b & d: d = b
End Sub
```

执行上述代码后，程序的执行结果为＿＿＿＿。

（2）同名问题。

① 注意优先访问局限性大的作用范围小的同名变量。

```
Option Explicit
Dim x As Integer, y As Integer
Private Sub Form_Click()
  Dim a As Integer, b As Integer
  a = 5: b = 3
  Call Sub1(a, b)
  Print a, b
  Print x, y
End Sub
Private Sub Sub1(ByVal m As Integer, n As Integer)
  Dim y As Integer
  x = m + n: y = m - n
  m = Fun1(x, y)
  n = Fun1(y, x)
End Sub
Private Function Fun1(a As Integer, b As Integer) As Integer
  x = a + b: y = a - b
  Print x, y
  Fun1 = x + y
End Function
```

执行上述代码后，程序的执行结果为＿＿＿＿。

② 注意不同模块同名变量的访问形式。

窗体模块中的代码如下：

```
Public intx As Integer
Private Sub Command1_Click()
  Module1.Test
  MsgBox Module1.intx
```

184

```
End Sub
Public Sub Test()
  intx = 3
End Sub
Private Sub Command2_Click()
  Module2.Test
  MsgBox Module2.intx
End Sub
Private Sub Command3_Click()
  Test
  MsgBox intx
End Sub
```

标准模块 1 中的代码如下：

```
Public intx As Integer
Public Sub Test()
  intx = 1
End Sub
```

标准模块 2 中的代码如下：

```
Public intx As Integer
Public Sub Test()
  intx = 2
End Sub
```

运行程序，分别单击 3 个命令按钮，注意观察变量是如何引用的，并写出运行结果。

（3）静态变量。

```
①Option Explicit
Private Sub Command1_Click()
  Dim x As Single, i As Integer
  x = 1.2
  For i = 1 To 3
   x = x * i
   Print Fun1(x)
  Next i
End Sub
Private Function Fun1(x As Single) As Single
  Static y As Single
  y = y + x
  Fun1 = y / 2
End Function
```

执行上述代码后，程序的执行结果为_____。

```
②Option Explicit
Private Sub Command1_Click()
  Dim a As Integer, b As Integer, z As Integer
  a = 1: b = 1: z = 1
  Call P1(a, b)
  Print a, b, z
  Call P1(b, a)
  Print a, b, z
```

```
End Sub
Sub P1(x As Integer, ByVal y As Integer)
  Static z As Integer
  x = x + z
  y = x - z
  z = x + y
  Print x, y, z
End Sub
```

执行上述代码后，程序的执行结果为_____。

实验 8-9 递归调用。

（1）Fibonacci 数列的递归公式如下：

$$Fibo(n) = \begin{cases} 1 & (n=1) \\ 1 & (n=2) \\ Fibo(n-1)+Fibo(n-2) & (n>2) \end{cases}$$

编写程序输出 Fibonacci 数列的前 m 项，其中 n 由 InputBox 函数输入，要求将结果显示在列表框中。

（2）给定一个十进制正整数，找出小于它并与其互质的所有正整数（互质数是指最大公约数为 1 的两个正整数，运行结果如图 8-8 所示。

图 8-8　实验 8-9 运行界面

```
Option Explicit
Private Function Gcd(_____) As Integer
  Dim r As Integer
  r = m Mod n
  If r = 0 Then
    Gcd = n
  Else
    m = n
    n = r
    _____
  End If
End Function
Private Sub Command1_Click()
  Dim n As Integer, p As Integer
  n = Val(Text1)
  For p = n - 1 To 2 Step -1
    If _____ Then List1.AddItem p
  Next p
End Sub
```

实验 8-10 编写过程 Swap，通过该调用过程，调换数组中数值的存放位置，即 a（1）与 a（10）的值互换，a（2）与 a（9）的值互换，……。

实验 8-11 验证下列命题：设 n 是一个自然数，s1 是 n 的各位数字之和，s2 是 2*n 的各位数字之和。若 s1=s2，则 n 是 9 的倍数。运行结果如图 8-9 所示。

实验 8-12 求在[100, 999]范围内同时满足以下两个条件的十进制数的数及个数。（1）其个位数字与十位数字之和除以 10 所得的余数是百位数字；（2）该数是素数。运行结果如图 8-10

所示。

图 8-9　实验 8-11 运行界面

图 8-10　实验 8-12 运行界面

8.5　常见错误分析

1. 形参与实参的数据类型不匹配。

在按地址传递时，要求实参与形参的数据类型一致，否则程序运行时会出现 "ByRef 参数类型不符" 的出错信息。

在按值传递时，实参按照形参的数据类型转换后将值传递给形参；若不能转换，则显示 "类型不匹配" 的出错信息。

2. 变量的作用域与同名变量。

分清每个变量的作用域及它们的生存期。局部（过程级）变量的生存期为该过程，当调用该过程时，给该变量分配空间并初始化；当过程调用结束，收回分配的存储空间。窗体级变量的生存期为该窗体，当窗体装入，系统给该变量分配存储空间，直到该窗体被卸载。

同名变量当作用域发生嵌套时，优先访问局限性大的变量。

3. 递归调用中的 "栈溢出"。

如本章示例分析第 4 题中的 x 不是静态变量的话，每递归调用一次 Test 过程，x 都初始化为 0，永远也到不了 x>=6 的结束条件，直到栈满，产生栈溢出的出错信息。

```
Private Sub Test()
  Dim x As Integer
  x = x * 2 + 1
  If x < 6 Then
    Call Test
  End If
  x = x * 2 + 1 : Print x
End Sub
Private Sub Form_Click()
  Test
End Sub
```

8.6　编程技巧与算法的应用分析

1. 程序设计算法问题。

过程的程序编写难度较大，主要是算法的构思比较困难，是程序设计中的难点与重点。没有捷径可走，只能多看、多练，知难而进。

常用的算法如下：

数值计算：求最大值（最小值）及下标位置、求和、求平均值、最大公约数、最小公倍数、素数、数制转换、高次方程求根（二分法、迭代法）、定积分（矩形法、梯形法、辛卜生法等）。

非数值计算：常用字符串处理函数、数组排序（选择法、冒泡法、插入法、合并排序）、数组查找（顺序法、二分法）。

2. 编程时如何判断选用子过程还是函数过程。

过程是一个具有某种功能的独立程序，可供多次调用。子过程和函数过程的区别在于：子过程无返回值，函数过程有返回值。若过程只需要有一个返回值，则设计为函数过程，使用较简单；若无返回值，则设计为子过程。若需要返回多个值，可以设计为子过程，通过传址的参数带回；也可设计为函数过程，函数名带回一个，其余有传址的参数带回。

3. 值传递与地址传递的选择。

参数传递方式的正确选择是获得正确结果的关键。

当仅要从实参获得初值，应使用值传递；若要将形参的运算结果返回给实参，必须是按地址传递。另外，数组、记录类型和对象必须使用地址传递。

调用时，按地址传递对应的实参不应该是表达式或常量。在 Visual Basic 中尽管不显示出错信息，但得不到用户期望的结果。

示例：编写程序计算 5! +4! +3! +2! +1! 的值。

```
Private Sub Form_Click()
  Dim i As Integer, sum As Long
  For i = 5 To 1 Step -1
    sum = sum + Fact(i)
  Next i
  Print "sum="; sum
End Sub
Private Function Fact(n As Integer) As Long
  Fact = 1
  Do While n > 0
    Fact = Fact * n
    n = n - 1
  Loop
End Function
```

运行上述程序，输出结果为 sum=120，没有得到 sum=153 的正确结果。其原因在于 Function 过程中 Fact 的形参 n 是按地址传递的参数。而在事件过程 Form_Click（）的 For 循环中用循环变量 i 作为实参调用函数 Fact，第 1 次调用函数 Fact 后，形参 n 的值被改为 0，因而循环变量 i 的值也跟着变为 0，使得 For 循环仅执行一次，就立即退出循环。所以程序仅仅求了 5! 的值，打印运行结果后就结束程序运行。

在不改变函数 Fact 过程体的前提下，要得到预期的结果，有两种方法：

方法 1：在函数 Fact 的形参 n 前面加上关键字 "Byval"，使它成为按值传递的参数；

方法 2：把变量转换为表达式，即用 Fact（（i））的形式调用函数，那么传递给形参 n 的就是实参 i 的值，而不是地址。则 n 的变化不影响循环变量 i 的值。

8.7　参　考　答　案

一、选择题

1. D　2. A　　3. A　4. B　5. B　　6. D　　7. D　8. C　　9. D　10. A
11. A　12. A　　13. C　14. D　15. D　16. C　　17. D　18. D　19. C　20. A
21. A　22. B　　23. B　24. A　25. B　26. C　　27. D　28. B　29. D　30. C

二、填空题

1.（1）4　　　　　（2）8　　　　　　（3）16
2. 1　　3　　1
　　4　　3　　10
　　9　　27　　9
3.（1）12　　　　（2）18　　　　（3）36 12 18　　　（4）36 36 12
4.（1）8　−2　　（2）6　　−2
5.（1）15　　　　（2）36　　　（3）26
6.（1）34　　　　（2）26　　　（3）8
7. 3 5 7 9 5
8.（1）01　05　02　　　　　　（2）08　　　　　　（3）03
9.（1）10　　6　　　　　　（2）5　　　4　　　　（3）10　　−6
10.（1）17　　　（2）178　　（3）178
11. 3　3　4
　　1　3　1
　　0　0　1
　　1　0　0
12. 1　　6
　　2　　11
　　3　　16
13.（1）11　　　（2）61　　　（3）136
14.（1）asicB　　（2）icBas
15.（1）1　1　2　（2）1　3　2　（3）1　2　2
16.（1）Flag 或 Flag=True　　　（2）Cstr（n）或 Trim（Str（n））
　　（3）Mid（x，i，1）＜Mid（x，i+1，1）
17.（1）n = i * i
　　（2）List1.AddItem（CStr（n）＋"="+CStr（i）+"*"+CStr（i））
　　（3）ByVal n As Long
　　（4）a（n Mod 10）= 1
　　（5）If js = 2 Then Verify = True

18.（1）L = 3 – Len（a） Mod 3 （2）n = Len（a）

（3）c = c & Zh（b） （4）n = n + Val（Mid（s，p，1））* 2 ^ i

19.（1）Str（n）& "=" （2）P（i）+ P（j）+ P（k）= n

（3）Exit Sub （4）idx = idx + 1

20.（1）n Mod 2 = 1 And n > 1 （2）s = n & "*3+1"

（3）Exit Sub （4）Call Yz（n）

第9章
文件

9.1 学习要点

1. 文件的概念和分类。

文件是指记录在外部存储介质上的数据的集合。

对于计算机系统来说，文件是由一系列相关联的字节构成的，而对于应用程序来说，文件是由记录构成的。

根据数据的编码方式，文件可以分为 ASCII 文件和二进制文件。

根据访问模式，文件可以分为顺序存取文件和随机存取文件、二进制存取文件。

文件操作的一般步骤为：打开文件、读写文件、关闭文件。

2. 文件的打开与关闭。

（1）Visual Basic 中使用 Open 语句打开或建立文件。

格式：Open 文件名 [For 访问模式] [Access 存取类型] [锁定] As [#]文件号 [Len=记录长度]

文件被打开后，自动生成一个文件指针（隐含的），文件的读写操作就从该指针所指的位置开始。

（2）打开文件，对文件的读写操作结束后，应将文件及时关闭，Visual Basic 中使用 Close 语句来实现。

格式：Close [[#]文件号][,[#]文件号]……

3. 文件操作的相关函数和语句。

与文件操作相关的函数包括 FreeFile 函数、Loc 函数、LOF 函数、FileLen 函数、EOF 函数、Seek 函数、FileAttr 函数、GetAttr 函数和 FileDateTime 函数。

与文件操作相关的语句包括 Seek 语句、Lock 和 Unlock 语句、FileCopy 语句、Kill 语句、Name 语句、CurDir 语句、ChDrive 语句、MkDir 语句、ChDir 语句、RmDir 语句和 SetAttr 语句。

4. 顺序存取文件。

顺序文件的打开有 3 种方法，格式如下：

```
Open 文件名 For Output As [#]文件号
Open 文件名 For Append As [#]文件号
Open 文件名 For Input As [#]文件号
```

关闭文件使用 Close 语句。

顺序文件的写操作，在 Visual Basic 中，要向顺序文件写入数据，首先应以 Output 或 Append 方式打开文件，然后使用 Print # 和 Write # 语句实现数据的写入。

5. 随机存取文件。

对于随机文件的访问操作分为以下 4 个步骤。

（1）声明记录类型，定义相关变量。

（2）Random 模式打开文件。

（3）Put # 和 Get # 语句编辑文件。

（4）关闭文件。

了解随机文件基本访问方法，就可以方便地对随机文件进行记录的查询、追加、修改和删除等操作。

6. 二进制存取文件。

打开和关闭二进制文件格式如下。

格式：Open 文件名 For Binary As [#]文件号

关闭使用与顺序文件相同的 Close 语句。

访问二进制文件与访问随机文件类似，也是用 Get 和 Put 语句读写，区别在于二进制文件的读写单位是字节，而随机文件的读写单位是记录。

7. 文件系统控件。

文件系统控件包括驱动器列表框（DriveListBox）、目录列表框（DirListBox）和文件列表框（FileListBox）。在实际应用中，文件系统的 3 个基本控件总是同时使用，而且类似于资源管理器，它们还需要保证同步操作：驱动器列表框中当前驱动器的变动引发目录列表框中当前目录的变化，并进一步引发文件列表框目录的变化。

9.2 示 例 分 析

1. Visual Basic 的文件系统控件是_____。

    A. 驱动器列表框、目录列表框、文件列表框

    B. 驱动器列表框、目录列表框、组合框

    C. 文本框、目录列表框、文件列表框

    D. 驱动器列表框、图片框、文件列表框

【分析】 答案为 A。当打开文件或将数据存入磁盘时，需要显示、了解有关磁盘驱动器、目录和文件等信息。一般在文件操作时通常利用驱动器列表框、目录列表框和文件列表框来方便查看系统的磁盘、目录和文件的信息。驱动器列表框、目录列表框和文件列表框通常总是在一起使用，如果同时使用文件系统的这 3 个控件，则应该在每个控件的 Change 事件过程中编写相关的同步化程序代码，以保证在 3 个列表框中同步地显示相关信息。

2. 计算机处理的最小数据单位是_____。

    A. 字符   B. 字段   C. 记录   D. 文件

【分析】 答案为 B。计算机中的文件是由记录组成的，记录是文件处理的基本单位，记录又

是由字段组成的，字段是数据的基本单位，也是计算机能独立处理的最小单位。

3. 下列关于 Visual Basic 中打开文件的说法正确的是_____。

    A. Visual Basic 在引用文件之前无须将其打开

    B. 用 Open 语句可以打开随机文件、二进制文件等

    C. Open 语句的文件号可以是整数或是字符表达式

    D. 使用 For Output 参数不能建立新的文件

【分析】 答案为 B。在 Visual Basic 中引用文件之前必须将其打开；用 Open 语句可以打开顺序文件、随机文件和二进制文件；Open 语句的文件号是 1～511 的整数；使用 For Output 参数可以建立新的文件。

4. 下列关于 Put、Get、Print、Write 语句的说明，错误的是_____。

    A. 每执行一次 Put[#]语句，会在随机文件中产生一个记录

    B. 每执行一次 Get[#]语句，会在随机文件中读取一个记录的数据

    C. 一条 Print#（或 Write#）语句可以将若干个数据项写入数据文件中，但这些数据项的类型必须相同

    D. 一条 Print#（或 Write#）语句可以将若干个数据项写入数据文件中，但这些数据项的类型可以不相同

【分析】 答案为 C。Print#和 Write#语句是对顺序文件写操作的语句；Put[#]和 Get[#]语句是对随机文件写和读操作的语句。对随机文件的操作，每执行一次读写操作都是以一条记录为单位进行的，所以 A 和 B 的叙述都正确。一条 Print#（或 Write#）语句可以将若干个数据项写入数据文件中，这些数据项的类型可以相同，也可以不同。

5. 窗体上有 1 个名称为 Text1 的文本框和 1 个名称为 Command1 的命令按钮。要求程序运行时，单击命令按钮，就可把文本框中的内容写到文件 out.txt 中，每次写入的内容附加到文件原有内容之后。下面能够正确实现上述功能的程序是_____。

    A. Private Sub Command_Click（ ）

            Open "out.txt" For Input As #1

            Print #1，Text1.Text

            Close #1

    End Sub

    B. Private Sub Command_Click（ ）

            Open "out.txt" For Output As #1

            Print #1，Text1.Text

            Close #1

    End Sub

    C. Private Sub Command_Click（ ）

            Open "out.txt" For Append As #1

            Print #1，Text1.Text

            Close #1

    End Sub

    D. Private Sub Command_Click（ ）

            Open "out.txt" For Random As #1

　　　　　　　　Print #1，Text1.Text

　　　　　　　　Close #1

　　　End Sub

【分析】　答案为 C。根据题目要求程序运行时，单击命令按钮，就可把文本框中的内容写到文件 out.txt 中，每次写入的内容附加到文件原有内容之后。抓住以上 3 点，确定（1）应在命令按钮的 Click 事件中实现以上功能；（2）应以写的方式打开文件；（3）是追加写入，不是覆盖写入方式对文件操作。所以符合要求的只有答案 C。

9.3　同步练习题

一、选择题

1. 下面关于顺序文件的说法_____是正确的。

　A. 文件中按每条记录的记录号从小到大排序好的

　B. 文件中按每条记录的长度从小到大排序好的

　C. 文件中按记录的某关键数据项的从大到小的顺序

　D. 数据按进入的先后顺序存放的，读出也是按原写入的先后顺序读出

2. 下面关于随机文件的描述不正确的是_____。

　A. 每条记录的长度必须相同

　B. 一个文件中记录号不必唯一

　C. 可通过编程对文件中的某条记录方便地修改

　D. 数据的组织结构比顺序文件复杂

3. 执行赋值语句_____后，会触发相应控件的 Change 事件（控件名均为缺省名）。

　A. Dirl.ListIndex= −2　　　　　　　　B. Drive1.ListIndex = 2

　C. List1.ListIndex = 3　　　　　　　　D. File1.ListIndex = 3

4. 顺序访问适用于普通的文本文件，文件中的数据是以_____方式存储的。

　A. Boolean　　　　　B. 数组　　　　　C. ASCⅡ 码　　　　　D. 二进制数

5. 文件列表框中用于设置或返回所选文件的路径和文件名的属性是_____。

　A. File　　　　　B. FilePath　　　　　C. Path　　　　　D. FileName

6. 要从打开的文件（文件号为 1）中读取数据，下列语句中错误的是_____。

　A. Input #1，x　　　　　　　　　　　B. Line Input #1，x

　C. x=Input1，#1　　　　　　　　　　D. Input 1，x

7. 下面叙述中不正确的是_____。

　A. 若使用 Write #语句将数据输出到文件，则各数据项之间自动插入逗号，并且将字符串加上双引号

　B. 若使用 Print #语句将数据输出到文件，则各数据项之间没有逗号分隔，且字符串不加双引号

　C. Write #语句和 Print #语句建立的顺序文件格式完全一样

　D. Write #语句和 Print #语句均实现向文件中写入数据

8. 随机文件使用_____语句写数据，使用_____语句读数据。

    A. Print # 、Get　　　　　　　　　　B. Write # 、 Get

    C. Put、Get　　　　　　　　　　　　D. Input、Get

9. 要在 C 盘根目录下建立一个名为 StuData.dat 的顺序文件，应先使用_____语句。

    A. Open "StuData.dat" For Output As #2　　B. Open "C:\StuData.dat" For Input As #2

    C. Open "C:\StuData.dat" For Output As #2　　D. Open "StuData.dat" For Input As #2

10. 如果在 C 盘根目录下已存在名为 StuData.dat 的顺序文件，那么执行语句 Open "C:\StuData.dat" For Append As #1 之后将_____。

    A. 删除文件中原有内容

    B. 保留文件中原有内容，可在文件尾添加新内容

    C. 保留文件中原有内容，在文件头开始添加新内容

    D. 以上均不对

11. 下面说明正确的是_____。

    A. 用 Input 模式访问的文件不存在，则建立一个新文件

    B. 用 Append 模式打开一个顺序文件，即使不对它进行写操作，原来内容也被清除

    C. 用 Random 模式打开一个顺序文件，既可对它进行读操作，也可进行写操作

    D. 当程序正常结束时，所有没用 Close 语句关闭的文件都会自动关闭

12. 按文件的数据存放形式分为_____。

    A. 磁盘文件、打印文件　　　　　　　B. 顺序文件、随机文件

    C. ASCII 文件、二进制文件　　　　　D. 程序文件、数据文件

13. 下列可以打开随机文件的语句是_____。

    A. Open "file1 .dat" For Input As # 1

    B. Open "file1 .dat" For Append As # 1

    C. Open "file1.dat" For Output As # 1

    D. Open "file1.dat" For Random As # 1 Len=20

14. 下面叙述中不正确的是_____。

    A. 自定义类型必须在窗体模块或标准模块的通用声明段进行声明

    B. 自定义类型只能在窗体模块的通用声明段进行声明

    C. 在窗体模块中定义自定义类型时必须使用 Private 关键字

    D. 自定义类型中的元素类型可以是系统提供的基本数据类型或已声明的自定义类型

15. 使用驱动器列表框的_____属性可以返回或设置磁盘驱动器的名称。

    A. ChDrive　　　　B. Drive　　　　　C. List　　　　　　D. ListIndex

16. 下面叙述不正确的是_____。

    A. 驱动器列表框是一种能显示系统中所有有效磁盘驱动器的列表框

    B. 驱动器列表框的 Drive 属性只能在运行时被设置

    C. 从驱动器列表框中选择驱动器能自动地变更系统当前的工作驱动器

    D. 要改变系统当前的工作驱动器需要使用 ChDrive 语句

17. 改变驱动器列表框的 Drive 属性值将激活_____事件。

    A. Change　　　　　　　　　　　　　B. Scroll

    C. KeyDown　　　　　　　　　　　　D. KeyUp

18. 使用目录列表框的_____属性可以返回或设置当前工作目录的完整路径（包括驱动器盘符）。

    A. Drive   B. Path   C. Dir   D. ListIndex

19. 以下函数中返回值为已用 Open 语句打开文件的长度的是_____。

    A. Loc（）   B. EOF（）   C. LOF（）   D. Lock（）

20. 要从磁盘上读入一个文件名为"c:\t1.txt"的顺序文件，以下_____是正确的。

    A. F$="c:\t1.txt"

       Open F$ For Input As #1

    B. F$="c:t1.txt"

       Open "F$" For Input As #2

    C. Open "c:\t1.txt" For Output As #1

    D. Open c:\t1.txt For Input As #2

21. 为了建立一个随机文件，其中每一条记录由多个不同数据类型的数据项组成，应使用_____。

    A. 记录类型   B. 数组   C. 字符串类型   D. 变体类型

22. Print #1, strl$中的 Print 是_____。

    A. 文件的写语句   B. 在窗体上显示的方法

    C. 子程序名   D. 以上均不是

23. Kill 语句在 Visual Basic 语言中的功能是_____。

    A. 清内存   B. 清病毒

    C. 删除磁盘上的文件   D. 清屏幕

24. 文件号最大可取的值为_____。

    A. 255   B. 511   C. 512   D. 256

25. Open 语句中有 Access 子句，该子句的参数不能是_____。

    A. Read   B. Print   C. Write   D. Read Write

26. 下列关于文件名和文件号的说法正确的是_____。

    A. 文件名和文件号在程序中的使用没有区别

    B. 文件打开后由文件号在各操作中代表该文件

    C. 同一个文件只能用一个文件号打开

    D. 除 Open 语句外，其他对文件数据的操作语句中都可以使用文件名或文件号，由用户任选其一

27. 记录类型定义语句应出现在_____。

    A. 窗体模块   B. 标准模块

    C. 窗体模块、标准模块都可以   D. 窗体模块、标准模块均不可以

28. 要建立一个学生成绩的随机文件，如下定义了学生的记录类型，由学号、姓名、三门课程成绩（百分制）组成，程序段_____正确。

    A. Type stud   B. Type stud

       no As Integer   no AsInteger

       name As String   name As String*10

       mark （1To 3）As Single   mark（）As Single

          End Type   End Type
     C. Type stud   D. Type stud
          no As Integer   no As Integer
          name As String*10   name As String*10
          mark（1 To 3） As Single   mark（1 To 3）As String
          End Type   End Type

29. 为了使用上述定义的记录类型，对一个学生的各数据项通过赋值语句获得，其值分别为 9801、"李平"、78、88、96，以下_____程序段正确。

     A. Dim s As stud   B. Dim s As stud
         stud.no=9801   s.no=9801
         stud.name="李平"   s.name="李平"
         stud.mark=78，88，96   s.mark=78，88，96

     C. Dim s As stud   D. Dim s As stud
         s.no=9801   stud.no=9801
         s.name="李平"   stud.name="李平"
         s.mark（1）=78   stud.mark（1）=78
         s.mark（2）=88   stud.mark（2）=88
         s.mark（3）=96   stud.mark（3）=96

30. 按文件的组织方式分有_____。
     A. 顺序文件和随机文件
     B. ASCII 文件和二进制文件
     C. 程序文件和数据文件
     D. 磁盘文件和打印文件

31. 下面关于随机文件的说法_____是正确的。
     A. 文件中的内容是通过随机数产生的
     B. 文件中的记录号是通过随机数产生的
     C. 可对文件中的记录根据记录号随机地读写
     D. 文件的每条记录的长度是随机的

32. 设 a=10，b=20，c=30，要使这 3 个数写入顺序文件（文件号为 1）中，且写到不同的打印区，应该使用_____语句实现。
     A. Print #1，a，b，c   B. Print #1，a；b；c
     C. Wrint #1，a，b，c   D. Write #1，a；b；c

33. 从顺序文件读取数据，不能使用_____。
     A. Get[#]语句   B. Input #语句   C. Line Input #语句   D. Input 函数

34. 设 a 为整型变量，已赋值，b 为自定义变量。数据文件已打开，文件号为 3。下列对随机文件的操作语句错误的是_____。
     A. Put 3，5，b   B. Put #3，a，b
     C. Put #3，，b   D. Puta，5，b

35. 设已打开 3 个文件，文件号为 1、2、3。要关闭所有的文件，正确的是_____。
     A. Close 1-3   B. Close #1，#2，#3

C. Close #1，#3　　　　　　　　　　　D. Close

36. 文件操作的一般顺序是_____。

    A. 打开文件→读写操作　　　　　　　　B. 打开文件→关闭文件→读写操作

    C. 打开文件→读写操作→关闭文件　　　D. 读写操作→关闭文件

37. 以下 4 个控件具有 FileName 属性的是_____。

    A. 文件列表框　　　　　　　　　　　　B. 驱动器列表框

    C. 目录列表框　　　　　　　　　　　　D. 列表框

二、填空题

1. 对随机文件的记录进行替换、增加、删除操作，都要用到的语句是_____语句。

2. 在数据文件中，用于计算自定义变量字节数应使用_____函数。

3. 顺序文件的存取方式除了有 Input 和 Output 外，还有一种方式是_____。

4. 获得打开文件的长度（字节数）应使用_____函数。

5. FreeFile 函数的功能是_____。

6. 建立随机文件 Data1，将考生的编号、姓名和总分存入该文件中。

```
Private Type stu
    bh As String * 2
    xm As String * 10
    zf As Integer
End Type
Private Sub Form_Click()
    Dim s As stu
        (1)
    Do While Not EOF(1)
        s.bh = InputBox("请输入考生编号")
        If Trim(s.bh) = "" Then Exit Do
        s.xm = InputBox("请输入考生姓名")
        s.zf = Val(InputBox("请输入考生总分"))
            (2)
    Loop
    Close #1
End Sub
```

7. 将文件 file1.dat 中重复字符去除后（即若有多个字符相同，则只保留 1 个）写入 file2.txt 中。

```
Private Sub Command1_Click()
    Dim inchar As String, temp As String, outchar As String
    outchar = ""
    Open "file1.txt" For    (1)    As #1
    Open "file2.txt" For    (2)    As #2
    n = LOF(1)
    inchar = Input(n, 1)
    For k = 1 To n
        temp = Mid(inchar, k, 1)
        If InStr(outchar, temp) =    (3)    Then outchar = outchar & temp
    Next k
    Print #2, outchar
        (4)
End Sub
```

8. 文本文件合并。将文本文件"t2.txt"合并到"t1.txt"文件中。

```
Private Sub Command1_Click()
    Dim s$
    Open "t1.txt"      (1)
    Open "t2.txt"      (2)
    Do While Not EOF(2)
        Line Input #2,s
        Print       (3)
    Loop
    Close #1, #2
End Sub
```

9.4 实 验 题

一、实验目的

1. 掌握顺序文件、随机文件、二进制文件的特点和使用。
2. 掌握文件的打开、关闭和读写操作。
3. 文件系统控件的使用。

二、实验内容

实验 9-1　如图 9-1 所示，界面上有 4 个文本框，从上到下依次为 TxtL、TxtP、TxtF、TxtOut。文本框 TxtL 用于输入标题；文本框 TxtP 右侧的命令按钮 Cmdchoose1（标题显示为"…"）单击后弹出"打开图片文件"对话框（见图 9-2），供用户选择所要显示的图片文件，并把选中文件的路径和文件名显示在文本框 TxtP 中；文本框 TxtF 右侧的命令按钮 Cmdchoose2（标题显示为"…"）单击后弹出"打开程序文件"对话框（见图 9-3），供用户选择所要执行的程序文件，并把选中文件的路径和文件名显示在文本框 TxtF 中。单击"写入文档"命令按钮 CmdInput，可以把 TxtL、TxtP、TxtF 这 3 个文本框中的内容全部添加到文件"out1.txt"中（若重复单击，以前写入内容不覆盖）；单击"读出文档"命令按钮 CmdOutput，可以把"out1.txt"文件中的内容全部显示到文本框 TxtOut 中；单击"清空"命令按钮 CmdClear，可以清空 TxtL、TxtP、TxtF 这 3 个文本框中的内容，并将焦点落在文本框 TxtL 上；单击"结束"命令按钮可结束整个程序的运行。

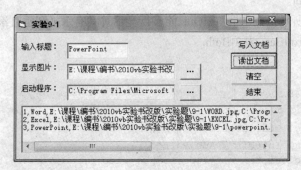

图 9-1　实验 9-1 运行界面

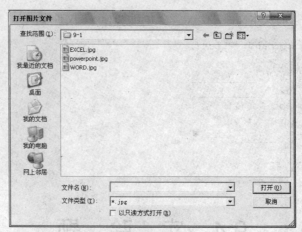

图 9-2 "打开图片文件"对话框

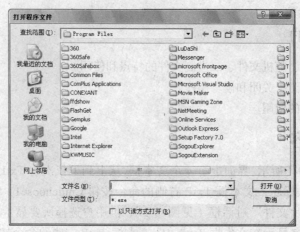

图 9-3 "打开程序文件"对话框

提示：

（1）因为文本框 TxtP 和 TxtF 右侧命令按钮"…"单击后均要弹出打开对话框，因此界面上需要添加通用对话框对象，并且在程序代码中 2 次被设置为打开对话框，第 1 次用于查找图片文件，第 2 次用于查找程序文件。（通用对话框控件需要添加到工具箱中，单击"工程"菜单→"部件"，在控件列表框中选中"Microsoft Common Dialog Control 6.0"，详见第 10 章）

（2）"写入文件"命令按钮能重复单击，且写入内容不覆盖，则文件在打开时指定方式应为 Append，而不是 Output。

（3）按照图 9-1 所示，文本框 TxtOut 能多行显示且具有水平和垂直滚动条，应设置其属性 MultiLine 为 True、ScrollBars 为 3-Both。

程序代码如下。

```
Dim _____                  '定义模块级变量
Private Sub Cmdchoose1_Click()       '选择显示图标
    CommonDialog1.DialogTitle = "打开图片文件"
    CommonDialog1.InitDir = App.Path
    CommonDialog1.Filter = "*.jpg|*.jpg|*.ico|*.ico|*.bmp|*.bmp"
    CommonDialog1.FilterIndex = 1
    CommonDialog1.Action = 1
```

```
        picroot = CommonDialog1.FileName
        TxtP.Text = picroot
    End Sub
    Private Sub Cmdchoose2_Click()              '选择启动程序
      ' CommonDialog1.DialogTitle = "打开程序文件"
        CommonDialog1.InitDir ="C:\Program Files"
        CommonDialog1.Filter = "*.exe|*.exe|*.*|*.*"
        CommonDialog1.FilterIndex = 1
        CommonDialog1. ShowOpen
        fileroot = CommonDialog1.FileName
        TxtF.Text = fileroot
    End Sub
    Private Sub CmdInput_Click()               '写入文件
        Open App.Path + "\out1.txt"_____
        no = no + 1                            'no 为序号
        Write #1, CStr(no), TxtL.Text, picroot, fileroot
        Close #1
    End Sub
    Private Sub CmdOutput_Click()              '读出文件
      '                                        '填写代码段
        _____
    End Sub
    Private Sub CmdClear_Click()               '清空
                                               '填写代码段
        _____
    End Sub
    Private Sub CmdExit_Click()                '结束
        End
    End Sub
```

实验 9-2　根据实验 9-1 生成文本文档 "outl.txt"（里面含有 3 条行信息，见图 9-4），参考界面如图 9-5 所示，当单击 "顺序文件转换随机文件" 命令按钮时将 "out1.txt" 顺序文件转换为随机文件 "out2.txt"；当单击 "显示图片命令按钮组" 时则读取随机文件中的每一条记录，分别作为右侧命令按钮组下方的标题、加载图片和单击该按钮后启动的程序，如单击界面上的 "Word" 命令按钮，则能启动 "Word" 程序。随机文件中的每条记录类型如下。

```
Type proot
    no As String * 2
    name As String * 20
    root1 As String * 100
    root2 As String * 100
End Type
```

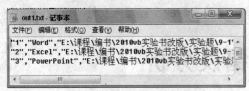

图 9-4　out1.txt 文档

图 9-5　实验 9-2 运行界面

提示：

（1）已知 out1.txt 文档中只有 3 行信息，为了简化程序，在 "命令按钮组" 框架中生成 1 个命令按钮组（包括 3 个命令按钮元素 Cmdnew（0）、Cmdnew（1）、Cmdnew（2））和 1 个标签按钮组（包括 3 个标签元素 Labnew（0）、Labnew（1）、Labnew（2））。命令按钮组中成员全部设置为图片样式，标签按钮组中成员 Label 属性清空、AutoSize 属性设为 True。

（2）用户自定义类型 proot 的声明可以放在标准模块中。

程序代码如下。

```
Const cnt As Integer = 3
Private Sub Cmdconvert_Click()                    '顺序文件转换随机文件
    _____                              '填写代码段

End Sub
Private Sub Cmdcreate_Click()                     '显示图片命令按钮组
    Dim c1 As proot
    For k = 1 To cnt
        c1 = openfile(k)
        Labnew(k - 1).Caption = _____
        Cmdnew(k - 1).Picture = _____
    Next k
End Sub
Private Function openfile(ByVal k As Integer) As proot     '读取第 k 条记录
    _____                              '填写代码段

End Function
Private Sub Cmdnew_Click(Index As Integer)        '单击命令按钮启动相应程序
    Dim c2 As proot, i As Integer, k As Integer
    k = Index + 1
    c2 = openfile(k)
    On Error GoTo error                           '若 Shell 出错，则捕捉该错误
    Shell c2.root2, vbNormalFocus
    Exit Sub
error:
    MsgBox "文件不能打开!"                          '利用 MsgBox 函数弹出出错对话框
End Sub
```

实验 9-3 用驱动器列表框、目录列表框、文件列表框、组合框及其他控件设计一个图形浏览器。要求：根据组合框规定的文件扩展名（规定为.gif、.bmp、.jpg 的文件），在文件列表框显示该类文件；双击文件列表框中的图形文件名，则在图形框显示该图形。程序运行界面如图 9-6 所示。

图 9-6　程序运行界面

实验 9-4 键盘输入一个 100 以内的整数，找出小于等于这个数的所有素数显示在窗体中，并把这些素数及素数的个数写入文件"file1.txt"中。

9.5　常见错误分析

1. 当使用文件系统控件对文件进行打开操作时，有时会显示"文件未找到"出错信息。例如，语句 Open File1.Path + File1.FileName For Input As #1，其中：File1.Path 表示当前选定的路径，File1.FileName 表示当前选定的文件，合起来表示文件的标识符。当选定的目录是根目录时，上述

语句执行正确；而当选定的目录为子目录，上述语句执行时显示"文件未找到"出错信息。错误原因如下。

原因 1：选定的文件在根目录下是正确的，而在子目录下是错误的。

因为当选定的文件在根目录下（假定驱动器为 C），File1.Path 的值为 "C:\"，假定选定的文件名为 "t1.txt"，则 File1.Path + File1.FileName 的值为 "C:\t1.txt"，为合法的文件标识符。

当选定的文件在子目录下（假定驱动器为 C，子目录为 my），File1.Path 的值为 "C:\my" File1.Path + File1.FileName 的值为 "C:\my t1.txt"，子目录与文件名之间少了一个 "\" 分隔符。

为了保证程序正常运行，Open File1.Path + File1.FileName For Input As #1 改为如下形式：

```
Dim F$
If Right(File1.Path,1) = "\" Then        '表示选定的是根目录
F = File1.Path + File1.FileName
Else
                                         '表示选定的是子目录,子目录与文件名之间加"\"
F = File1.Path + "\" + File1.FileName
End If
Open F For Input As #1
```

原因 2：Open 语句中欲打开的名是常量也可以是字符串变量，但使用者概念不清，导致出现"文件未找到"出错信息。如再从盘上读入文件名为 "C:\my\t1.txt"，正确的常量书写如下：

```
Open  "C:\my\t1.txt"  For Input As #1        '错误的书写常量两边少双引号
```

或正确的变量书写如下：

```
Dim F$
F= "C:\my\t1.txt"
Open  F  For Input As #1                      '错误的书写变量 F 两边多了双引号
```

2. 打开文件时，显示"文件已打开"的出错信息，这是为什么？

产生这种错误主要是前一次执行过打开语句，文件没有关闭，以后再打开时就会发生此问题，语句如下：

```
Open "C:\my\t1.txt"  For Input As #1
Print F
Open "C:\my\t1.txt"  For Input As #1
Print "2"; F
```

执行到第 2 句 Open 语句时显示"文件已打开"的出错信息。

3. 当利用 Input（LOF（#文件号），文件号）语句一次读入顺序文件时，遇到"输入超出文件尾"的错误？

这主要是 LOF(#文件号)函数获得文件内容的字节数,它是以 Windows 系统对字符采用 DBCS 码，即西文是单字节，中文是双字节；而 Input（LOF（#文件号）函数读的是文件的字符数，在 Visual Basic 中一个西文字符和一个汉字均为一个字符。当文件内容中含有汉字时，在使用 Input（LOF（#文件号），文件号）函数时会遇到"输入超出文件尾"的错误信息。

为了防止此类错误的发生，一般利用 Line Input 语句逐行读入最安全。

9.6　编程技巧与算法的应用分析

1. 如何在目录列表框表示当前选定的目录？

在程序运行时双击目录列表框的某目录项，则将该目录项改变为当前目录，其 Dir1.Path 的值相应地改变。而当单击选定该目录项时，Dir1.Path 的值并没有改变。有时为了对选定的目录项进行有关的操作，与 ListBox 控件中某列表项的选定相对应，表示如下：

```
Dir1.List(Dir1.ListIndex)
```

2. 如何在文件列表框表示当前选定的文件？

同目录列表框一样，它们都具有列表框的性质，因此要表示文件列表框中选定的文件，有几种途径。

（1）通过设置 FileName 属性：FileName 属性用来设置和返回文件列表框中显示的文件名称，FileName 属性中可以包含路径，这样将直接修改该文件列表框 Path 属性，还可包含通配符，这样可显示多个文件。FileName 属性是一个隐式属性，可使用语句修改该属性，代码如下：

```
File.filename="D:\myfile\t1.txt"
```

表示将 File 的 Path 属性改为"D:\myfile"，且在文件列表框中显示\t1.txt 文件。

（2）通过设置 ListCount 属性、ListIndex 属性和 List 属性：这 3 个属性是列表框的特有属性，在文件列表框中用 LisCount 属性表示显示文件的个数，而对每一个显示的文件都有一个索引号 ListIndex，第 1 项为 0，第 2 项为 1，依次类推，若没有文件被选中，则 LisIndex 为-1，通过 List 属性可以获得列表框的所有项目。

3. 如何读出随机文件中的所有记录，但又不知道记录号？

不知道记录号而又要全部读出记录，则只要同顺序文件的读取相似，采用循环结构加无记录号的 Get 语句即可，程序段如下：

```
Do While Not EOF(1)
Get #1, , j
Print j;
Loop
End Sub
```

随机文件读写时可不写记录号，表示读时自动读下一条记录，写时插入到当前记录后。

9.7　参 考 答 案

一、选择题

1. D　2. B　3. B　4. C　5. D　6. C　7. C　8. C　9. C　10. B
11. D　12. B　13. D　14. B　15. B　16. B　17. A　18. B　19. C　20. A

21. A 22. A 23. C 24. B 25. B 26. B 27. C 28. C 29. C 30. B

31. C 32. A 33. A 34. D 35. B 36. C 37. A

二、填空题

1. Put

2. Len

3. Append

4. Lof

5. 返回一个可供 Open 语句使用的文件号

6. （1）Open "d:\data1.txt" For Random As #1 Len = Len（s）

　（2）Put #1，，s

7. （1）Input　　　　　　　（2）Output

　（3）0　　　　　　　　　（4）Close #1，#2

8. （1）For Append As #1　　（2）For Input As #2

　（3）#1，s

第10章
高级控件

10.1 学习要点

1. 菜单设计。

（1）菜单编辑器：使用"菜单编辑器"可以创建下拉式菜单和弹出式菜单。在"菜单编辑器"中可以指定菜单结构，设置菜单项的属性。菜单编辑器对话框如图 10-1 所示。

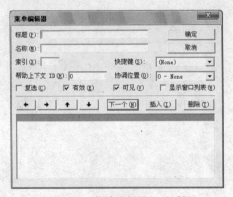

图 10-1 "菜单编辑器"对话框

（2）动态菜单：在程序运行时，菜单常常会随着执行条件的变化而发生一些动态的改变，如菜单项的增加和减少、有效和无效状态的转换、显示和隐藏的转换等。

（3）弹出式菜单：弹出式菜单是独立于窗体菜单栏而显示在窗体内的浮动菜单。弹出式菜单在窗体内的显示位置取决于单击鼠标键时指针的位置。

2. 常用 ActiveX 控件。

ActiveX 控件是 Visual Basic 工具箱的扩充部分，它们以文件的形式（扩展名为 .ocx）被安装和注册在"\Windows\System 或 System32"目录下。在程序中加入 ActiveX 控件后，该控件将出现在工具箱中，成为 Visual Basic 集成开发环境的一部分。

常用 ActiveX 控件包括 CommonDialog 控件、ToolBar 控件、ImageList 控件、StatusBar 控件、TabStrip 控件、TreeView 控件、ListView 控件、ProgressBar 控件、Slider 控件、RichTextBox 控件、MMControl 控件和 Animation 控件。

3. 多媒体处理。

使用 MMControl 控件、Animation 控件等 ActiveX 控件可以在应用程序中加入声音、视频、动画。

10.2　示 例 分 析

1. 下列不能打开"菜单编辑器"窗口的操作是_____。

    A. 按 Ctrl+E 组合键

    B. 单击工具栏中的"菜单编辑器"按钮

    C. 执行"工具"菜单项中的"菜单编辑器"命令

    D. 按 Shift+Alt+M 组合键

【分析】 答案为 D。

显然 B 和 C 都能打开"菜单编辑器"窗口，Ctrl+E 是"菜单编辑器"菜单项的快捷键。

2. 假设有一个菜单项，名为 MenuColor，为了在运行时使该菜单项隐藏，应使用的语句是_____。

    A. MenuColor.Enabled=True   B. MenuColor.Enabled=False

    C. MenuColor.Visible=True   D. MenuColor.Visible=False

【分析】 答案为 D。

许多控件都有 Enabled 属性和 Visible 属性。Enabled 属性用来设置控件有效和无效状态；Visible 属性用来设置控件可见不可见，都为逻辑值。

3. 设菜单中有一个菜单项为 Open。若要为该菜单命令设计访问键，即按下 Alt 及字母 O 时，能够执行 Open 命令，则在"菜单"编辑器中设置 Open 命令的方式是_____。

    A. 把 Caption 属性设置为&Open   B. 把 Caption 属性设置为 O&pen

    C. 把 Name 属性设置为&Open   D. 把 Name 属性设置为 O&pen

【分析】 答案为 A。

本题考查访问键设置的知识点。访问键设置的方法是在标题 Caption 属性中的访问键字符前加上一个&符号，该字符会自动加上下划线，表示使用 Alt 键和该访问键字符，可执行菜单命令，所以为了实现"按下 Alt 及字母 O 时，能够执行 Open 命令"，此处正确的选择应在"菜单"编辑器中设置 Open 命令的方式是 A。

Name 属性的设置与菜单对象的访问键设置无关，仅仅用于定义菜单项的控制名，这个属性不会出现在屏幕上，在程序中用来引用该菜单项。

4. 在窗体上画一个通用对话框，其名称为 CommonDialog1，阅读如下事件过程：

```
Private Sub Command1_Click()
    CommonDialog1.Filter = "(*.*)|*.*|(*.bmp)|*.bmp|(*.jpg)|*.jpg"
    CommonDialog1.FilterIndex = 2
    CommonDialog1.ShowOpen
End Sub
```

上述代码被执行后，将显示一个"打开"对话框，此时在"文件类型"框中显示的是_____。

    A.（*.*）   B.（*.bmp）   C.（*.jpg）   D. 不确定

【分析】 答案为 B。

通用对话框的基本属性和打开方法如下。

◆ 调用方法直接决定打开何种类型的对话框。

ShowOpen：打开对话框。

ShowSave：另存为对话框。

ShowColor：颜色对话框。

ShowFont：字体对话框。

ShowPrinter：打印机对话框。

ShowHelp：帮助对话框。

◆ Action 功能属性直接决定打开何种类型的对话框。

0——None：无对话框显示。

1——Open：打开文件对话框。

2——Save As：另存为对话框。

3——Color：颜色对话框。

4——Font：字体对话框。

5——Printer：打印机对话框。

6——Help：帮助对话框。

◆ FileName（文件名称）属性用于设置和得到用户所选的文件名（包括路径名）。

◆ Filter（过滤器）属性用于过滤文件类型，使文件列表中只显示指定类型的文件。

格式如下：

文件说明|文件类型

本题中"（*.*）|*.*|（*.bmp）|*.bmp|（*.jpg）|*.jpg"将在打开对话框的文件类型列表框中显示 3 组类型（*.*）、（*.bmp）和（*.jpg）。

◆ FilterIndex（过滤器索引）属性用于指定文件类型列表框中的默认类型。FilterIndex 值为 2，指的是第二组（*.bmp）。

◆ DialogTitle（对话框标题）属性决定通用对话框的标题，可以是任意字符串。

◆ 初始化路径（InitDir）属性用来设置指定打开对话框中初始目录。若显示当前目录，则该属性不需要设置。

10.3 同步练习题

一、选择题

1. 若菜单项前面没有内缩字符"…"，表示该菜单项是_____。

   A. 主菜单项   B. 子菜单项   C. 下拉式菜单   D. 弹出式菜单

2. 菜单编辑器通过_____来确定某个菜单栏选项的子菜单。

   A. 缩进   B. 编号   C. 复选框   D. 下箭头

3. 在菜单过程中使用的事件是利用鼠标_____菜单条来实现的。

   A. 拖动   B. 双击   C. 单击   D. 移动

4. 如果要在两个菜单命令项之间加一条分隔线，可在标题文本框中键入_____。

   A. –   B. +   C. &   D. #

5. 在使用"菜单"编辑器创建菜单时，可在菜单名称中某字母前插入_____符号，那么在运行程序时按 Alt 键和该字母键就可打开该命令菜单。

    A. 下划线　　　　　　B. &　　　　　　　　C. $　　　　　　　　D. @

6. 下列 Caption 属性值中，_____设置了热键。

    A. File　　　　　　　B. V&iew　　　　　　C. H*elp　　　　　　D. #Tool

7. Visual Basic 6.0 中"部件"菜单项包含在_____主菜单项中。

    A. 视图　　　　　　　B. 编辑　　　　　　　C. 格式　　　　　　　D. 工程

8. 要利用通用对话框控件来显示"保存文件"对话框，需要调用控件的_____方法。

    A. ShowPrinter　　　B. ShowOpen　　　　C. ShowSave　　　　D. ShowColor

9. 在显示菜单时，菜单项的_____属性为 True 时将用浅灰色显示该菜单项标题。

    A. Caption　　　　　B. Checked　　　　　C. Enabled　　　　　D. Visible

10. 要将通用对话框控件添加到工具箱中，应在"部件"对话框中选择_____选项。

    A. Microsoft ADO Data Control 6.0

    B. Microsoft Chart Control 6.0

    C. Microsoft Common Dialog Control 6.0

    D. Microsoft DataGrid Control 6.0

11. 用菜单编辑器创建菜单时，如果要在一个菜单中添加一条分隔线，正确的操作是_____。

    A. 在标题输入框中输入"-"（减号）　　B. 在名称输入框中输入"-"（减号）

    C. 在标题输入框中输入"_"（下划线）　　D. 在名称输入框中输入"_"（下划线）

12. 能将通用对话框 CommonDialog1 设置为"颜色"对话框的语句是_____。

    A. CommonDialog1.Action=1　　　　　B. CommonDialog1.Action=2

    C. CommonDialog1.Action=3　　　　　D. CommonDialog1.Action=4

13. 使用"打开"对话框的方法是_____。

    A. 双击工具箱中的"打开"对话框控件，将其添加到窗体上

    B. 单击 CommonDialog 控件，然后在窗体上画出"打开"对话框

    C. 在程序中用 Show 方法显示"打开"对话框

    D. 在程序中用 ShowOpen 方法显示"打开"对话框

14. 如果要在程序中显示一个弹出式菜单，那么要调用 Visual Basic 中提供的_____方法。

    A. Print　　　　　　B. Move　　　　　　C. Refresh　　　　　D. PopupMenu

15. 将工具栏控件的 Align 属性设置为_____可以使工具栏自动填充在窗体的底部。

    A. VbAlignTop　　　B. VbAlignBottom　　C. VbAlignLeft　　　D. VbAlignNone

16. 菜单控件仅支持_____事件。

    A. Click　　　　　　B. MouseDown　　　　C. KeyPress　　　　　D. Load

17. 以下叙述错误的是_____。

    A. 下拉式菜单和弹出式菜单都用"菜单"编辑器建立

    B. 在多窗体程序中，每个窗体都可以建立自己的菜单系统

    C. 除分隔线外，所有菜单项都能接收 Click 事件

    D. 如果把一个菜单项的 Enabled 属性设置为 False，则该菜单项不可见

18. 通用对话框的"打开"对话框的作用是_____。

    A. 选择某一个文件并打开文件　　　　　B. 选择某一个文件但不能打开文件

C. 选择多个文件并打开这些文件　　　　D. 选择多个文件但不能打开这些文件

19. 以下关于菜单的叙述中，错误的是＿＿＿＿。
    A. 在程序运行过程中可以增加或减少菜单项
    B. 如果把一个菜单项的 Visible 属性设置为 False，则可删除该菜单项
    C. 弹出式菜单在"菜单"编辑器中设计
    D. 利用控件数组可以实现菜单项的增加或减少

20. 以下＿＿＿＿控件本身在程序运行时是绝对不可见的。
    A. 工具栏（ToolBar）　　　　　　　　B. 命令按钮（CommandButton）
    C. 文本框（TextBox）　　　　　　　　D. 通用对话框（CommonDialog）

21. 在窗体上有 1 个名为 Cd1 的通用对话框，为了在运行程序时打开保存文件对话框，则在程序中应使用的语句是＿＿＿＿。
    A. Cd1.Action=2　　　　　　　　　　B. Cd1.Action=1
    C. Cd1.ShowSave=True　　　　　　　D. Cd1.ShowSave=0

22. 下面关于菜单的叙述中错误的是＿＿＿＿。
    A. 各级菜单中的所有菜单项的名称必须唯一
    B. 同一子菜单中的菜单项名称必须唯一，但不同子菜单中的菜单项名称可以相同
    C. 弹出式菜单用 PopupMenu 方法弹出
    D. 弹出式菜单也用"菜单编辑器"编辑

23. 在窗体上有 1 个名称为 CommonDialog1 的通用对话框和 1 个名称为 Command1 的命令按钮，以及其他一些控件。要求在程序运行时，单击 Command1 按钮则显示打开文件对话框，并在选择或输入了 1 个文件名后，就可以打开该文件。关于以下两段代码叙述正确的是＿＿＿＿。

代码一：

```
Private Sub Command1_Click()
    CommonDialog1.ShowOpen
    Open CommonDialog1.FileName For Input As #1
End Sub
```

代码二：

```
Private Sub Command1_Click()
    CommonDialog1.ShowOpen
    If CommonDialog1.FileName <> "" Then
        Open CommonDialog1.FileName For Input As #1
    End If
End Sub
```

    A. 显示打开文件对话框，若未选择或输入任何文件名，算法 2 会出错，算法 1 不会
    B. 显示打开文件对话框，若未选择或输入任何文件名，算法 1 会出错，算法 2 不会
    C. 两种算法的执行结果完全一样
    D. 算法 1 允许输入的文件名中含有空格，而算法 2 不允许

24. 以下说法中正确的是＿＿＿＿。
    A. 任何时候都可以通过执行"工具"菜单中的"菜单"编辑器命令打开菜单编辑器
    B. 只有当某个窗体为当前活动窗体时，才能打开菜单编辑器

C. 任何时候都可以通过单击标准工具栏上的"菜单编辑器"按钮打开菜单编辑器

D. 只有当代码窗口为当前活动窗口时，才能打开菜单编辑器

25．程序的状态栏用来显示程序的运行状态及其他信息，不属于状态栏显示的信息是_____。

    A. 显示系统信息   B. 显示鼠标或光标的当前位置

    C. 显示键盘的状态   D. 显示程序运行结果

26. 在状态栏属性页的窗格选项卡中，单击插入窗格按钮，就可以在状态栏中添加新的窗格，最多能分成_____个窗格。

    A. 8   B. 16   C. 20   D. 24

27. 在状态栏的 Style 属性中以系统格式显示当前时间的常数是_____。

    A. SbrDate   B. Time   C. SbrTime   D. Timer

28. 要改变工具栏内的按钮样式要设置按钮的_____属性。

    A. Enable   B. Caption   C. Style   D. Visible

29. 为窗体添加工具栏，常使用的控件是_____。

    A. ToolBar 控件和 PictureBox 控件   B. ToolBar 控件和 ImageList 控件

    C. StatusBar 控件和 PictureBox 控件   D. StatusBar 控件和 ImageList 控件

30. 设窗体上有一个通用对话框控件 CD1，希望在执行下面程序时，弹出的打开对话框的"文件类型"一栏中默认显示"文本文档"，但实际显示的对话框中列出了"C:\"下的所有文件和文件夹，"文件类型"一栏中显示的是"所有文件"。下面的修改方案中正确的是_____。

```
Private Sub Comand1_Click()
    CD1.DialogTitle="打开文件"
    CD1.InitDir="C:\"
    CD1.Filter="所有文件|*.*|Word 文档|*.doc|文本文档|*.Txt"
    CD1.FileName=""
    CD1.Action=1
    If CD1.FileName=""Then
        Print"未打开文件"
    Else
        Print"要打开文件"& CD1.FileName
    End If
End Sub
```

    A. 把 CD1.Action=1 改为 CD1.Action=2

    B. 把"CD1.Filter="后面字符串中的"所有文件"改为"文本文件"

    C. 在语句 CD1.Action=1 的前面添加：CD1.FilterIndex=3

    D. 把 CD1.FileName="" 改为 CD1.FileName="文本文件"

二、填空题

1. 如果菜单标题的某个字母前输入一个__(1)__符号，该字母就成了热键字母，运行时，该字母会带有下划线，按__(2)__键和该字母就可以访问相应的主菜单项；如果建立菜单时在标题文本框中输入一个__(3)__，那么显示时就形成一个分隔符。

2. 菜单编辑器窗口有 3 个区域：菜单属性区、菜单编辑区和_____。

3. 在菜单编辑器窗口中要使选定的菜单项增加一个内缩符号"…"，应单击菜单编辑区的_____。

4. Visual Basic 6.0 中能够建立下拉式菜单和_____。

5. 在菜单编辑器窗口中"↓"和"↑"按钮用于_____。

6. 菜单编辑器的"标题"对应菜单控件的___(1)___属性。

菜单编辑器的"名称"对应菜单控件的___(2)___属性。

菜单编辑器的"索引"对应菜单控件的___(3)___属性。

菜单编辑器的"复选"对应菜单控件的___(4)___属性。

菜单编辑器的"有效"对应菜单控件的___(5)___属性。

菜单编辑器的"可见"对应菜单控件的___(6)___属性。

7. 弹出式菜单的显示方法是___(1)___，一般写在窗体或其他对象的___(2)___事件中。

8. 打开菜单编辑器的快捷键是_____。

9. Progressbar 控件的___(1)___属性和___(2)___属性决定填充进度栏的方块的数量和大小。方块数量越多，越能精确地描述操作进度。

10. RichTextBox 控件的添加需要选择___(1)___部件，能支持大于___(2)___的文本。

11. Animation 控件是_____，在播放时，该控件使用独立的进程，并不影响应用程序的运行。

12. 通用对话框控件的添加是在"工程"菜单→_____菜单项所弹出的对话框中完成的。

13. 在窗体上画 1 个命令按钮和 1 个通用对话框，其名称分别为 Command1 和 CommonDialog1，然后编写如下事件过程：

```
Private Sub Command1_Click()
    CommonDialog1.  (1)  = "打开文件"
    CommonDialog1.  (2)  = "(*.jpg)|*.jpg"
    CommonDialog1.  (3)  = "D:\"
    CommonDialog1.  (4)
End Sub
```

该程序的功能是，程序运行后，单击命令按钮，将显示"打开"对话框，其标题是"打开文件"，在"文件类型"列表框中只显示"(*.jpg)"，并显示 D 盘根目录下的所有文件，请填空。

14. 程序的状态栏是由_____控件生成的，它和菜单、工具栏一样是 Windows 应用程序的一个特征，用来显示程序的运行状态及其他信息。

15. ImageList 控件的作用像图像的储藏室，ImageList 控件___(1)___独立使用，它需要___(2)___控件来显示所存储的图像。

10.4 实 验 题

一、实验目的

1. 掌握菜单设计和弹出式菜单设计。

2. 掌握常用 ActiveX 控件，了解多媒体制作。

二、实验内容

实验 10-1 按照表 10-1 设计菜单，效果如图 10-2 所示，根据各菜单项标题含义调用绘图方法在窗体上绘制相应几何图形。

表 10-1　　　　　　　　　　　　　　各菜单项的设置

标　题	名　　称	索　引	功　　能
几何图形	Geometry		
…矩形	Rectangle		在窗体上绘制矩形
…正方形	Square		在窗体上绘制正方形
…-	Separator		分隔线
…圆	Circle		在窗体上绘制圆
…椭圆	Oval		在窗体上绘制椭圆
清屏	Clear		擦除已经绘制的几何图形

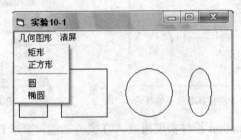

图 10-2　实验 10-1 运行界面及菜单显示

程序代码如下：

```
Private Sub Rectangle_Click()      '矩形左上角坐标(100, 500),右下角坐标(700, 1500)
    Line (100, 500)-(700, 1500), , B
End Sub
Private Sub Square_Click()         '正方形左上角坐标(1000, 500),右下角坐标(2000, 1500)
    Line (1000, 500)-(2000, 1500), , B
End Sub
Private Sub Circle_Click()         '圆心坐标(2900, 1000),半径500
                                   '填写一行代码
    _____
End Sub
Private Sub Oval_Click()           '椭圆圆心坐标(4000, 1000),长轴1000,短轴500
                                   '填写一行代码
    _____
End Sub
Private Sub Clear_Click()
                                   '填写一行代码
    _____
End Sub
```

实验 10-2 在实验 10-1 的基础上增加弹出式菜单 Setup，根据表 10-2 进行菜单设计，效果显示如图 10-3 所示，更改所绘图形的属性设置。请编程实现。

表 10-2　　　　　　　　　　　　　　各菜单项的设置

标　题	名　称	可见	功　能
属性设置	Setup	False	
…线条宽度	Linewidth		更改所绘图形线条的宽度
…变细	Decrease		线宽减少 1
…变粗	Increase		线宽增加 1
…线条颜色	Linecolor		更改所绘图形线条的颜色
…红色	Red		线条颜色为红色
…蓝色	Blue		线条颜色为蓝色

实验 10-3　窗体带有一个 CommonDialog 控件，菜单设计如图 10-4 所示，根据菜单项显示各种通用对话框，请编程实现。

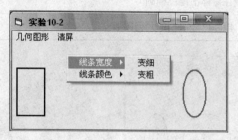

图 10-3　实验 10-2 运行界面及菜单显示

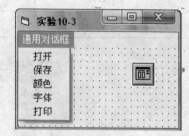

图 10-4　实验 10-3 设计界面

实验 10-4　利用 Animation 控件实现播放 AVI 文件功能，要求具备打开文件、播放和停止 3 个功能。

10.5　常见错误分析

1．在程序中对通用对话框的属性设置为什么不起作用？

在程序中对通用对话框的属性设置不起作用，多数情况是因为在弹出对话框后才进行属性设置。下面的程序代码就存在这样的问题，改正方法是将弹出对话框语句放到最后，即把 CommonDialog1.Action = 1 放在所有属性设置语句的后面。

```
CommonDialog1.Action = 1
CommonDialog1.FileName = "*.Bmp"
CommonDialog1.InitDir = "C:\Windows"
CommonDialog1.Filter = "Pictures(*.Bmp)|*.Bmp|All Files(*.*)|*.*"
CommonDialog1.FilterIndex = 1
```

2．在使用 CommonDialog 控件控制字体选择时为什么会出现字体没有安装的错误？

这是由于没有设置 CommonDialog 控件的 Flags 属性或属性值不正确。通常设置该值为 &H103，表示屏幕字体、打印机字体两者皆有之，并在字体对话框那出现删除线、下划线、颜色等元素。注意，数字前的符号&H，表示十六进制。

3. 在制作工具栏时 ToolBar 控件无法装入图像。

ToolBar 控件装入的图像来自与之关联的 ImageList 控件，必须先将图像添加到 ImageList 控件中，然后，在 ToolBar 控件的"图像列表"下拉列表框设置与之关联的 ImageList 控件。

4. 在制作工具栏时无法对 ImageList 控件进行编辑。

若要对 ImageList 控件进行增、删图像，必须先在 ToolBar 控件的"图像列表"下拉列表框设置"无"，也就是与 ImageList 切断联系，否则 Visual Basic 提示无法对 ImageList 控件进行编辑。

5. Animation 控件如何重复播放动画？

要重复播放指定次数的动画，正确的语句格式应为"对象.Play n"，不要使用循环。

6. 窗体菜单名、顶层菜单与菜单项的区别有哪些？

通常出现在菜单栏上的菜单对象称为菜单名，菜单名以下拉列表形式包含的内容为菜单项。菜单项可以包括菜单命令、分隔条和子菜单标题。当菜单名没有菜单项时称为"顶层菜单"，可直接对应一个应用程序。菜单名、顶层菜单与菜单项都是在"菜单"编辑器中定义的，它们的区别如下。

- 菜单名、顶层菜单不能定义快捷键，而菜单项可以有快捷键。
- 当菜单包含有热键字母（菜单标题中"&"后的字母）时，按 Alt+热键字母可选择窗体顶部菜单栏中的菜单项，当子菜单打开时，按热键字母选择子菜单中的菜单项。如果子菜单没有打开时，按热键字母无法选择其中的菜单项。
- 尽管所有的菜单项都能响应 Click 事件，但是菜单栏中的菜单名通常不需要编写事件过程。

10.6 编程技巧与算法的应用分析

1. 通用对话框的设置和使用。

窗体上有 1 个名称为 CD1 的通用对话框，1 个名称为 Command1 的命令按钮。命令按钮的单击事件过程如下：

```
Private Sub Command1_Click()
  cd1.FileName = ""
  cd1.Filter = "all.files|*.*|(*.doc)|*.doc|(*.txt)|*.txt"
  cd1.filterindex = 2
  cd1.Action = 1
End Sub
```

关于以上代码，错误的叙述是_____。

    A. 执行以上事件过程，通用对话框被设置为"打开"文件对话框

    B. 通用对话框的初始路径为当前路径

    C. 通用对话框的默认文件类型为*.Txt

    D. 以上代码不对文件执行读写操作

【分析】 本题主要考核通用对话框的使用，通用对话框的基本属性分析如下。

- Action 功能属性——直接决定打开何种类型的对话框，属性值的代表意义如下。

0——None：无对话框显示。

1——Open：打开文件对话框。

2——Save As：另存为对话框。

3——Color：颜色对话框。

4——Font：字体对话框。

5——Printer：打印机对话框。

6——Help：帮助对话框。

- FileName（文件名称）属性——用于设置和得到用户所选的文件名（包括路径名）。

- Filter（过滤器）属性——用于过滤文件类型，使文件列表中只显示指定类型的文件。

格式如下：

文件说明|文件类型

- Filterindex（过滤器索引）属性——用于指定文件类型列表框中的默认设置。

- filterindex 值为 2，所以文件类型将显示（*.doc）|*.doc。

- DialogTitle（对话框标题）属性——决定通用对话框的标题，可以是任意字符串。

- 初始化路径（InitDir）属性——用来设置指定打开对话框中初始目录。若显示当前目录，则该属性不需要设置。

上面程序中由于设置：

```
cd1.Filter = "all.files|*.*|（*.doc）|*.doc|（*.txt）|*.txt"
cd1.filterindex = 2
cd1.Action = 1
```

所以通用对话框设置为"打开"文件对话框，文件类型将显示（*.doc）*.doc（由于 Filter 的第 2 个类型为（*.doc）*.doc）。路径为当前路径。所以答案为 C。

2．实时菜单（也就是在程序运行时菜单项发生变化）如何创建？

【分析】 实时菜单是由应用程序根据需要动态创建的。在 Visual Basic 中，常见的实时菜单是"文件"菜单，该菜单显示了最近所使用的工程。

创建实时菜单必须结合控件数组，用 Load 语句创建菜单项，用 UnLoad 清除菜单项。

创建实时菜单的步骤如下。

（1）在"菜单"编辑器中建立样本菜单项。

样本菜单项的属性设置如表 10-3 所示。设置 Index 为 0，表明样本菜单项是控件数组的一个元素，其下标为 0。样本菜单项的 Name 属性是必需的，它将作为控件数组的名称。在下面假定数组名为 NameArray。Visible 可以设为 True，设为 False 表示初始时该菜单项不可见。

表 10-3　　　　　　　　　　　　　　　　　实时菜单样本菜单项

属　　性	Name	Caption	Index	Visible
设置值	必需的	可以没有	0	False

（2）在程序中用 Load 语句创建菜单项。

例如，Load NameArray(1)创建一个新的菜单项（在控件数组中的下标为 1），然后将其 Visible 属性设置 True，同时设置 Caption 属性。

动态创建的菜单项继承了除 Index 之外的绝大部分属性，所以要对 Caption 和 Visible 属性进行设置。另外，样本菜单项在菜单系统中的位置决定了新菜单项出现的位置。

（3）为实时菜单项编写代码。每个实时菜单项都是控件数组的一个成员，具有相同的名称，并且共享事件过程。

下面是一个实时菜单项代码示例：

```
Sub NameArray_Click(Index As Integer)
Select Case Index
    Case 0
        MsgBox("NameArray(0)(样本菜单项)is clicked!")
    Case 1
        MsgBox("NameArray(1)(第一个实时菜单项)is clicked!")
    Case 2
        MsgBox("NameArray(2)(第二个实时菜单项)is clicked!")
End Select
End Sub
```

（4）删除实时菜单项。尽管把 Visible 设为 False，程序运行时实时菜单项不会显示，然而有时还是需要把实时菜单项从内存中销毁。删除实时菜单项使用 UnLoad 语句。如 Load NameArray（1）。

10.7　参　考　答　案

一、选择题

1．A　　2．A　　3．C　4．A　　5．B　　6．B　　7．D　　8．C

9．C　　10．C　　11．A　12．C　　13．D　　14．D　　15．B　　16．A

17．D　　18．B　　19．B　20．D　　21．A　　22．B　　23．B　　24．B

25．D　　26．B　　27．C　28．C　　29．B　　30．C

二、填空题

1．（1）&　　　　　　（2）Alt　　　　　（3）—

2．菜单项显示区

3．"→"按钮

4．弹出式菜单

5．调整菜单项顺序

6．（1）Caption　　　（2）Name　　　（3）Index　　（4）Checked

　（5）Enabled　　　（6）Visible

7．（1）PopupMenu　　（2）MouseDown

8．Ctrl+E

9．（1）Height　　　（2）Width

10．（1）Microsoft Rich TextBox Control 6.0　　　　（2）64K

11．不可见的

12．"部件"

13．（1）DialogTitle　　（2）Filter　　　（3）InitDir　　（4）ShowOpen 或 Action=1

14．StatusBar

15．（1）不能　　　　（2）ToolBar

第11章
数据库编程技术

11.1 学 习 要 点

1. 数据库的基本概念。

数据库管理技术能实现组织或单位整体数据结构化、数据以数据文件组织形式长期保存。数据库由数据库管理系统（DBMS）统一管理和控制，具有数据共享性高，冗余度低、易扩充、数据独立性高等特点。

- 数据：数据是对客观事物特征的一种抽象的、符号化的表示。凡是计算机能够接收和处理的文字、符号、图形、图像、声音、视频信号、程序等都是数据。
- 数据库：数据库其实就是数据存放的地方。在计算机中，数据库是数据和数据库对象的集合。通常，一个数据库由一个或多个表格组成。
- 数据库管理系统：数据库管理系统是一种操纵和管理数据库的大型软件，是用于建立、使用和维护数据库的。
- 数据库系统：数据库系统是一个实际可运行的存储、维护和应用系统提供数据的软件系统，是存储介质、处理对象和管理系统的集合体。

2. 关系数据库模型。

关系数据库模型把数据用二维表的形式表示，表中的每一行被称为记录，表中的每一列被称为字段。每个表都应有一个主关键字，主关键字可以是表的一个字段或字段的组合，且对表中的每一行都唯一。

关系型数据库可分为单表数据库和多表数据库。在多表数据库中表与表之间按记录内容可以用一对多关系或多对多关系相互关联。

3. 数据控件。

数据控件是用于连接数据库内数据源的对象。

- Data 控件。Data 数据控件通过 Microsoft Jet 数据库引擎接口实现数据访问。要利用 Data 控件返回数据库中的记录集，应通过它的基本属性设置要访问的数据资源。

4. 数据库记录的编辑操作。

数据库记录的新增、删除、修改操作通过 AddNew、Delete、Edit、Update、Refresh 方法实现。其语法格式如下：

数据控件.记录集.方法名

5. SQL 语言。

SQL 语言由命令、子句、运算、函数等组成，利用它们可以组成所需要的语句，以建立、更新和处理数据库数据。

常用的 SQL 命令如表 11-1 所示。

表 11-1　　　　　　　　　　　　　　　　常用 SQL 命令

分　类	命　令	功 能 说 明	分　类	命　令	功 能 说 明
DDL	CREATE	建立新的基本表、视图、索引	DML	INSERT	添加记录
	ALERT	修改数据结构		UPDATE	修改记录
	DROP	删除数据结构		DELETE	删除记录
				SELECT	查找满足特定条件的记录

完整的 SQL 语句在不同的命令后面还要加上相应的子句，用运算符实现表达式的连接（包括算术运算符、比较运算符和逻辑运算符），对于常用的运算还可以利用统计函数进行操作。SQL 语言中的统计函数包括 SUM（求和）、AVG（求平均值）、MAX（求最大值）、MIN（求最小值）和 COUNT（求记录个数）。

SQL 中最常用的是从数据库中获取数据。从数据库中获取数据称为查询数据库，查询数据库通常使用 SELECT 语句。SELECT 语句的语法格式如下：

格式：Select 字段表 Form 表名 Where 查询条件 Group By 分组字段 Order By 字段 [Asc|Desc]

11.2　示 例 分 析

1. SQL 语句 "Select * From 学生 Where 性别='女'" 中的*的含义是_____。

　　A. 所有表　　　　　　　　　　　　B. 所有指定条件的记录

　　C. 指定表中的所有字段　　　　　　D. 所有记录

【分析】　答案为 C。

SQL 语句的 Select 后面的目标列表达式可以使用通配符*表示选择所有字段。

2. 利用 VB 可视化数据管理器中的查询生成器不能完成的功能有_____。（多选）

　　A. 在指定的表中任意指定查询结果要显示的字段

　　B. 打开某个索引以加快查询速度

　　C. 按一定的关联条件同时查询多个表中的数据

　　D. 同时查询多个数据库中的数据

【分析】　答案为 B、D。

可视化数据管理器中的查询生成器没有打开索引的功能，并且只能查询一个数据库中的一个或多个表中的数据。

3. 通过设置 Data 控件的_____属性可以确定访问数据表的名称。

　　A. Connect　　　　B. DatabaseName　　　　C. RecordSource　　　　D. Recordset

【分析】　答案为 C。

Data 控件主要有 Connect、DatabaseName 和 RecordSource 3 个基本属性，利用 Data 控件访问

数据库时必须对这 3 个基本属性进行设置，可以通过"属性"窗口进行设置，也可通过运行时在 Form_Load 事件中设置。其中：

Connect 属性确定数据控件要访问的数据库的类型，包括 Microsoft Access（默认）、dBase 和 FoxPro 等；

DatabaseName 属性用于确定数据控件使用的数据库；

RecorderSource 属性用于确定访问的数据表的名称。

11.3　同步练习题

一、选择题

1. 以下说法正确的有_____。

   A. 使用 Seek 方法之前必须先打开索引，要查找的内容为索引字段的内容

   B. 使用 Find 方法之前必须先打开索引，要查找的内容为索引字段的内容

   C. Seek 方法总是查找当前记录集中满足条件的第 1 条记录

   D. Find 方法总是查找当前记录集中满足条件的所有记录

2. 以下说法正确的是_____。

   A. 使用 Data 控件可以直接显示数据库中的数据

   B. 用数据绑定控件可以直接访问数据库中的数据

   C. Data 控件可以对数据库中的数据进行操作，却不能显示数据库中的数据

   D. Data 控件只有通过数据绑定控件才可以访问数据库中的数据

3. Microsoft Access 数据库文件的后缀名是_____。

   A. .dbf　　　　　B. .acc　　　　　C. .mdb　　　　　D. .db

4. 数据处理的核心问题是_____。

   A. 数据输入　　　B. 数据存储　　　C. 数据查询　　　D. 数据管理

5. SQL 语句"Select 电费编号，户主姓名，应收金额 From 电费表 Where 应收金额>=50"中的查询数据源是_____。

   A. 电费编号　　　B. 户主姓名　　　C. 电费表　　　　D. 应收金额

6. 以下关于索引的说法，错误的是_____。

   A. 一个表可以建立一个到多个索引　　　B. 每个表至少要建立一个索引

   C. 索引字段可以是多个字段的组合　　　D. 利用索引可以加快查找速度

7. 当 BOF 属性为 True 时，表示_____。

   A. 当前记录位置位于 Recordset 对象的第 1 条记录

   B. 当前记录位置位于 Recordset 对象的第 1 条记录之前

   C. 当前记录位置位于 Recordset 对象的最后 1 条记录

   D. 当前记录位置位于 Recordset 对象的最后 1 条记录之后

8. _____不是数据库模型。

   A. 层次型　　　　B. 网状型　　　　C. 关系型　　　　D. 选择型

9. 使用 Seek 方法或 Find 方法进行查找时，可以根据记录集的_____属性判断是否找到了

匹配的记录。

    A．Match   B．NoMatch   C．Found   D．NoFound

10．SQL 语言中，删除一个表中记录的命令是＿＿＿＿＿＿。

    A．Delete   B．Drop   C．Clear   D．Remove

11．在 SQL 的 Update 语句中，要修改某列的值，必须使用关键字＿＿＿＿＿＿。

    A．Select   B．Where   C．Distinct   D．Set

12．假定数据库 Student.mdb 含有学生成绩表和基本情况表，如果数据控件 Data1 在设计时已链接了数据库 Student.mdb 中的学生成绩表，在 Form-Click 事件中执行 "Data1. RecordSource = "基本情况""后，将发生＿＿＿＿＿＿。

    A．程序提示产生错误

    B．数据控件链接的当前记录是基本情况表，但绑定控件不显示基本情况表的记录

    C．数据控件链接的当前记录集还是学生成绩表，绑定控件显示学生成绩表的记录

    D．数据控件链接的当前记录集是情况表，绑定控件显示基本情况表的记录

13．通过记录集（Recordset）对象的＿＿＿＿＿＿＿方法，使得记录指针移到最后一条记录。

    A．MoveLast   B．MoveFirst

    C．MoveNext   D．MovePrevious

14．在记录集进行查找，如果找不到相匹配的记录，则记录定位在＿＿＿＿＿＿。

    A．首记录之前   B．末记录之后

    C．查找开始处   D．随机位置

15．在 SELECT-SQL 语句中，"HAVING 条件表达式"用来筛选满足条件的＿＿＿＿＿＿。

    A．分组   B．行   C．关系   D．列

二、填空题

1．要利用数据控件返回数据库中记录集，则需要设置＿＿＿＿＿＿属性。

2．ODBC 技术提供了 3 种类型的数据源：＿＿（1）＿＿、＿＿（2）＿＿和＿＿（3）＿＿。

3．从"教师"表中查询所有"职称"为"讲师"的教师的"姓名"、"年龄"和"性别"，相应的 Select 语句为＿＿＿＿＿＿＿＿＿＿＿＿＿＿＿＿＿＿＿＿＿＿＿＿＿＿＿＿＿＿＿＿。

4．在由数据控件 Data1 所确定的记录集中，要将当前记录从第 4 条移到第 11 条，应使用语句＿＿＿＿＿＿＿＿＿＿＿＿＿＿＿＿＿＿＿＿＿＿＿＿＿＿＿＿＿＿＿。

5．在由数据控件 Data1 所确定的记录集中，将当前记录的"年龄"字段值改成 30，应使用语句＿＿＿＿＿＿＿＿＿＿＿＿＿＿＿＿＿＿＿＿＿＿＿＿＿＿＿＿＿＿。

6．在由数据控件 Data1 所确定的记录集中，查找第 1 个女教师的记录，应使用语句＿＿＿＿＿＿＿＿＿＿＿＿＿＿＿＿＿＿＿＿＿＿＿＿＿＿＿＿＿＿＿。

7．要设置 Data 控件所连接的数据库类型，需设置其＿＿＿＿＿＿属性。

8．要使绑定控件能通过数据控件 Data1 链接到数据库上，必须设置控件的＿＿（1）＿＿属性为＿＿（2）＿＿，要使绑定控件能与有效的字段建立联系，则需设置控件的＿＿（3）＿＿属性。

9．Data 控件的 DatabaseName 属性用于设置＿＿（1）＿＿，决定 Data 控件链接到哪一个数据库。对于多表的数据库，该属性为具体的＿＿（2）＿＿；对于单表的数据库，它是具体的数据库文件所在的目录，而数据库名则放在＿＿（3）＿＿属性中。

10．记录集的＿＿＿＿＿＿属性用于指示 Recordset 对象中记录的总数。

11. 在 Visual Basic 6.0 中，数据报表设计器主要分为 3 部分，除了数据报表部分，数据报表设计器的设计部分，还有_____。

12. 设计学生成绩表维护系统。

设已经建立了一个数据库"学生成绩表.mdb"，保存位置为"D:\mydb"。该数据库中包括 3 个表，表名称分别为"一班"、"二班"和"三班"，它们分别用于保存 3 个班级的学生成绩。各表结构相同，定义如表 11-2 所示。

表 11-2　　　　　　　　　　　　各班成绩表结构

字　段　名	类　　型	长　　度	主　索　引
学号	Text	3	√
姓名	Text	10	
数学	Integer		
英语	Integer		
计算机	Integer		

- 在窗体上添加一个 Data 控件 Data1，使 Data1 与"学生成绩表.mdb"相关联，应设置 Data1 控件的 DatabaseName 属性为___（1）___。
- 要使 Data1 在运行时不可见，应设置 Data1 的___（2）___属性为___（3）___。
- 在窗体上添加一个 MSFlexGrid 控件 MSFlexGridl，应使用"工程"菜单下的"部件"命令，在打开的"部件"对话框中选择___（4）___。
- 设置 MSFlexGrid1 的___（5）___属性为___（6）___，使其与 Datal 相关联。将 MSFlexGrid1 的 FixedCols 设置为 0，使其不显示左侧的固定列。
- 在窗体上添加其他控件并设置有关属性，如图 11-1 所示。

其中，组合框 Combo1 用于选择要维护的表，要使其列表内容包括"一班"、"二班"、"三班"，应设置其___（7）___属性。框架 Frame1 中的文本框用于显示或编辑记录。应设置 Text1～ Text5 的___（8）___属性为___（9）___，以便使用 Data1 所确定的记录集。开始运行时，框架中的所有文本框不能编辑，可以设置框架的___（10）___属性为___（11）___。

- 运行时，当从 Combo1 中选择某班级（一班、二班或三班）后，在 MSFlexGrid1 中显示相应的表内容，同时，在各文本框中显示当前记录各字段的内容，如图 11-2 所示。补齐以下代码，实现该功能。

```
Private Sub Combo1_Click()
  Data1.RecordSource = ___(12)___
  Data1.Refresh
  Text1.DataField = ___(13)___
  Text2.DataField = ___(14)___
  Text3.DataField = ___(15)___
  Text4.DataField = ___(16)___
  Text5.DataField = ___(17)___
End Sub
```

- 单击表格中的某一行，该行即成为当前记录，相应的内容即显示在上面框架中，如图 11-2 所示。补齐以下代码，实现该功能。

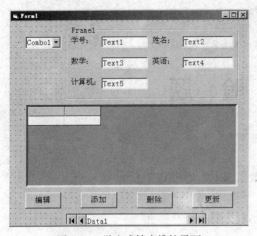

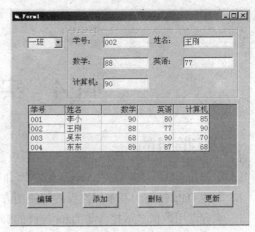

图 11-1　学生成绩表维护界面　　　　　　图 11-2　显示选择的班级列表及当前记录

```
Private Sub MSFlexGrid1_Click()
   Data1.Recordset.   (18)   = MSFlexGrid1.Row - 1
End Sub
```

- 单击"编辑"按钮，允许在文本框中修改当前记录。

```
Private Sub Command1_Click()
   Frame1.Enabled =   (19)
   Frame1.Caption = "请修改记录"
   Data1.Recordset.   (20)
Text1.SetFocus
End Sub
```

- 单击"添加"按钮，允许在文本框输入一条新记录。

```
Private Sub Command2_Click()
   Frame1.Enabled =   (21)
   Frame1.Caption = "请输入新记录"
   Data1.Recordset.   (22)
   Text1.SetFocus
End Sub
```

- 单击"更新"按钮，确认在文本框中编辑或更新的记录，同时使框架中的所有内容处于只读状态。

```
Private Sub Command4_Click()
   Frame1.Caption =""
   Frame1.Enabled =   (23)
   Data1.Recordset.   (24)
   Data1.Refresh
End Sub
```

- 单击"删除"按钮，删除当前记录。

```
Private Sub Command3_Click()
   a = MsgBox("确定要删除吗?", vbOKCancel, "注意")
   If a = 1 Then
     Data1.Recordset.   (25)
```

```
        Data1.Refresh
    End If
End Sub
```

11.4 实 验 题

一、实验目的

1. 掌握在 VB 环境中建立 Access 数据库和在数据库中添加表的方法。
2. 掌握 Data 控件的基本属性设置和使用方法。
3. 掌握常用数据显示控件与 Data 控件的绑定方法。
4. 能编写简单的数据库操作程序。

二、实验内容

实验 11-1　使用可视化数据库管理器建立一个 Access 数据库 money.mdb 数据库，添加电费表（dian）。表结构如下（见图 11-3）。

电表编号 Text（3），户主姓名 Text（10），收费标准 Single，计费起始日期 Date，计费截止日期 Date，本月读数 Text（5），上月读数 Text（5），应收金额 Single，实收金额 Single。另，表中记录内容自定。

实验 11-2　在实验 11-1 的基础上设计如图 11-4 所示窗体界面，在文本框中显示电费表记录的各字段值。

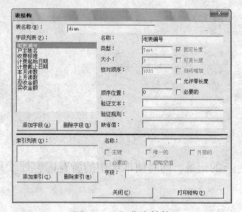

图 11-3　电费表结构

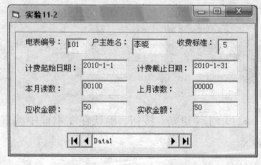

图 11-4　实验 11-2 界面

提示：实现文本框和 Data 控件的绑定需要设置如下属性。

（1）Data 控件的属性设置如表 11-3 所示。

表 11-3　　　　　　　　　　　　　　　　Data 控件的属性设置

对　象	属　性	属　性　值
Data1	Connect	Access
	DatabaseName	App.Path+"money.mdb"
	RecordSource	dian

（2）各文本框的属性设置：DataSource 属性为 Data1，DataField 属性绑定相应字段名。

实验 11-3 在实验 11-2 的基础上增加记录的删除和添加功能，如图 11-5 所示。

图 11-5 实验 11-3 界面

程序代码如下：

```
Private Sub CmdAdd_Click()
    If CmdAdd.Caption = "添加" Then
        CmdDelete.Enabled = False          '"删除"命令按钮设为无效
        CmdExit.Enabled = False            '"退出"命令按钮设为无效
        CmdAdd.Caption = "确定"            '"添加"命令按钮标题改为"确定"
        If Data1.Recordset.RecordCount > 0 Then
            Data1.Recordset.MoveLast       '记录指针指向最后一条记录
        End If
                                           '增加新记录
        _____
        Text1.SetFocus
    Else
        If Text1.Text <> "" Then
            CmdDelete.Enabled = True        '"删除"命令按钮恢复为有效状态
            CmdExit.Enabled = True          '"退出"命令按钮恢复为有效状态
            CmdAdd.Caption = "添加"        '"确定"命令按钮标题恢复为"添加"
                                           '记录更新
            _____
            Data1.Recordset.MoveLast
        Else
            MsgBox "电表编号不能为空！"
        End If
    End If
End Sub
Private Sub CmdDelete_Click()
    If _____ Then                '若无记录
        MsgBox "没有记录！"
        Exit Sub
    Else
                                           '记录删除
        _____
                                           '记录刷新
        _____
    End If
End Sub
Private Sub CmdExit_Click()
    End
End Sub
```

实验 11-4 按照电费编号查询电费表的详细记录，界面如图 11-6 所示。

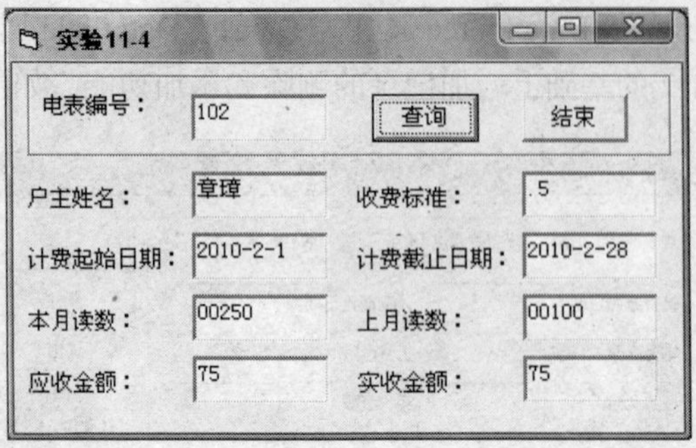

图 11-6 实验 11-4 界面

提示：在电费表结构中要增加索引字段"电费编号"，索引名和字段同名，设为主键、唯一索引。

程序代码如下：

```
Dim db As Database
Dim rs As Recordset
Private Sub Form_Load()
    Set db = OpenDatabase(App.Path + "\money.mdb")      '打开数据库 class.mdb
    Set rs = db.OpenRecordset("dian")                   '创建 Recordset 对象变量
End Sub
Private Sub CmdFind_Click()
    Dim no As String
    no = Trim(Txtbh.Text)
    rs.Index = "电费编号"
    rs.Seek "=", no
    If  Not rs.NoMatch  Then                             '该班级名称存在
        Text1.Text = rs.Fields("户主姓名")
        Text2.Text = rs.Fields("收费标准")
        Text3.Text = rs.Fields("计费起始日期")
        Text4.Text = rs.Fields("计费截止日期")
        Text5.Text = rs.Fields("本月读数")
        Text6.Text = rs.Fields("上月读数")
        Text7.Text = rs.Fields("应收金额")
        Text8.Text = rs.Fields("实收金额")
    Else
        MsgBox ("无此编号!")
    End If
    rs.Close                                             '关闭表
    db.Close                                             '关闭数据库
End Sub
Private Sub CmdEnd_Click()
    End
End Sub
```

实验 11-5 利用 Visual Basic 中的 Data 控件制作一个简单的党员信息管理系统。
基本表有"班级表"和"学院表"两个。

班级表表结构：

编号 Text(3),班级名称 Text(50),人数 Integer,党员人数 Integer,所在学院 Text(2)

学院表表结构：

编号 Text(2),学院名称 Text(50)

其中，班级表中的"所在学院"字段就是学院表中的"编号"字段。

班级表中"班级名称"和"所在学院"字段建立了索引，学院表中"编号"字段建立了索引。

要求：

（1）能实现学院信息的编辑和顺序查找，如图 11-7 所示。

（2）能实现班级党员信息的编辑和顺序查找。

（3）根据班级名称查找该班级党员的详细信息，如图 11-8 所示。

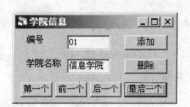

图 11-7 学院信息界面图

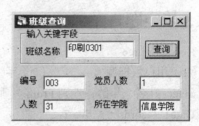

图 11-8 班级党员信息查询界面

11.5 常见错误分析

1. 数据编辑后没有写入数据库。

直接由数据控件链接的数据库，当数据编辑后，必须单击数据控件对象上的按钮移动记录，所做的修改才有效。另外，必须将数据控件的 ReadOnly 设置为 False。

2. 绑定控件无法获取记录集中数据。

Data 控件的链接设置必须先于绑定控件的 DateSource 和 DateField 属性的设置。

3. RecordSource 属性重新设置后记录集无变化。

数据控件的 RecordSource 属性重新设置后，必须用 Refresh 方法刷新这些变化。

4. 调用 Update 方法失败。

调用 Update 方法写入记录前，必须保证已调用 AddNew 或 Edit 方法，否则程序在执行时产生"在不使用 AddNew 或 Edit 方法的情况下，更新或取消更新"的错误。

5. 在添加了新记录后显示屏不显示新记录。

在调用 Update 方法后，使用 MoveLast 方法将记录指针再次移到新记录上。

6. 删除记录后被删记录仍显示在屏幕上。

删除记录后，显示屏不自动刷新，而要刷新显示屏必须移动记录指针。因此在调用了 Delete 方法后，再使用一条 Move 语句移动记录指针。

7. 使用 SELECT 语句对多表操作出现字段找不到的错误。

在多表操作时，当表中的字段名唯一时，可直接使用字段名。当两个表中具有相同的字段名时，可以任意选取一个，但必须在字段名前加上表名前缀，格式如"表名.字段名"，如果字段名中有空格，必须用"[字段名]"的格式。

8．在使用合计函数对记录操作时出错。

在SELECT语句中使用合计函数，合计函数内使用的表达式必须包含在SELECT输出子句中。

11.6 参 考 答 案

一、选择题

1．A   2．C   3．C   4．D   5．C   6．B   7．B   8．D

9．B   10．A   11．D   12．B   13．A   14．C   15．A

二、填空题

1．RecordSource

2．（1）用户数据源　　　　（2）系统数据源　　　　（3）文件数据源

3．Select 姓名，年龄，性别 From 教师 Where 职称='讲师'

4．Data1.Recordset. Move 7

5．Data1.Recordset. Fields（"年龄"）.Value = 30

6．Data1.Recordset. FindFirst "性别='女'"

7．Connect

8．（1）DataSource　　　　（2）Data1　　　　　　（3）DataField

9．（1）Data 控件的数据源　　（2）数据库文件名　　　（3）RecodSource

10．RecordCount

11．数据报表控件

12．（1）D:\mydb\学生成绩表.mdb　　　　　　　（2）Visible

（3）False　　　　　　　　　　　　　　（4）Microsoft FlexGrid Control 6.0

（5）DataSource　　　　　　　　　　　　（6）Data1

（7）List　　　　　　　　　　　　　　　（8）DataSource

（9）Data1　　　　　　　　　　　　　　（10）Enabled

（11）False　　　　　　　　　　　　　　（12）Combo1.Text

（13）Data1.Recordset.Fields（0）.Name　　　（14）Data1.Recordset.Fields（1）.Name

（15）Data1.Recordset.Fields（2）.Name　　　（16）Data1.Recordset.Fields（3）.Name

（17）Data1.Recordset.Fields（4）.Name　　　（18）AbsolutePosition

（19）True　　　　　　　　　　　　　　（20）Edit

（21）True　　　　　　　　　　　　　　（22）AddNew

（23）False　　　　　　　　　　　　　　（24）Update

（25）Delete

第12章
Visual Basic .NET 简介

12.1 学 习 要 点

1. VB .NET 与 Visual Basic。

VB .NET 是 Visual Studio .NET 支持的多种编程语言之一，是 Visual Studio .NET 中第一个推出的基于 .NET 框架的应用程序开发工具。它继承了传统的 Visual Basic 的特点和风格，全面支持面向对象的编程语言，与 Visual Basic 的最大差别是引入了 .NET 框架，.NET 框架不仅是一组基础类库，而且是多种编程语言共享的基础平台，所以 VB .NET 处理方法有很大的变化。

2. VB .NET 框架。

VB .NET 框架有两个重要组成部分：公共语言运行库（CLR）和 .NET 基础类库。

（1）公共语言运行库。它是 .NET 框架的基础，支持所有 .NET 语言都要用到的公共服务。

（2）.NET 基础类库。它包含了数百个已经编好的类，这些类提供了从完成简单的数据格式化到建立网络连接和访问关系数据库的所有功能。

（3）面向对象程序设计的封装性、继承性和多态性。

封装性。将一组相关的数据成员、属性、事件和方法组合起来作为一个独立的对象对待。类是实现封装的工具，封装保证了类具有较好的独立性，防止外部程序破坏类的内部数据，同时便于程序的维护和修改。

继承性。在一个已经存在的类的基础上定义一个新的类。已有的类称为基类，新定义的类称为派生类。派生类继承了基类的所有成员，还可以定义新的成员。

多态性。多态性是指同样的消息被不同类型的对象接收时导致完全不同的行为。也就是说，允许存在多个不同的类，它们拥有同样的属性和方法，但是具体实现不同。

3. 类。

（1）类的定义形式。

Class 类名

      数据成员的说明

      属性的定义

      方法的定义

      事件的定义

End Class

（2）类的数据成员、属性、方法和事件统称为的类的成员。

（3）类中的数据成员可以初始化。

（4）类成员的访问修饰符常用的有 3 种：Public（公有）、Private（私有）、Protected（保护）。

Public（公有）：公共访问权限，在类之内及类外都可以访问，即访问不受限制。

Private（私有）：私有访问权限，只能在其声明的类中可以访问，不能在类之外访问。

Protected（保护）：受保护的访问权限，只能在其声明的类及其派生类中访问。

一般情况下，数据成员声明为 Private，属性、方法和事件声明为 Public。

（5）类定义的位置。

● 放在窗体的代码窗口中，与窗体类并列。

● 在类模块中定义类。

● 在类文件中定义类。

● 在窗体类中定义类。

4. 构造函数。

构造函数实质上是名称为 New 的过程，在类实例化时用来对数据成员进行初始化。

```
Public Sub New(……)
    ……
End Sub
```

特点：

（1）一个类中可以有多个参数个数不同或参数类型不同的构造函数，即可以重载。

（2）构造函数是在实例化时由系统自动调用，程序代码中不能直接调用。

（3）一个类中如果没有构造函数，则系统会自动添加一个空的构造函数。若类中已经有构造函数，则系统不会添加空的构造函数。

5. 继承和派生。

所谓继承，就是在现有类的基础上构造新的类，新类继承了原有类的数据成员、属性、方法和事件。现有的类称为基类，新类称为派生类。

派生类的定义方法为：

```
Class 派生类名
    Inherits 基类
    ……
End Class
```

6. 派生类的构造函数。

派生类可以继承基类的数据成员、属性、方法和事件，但是基类的构造函数是不能继承的，因此，若需要对派生类对象进行初始化，则需要定义新的构造函数。定义派生类构造函数的一般形式为：

```
Public Sub New(派生类构造函数总参数表)
    MyBase.New(基类构造函数参数表)
    派生类数据成员初始化
End Sub
```

7. 重载和重写。

重载是通过关键字 Overloads 实现的，即同名的方法之前必须加上 Overloads。重写是使用

Overridable 和 Overrides 关键字实现的，在基类的方法中使用 Overridable 关键字，在派生类的方法中使用 Overrides 关键字。重载和重写的区别在于：重载是同一类或模块中处于同一层次的几个方法拥有相同的名称，但它们的参数列表不同，或者参数个数不同，或者参数类型不同，但参数个数和类型全部相同时，不能重载，只能重写；而重写使基类和派生类中的方法同名，派生类改写了基类的方法，由于重写会发生意想不到的问题，所以要谨慎使用。

8．ADO .NET 数据对象。

ADO .NET 是围绕 System.Data 基本名称空间设计的，包含的主要数据对象和功能如表 12-1 所示。

表 12-1　　　　　　　　　　　　　ADO .NET 数据对象和功能

数据对象	功能描述
Connection	建立一个与数据源的连接
Commmand	用于执行一条 SQL 语句，以便从数据源中获取数据
Data Reader	提供从数据源读取数据行的接口，需要与 Commmand 配合使用
DataAdapter	在与数据源连接时，可从数据源读数据填充 DataSet 或更新数据源
DataSet	是保存在内存中供使用的数据副本

9．数据绑定。

在 VB .NET 中，数据集不能直接显示数据，必须通过控件来实现，这些控件称为绑定控件。数据绑定有两种方式，即简单数据绑定和复杂数据绑定。

（1）简单数据绑定。简单数据绑定是指将控件绑定到单个数据字段。每个控件只显示数据集中的一个字段值。

（2）复杂数据绑定。复杂数据绑定允许将多个数据元素绑定到一个控件，同时显示记录源中的多行或多列数据。例如，DataGrid 控件、ComboBox 控件、ListBox 控件。

10．数据访问过程。

（1）创建连接。设置连接对象的 ConnectionString 属性连接指定的数据库。

（2）配置命令对象。设置命令对象的 Connection 属性指定连接对象；设置 CommandType 属性指定使用命令类型。

（3）生成数据集。通过数据适配器对象，将 SQL 语句查询结果填充到数据集。

12.2　同步练习题

一、选择题

1．.NET 所开发的应用程序，在执行时由谁全权负责＿＿＿＿＿。
　　A．CLR　　　　　　B．编译器　　　　　　C．操作系统　　　　　　D．不需要
2．在 VB .NET 中，用＿＿＿＿＿属性标识不同的对象。
　　A．Text　　　　　　B．Name　　　　　　C．Index　　　　　　D．Title
3．事件过程是指＿＿＿＿＿时所执行的程序代码。
　　A．运行程序　　　　B．响应事件　　　　　C．设置属性　　　　　D．使用控件

4. 构造函数一般以_____关键字声明。

   A. Private   B. Public   C. Protected   D. Shadow

5. 以下_____项目是 VB .NET 不能创建的。

   A. Windows 应用程序   B. Dos 应用程序

   C. Web 应用程序   D. Windows 服务

6. 下面关于 VB .NET 的有关说法中，错误的是_____。

   A. VB .NET 具备面向对象程序设计语言的所有特征

   B. 在 VB .NET 中，用户不仅可以使用大量预定义的类，而且还可以自定义类

   C. VB 所有版本都具有封装性、继承性和多态性

   D. 现代程序设计语言向面向对象编程靠拢，是因为面向对象编程具备代码维护方便、可扩展性好和支持代码重用等优点

7. 在下列关于类的定义位置的说法中，错误的是_____。

   A. 类的定义不能嵌套，即类中不能再定义类

   B. 在类模块中可以定义类

   C. 在窗体的代码窗口中可以定义与 Form1 并列的类

   D. 在标准模块中可以定义类

8. 下列关于构造函数的说法中，错误的是_____。

   A. 构造函数实质上是名称为 New 的 Sub 过程

   B. 一个类中可以有多个构造函数

   C. 构造函数在对象实例化时由系统自动调用，程序不能直接调用

   D. 用户在定义类时必须在其中定义构造函数

9. 下列关于继承的说法中，错误的是_____。

   A. 派生类可以继承基类中除了构造函数以外的所有成员

   B. 基类是派生类的一个子集

   C. 在 VB .NET 中，派生类只能有一个基类

   D. 一个基类可以有多个派生类

10. 在派生类中不可以访问_____。

   A. 基类中的私有成员   B. 派生类中的私有成员

   C. 基类中的保护成员   D. 基类中的公有成员

11. 以下关于定义重载的要求中，错误的是_____。

   A. 参数个数可以不同

   B. 要求至少有一个参数类型不同

   C. 要求参数个数相同时，参数类型不同

   D. 要求函数的返回值不同

12. 下面关于重载和重写的说法中，正确的是_____。

   A. 重写时，基类的方法一定要使用关键字 Overridable

   B. 重写时，基类的方法使用了关键字 Overridable 后，在基类中可以重载，派生类中可以重写

   C. 派生类中重写基类中的方法时，派生类中的属性或方法可以省略关键字 Overrides

   D. 以上全是错误的

13. 以下关于数据集的叙述，不正确的是_____。

  A. 在 DataSet 中可以包含任意数量的 DataTable（数据表）或视图（View）

  B. DataSet 是 XML 与 ADO 结合的产物

  C. DataSet 与数据库或 SQL 无关

  D. DataSet 需要在线工作

14. 要使数据适配器的 Update 方法能正确执行，必须配置_____属性。

  A. SelelctCommand   B. InsertCommand

  C. UpdateCommmand   D. DeleteCommand

15. 下列所显示的字符串中，字符串_____不包含在连接对象的 ConnnectionString 属性内。

  A. Microsofe.Jet.OLEDB.4.0   B. Data Source=c:\Mydb.mdb

  C. Password="."   D. 2-adCmdTable

二、填空题

1. 对象的_____属性在程序运行过程中，只能被引用，不能被修改。

2. 面向对象程序设计具有封装性、继承性和_____。

3. 声明为_____的成员只能在声明的类中访问。

4. 构造函数的名称为_____。

5. 派生类中应使用_____关键字引出继承。

6. 在 VB .NET 的应用程序中访问数据库的过程为：首先使用_____完成与数据库的连接；接着使用_____对数据库发出 SQL 命令，告诉数据库完成某种操作；最后由_____将获取的数据填充到数据集，供应用程序使用。

12.3 实 验 题

一、实验目的

1. 了解掌握 VB .NET 的运行环境、程序调试方法。

2. 掌握 VB .NET 的框架结构。

3. 掌握类的使用。

4. 了解数据库的访问。

二、实验内容

1. 设计一个描述儿童、成人和老人的类，儿童分为学龄前和学龄期儿童，成人有工作，老人已经退休。提取共性作为基类，并派生出满足要求的各个类及每一个类上的操作。要求设计出各个类，并完成测试类的程序。

【分析】 描述一个人的基本特征包括 姓名 Name、出生时间 Birth、出生地点 BirthPlace。把这些基本特征定义为一个基类 Base。不论学龄前还是学龄期儿童都要有监护人 Guarder，为此在基类的基础上派生出类 AllChild，再把类 AllChild 作为基类派生出学龄前 Preschool 和学龄期

SchoolAge 儿童的类。把类 Base 作为基类，分别派生出成人类 Adult 和老人类 OldPeple。

2. 定义一个描述学生通讯录的类 AddressBook，实例数据成员包括：姓名 Name、学校 School、电话号码 Tele 和邮编 Post；成员方法包括：输出各数据成员的值，分别设置和获取各个数据成员的值，并设计测试类的程序。

12.4　常见错误分析

1. 在 VB .NET 集成环境中没有显示"工具箱"、属性等常用窗口。

在 VB .NET 中，窗口按照布局方式可分为两类：位置相对固定的主窗口、窗体设计和代码窗口；另一类是可浮动的、可隐藏的、可停靠的其他窗口，如工具箱、属性、解决方案资源管理器、输出等窗口，在指向这些窗口的标题栏时可通过快显菜单进行这些特性的设置。

一般应将常用的浮动窗口，如工具箱、属性、解决方案资源管理器等常用窗口设置为"可停靠"。

在 VB .NET 中，窗口比较多，当操作不当破坏了窗口的布局后，可通过"工具"—"选项"命令，在其对话框中选择"重置窗口布局"，恢复默认布局。

2. 利用复制和粘贴功能提高建立相同类型的控件效率。

在 VB .NET 中，取消了 VB 6.0 具有的数组控件功能。因此，若要在窗体上创建多个相同类型的控件，可利用复制和粘贴功能来提高效率。

3. VB .NET 没有 Print 方法，如何实现在窗体上显示文本以及定位。

在 VB 6.0 中，要在窗体上显示文本可以直接利用 Print 方法，而 VB .NET 取消了 Print 方法，虽然在 VB .NET 中提供了 "Write"、"Writln" 方法，但它们不能用于窗体窗口，只能用于 "输出" 等调试窗口。

要想实现在窗体上定位、分行显示信息，只能利用 TextBox、Label、List 等控件和 Space（）函数、vbCrLf 常量相结合来实现。

4. VB .NET 中控件属性利用代码设置的问题。

VB .NET 中控件属性有 3 类：

（1）数值或字符串，可以直接按照常量形式赋值；

（2）枚举类型，利用该类型所枚举的值赋值；

（3）结构或类，如 Location、Size、Font 等属性赋值问题。

由于 Location、Size 结构是值类型，要通过 New 命令创建新的 Location、Size 对象，设置对应的值，才能改变控件对应的属性；同样 Font 对象属性也要通过 New 命令创建新的 Font 对象，设置对应的值，来改变控件 Font 对象对应的值。

5. 实例化时需要构造函数。

若实例化时没有构造函数或者没有所需要的构造函数会出现错误。

若类中没有定义构造函数，则编译程序会自动添加一个空的构造函数；若定义了构造函数，则编译程序不会再添加空的构造函数。类实例化时若要初始化，，一定需要构造函数。

错误 1：下面的程序缺少构造函数。

```
Class Test
    Public x As Integer
```

```
End Class
Public Class Form1
……
Dim t As New Test(5)
……
End Class
```

错误 2：下面的程序尽管有一个构造函数，但缺少所需的构造函数（空构造函数）。

```
Class Test
    Public x As Integer
    Sub New(ByVal a As Integer)
     x=a
     End Sub
End Class
Public Class Form1
……
Dim t As New Test
……
End Class
```

12.5　参　考　答　案

一、选择题

1. A　　2. B　　3. A　　4. B　　5. D　　6. C　　7. A　　8. D　9. B

10. A　　11. B　　12. B　　13.D　　14. C　　15.D

二、填空题

1. name

2. 多态性

3. Private

4. New

5. Inherits

6. 一个连接对象（Connection）　　命令对象（Command）　. 数据适配器对象（DataAdpter）

附录 A

全国计算机等级考试二级
Visual Basic 语言程序设计考试大纲

◆ 基本要求

1. 熟悉 Visual Basic 集成开发环境。
2. 了解 Visual Basic 中对象的概念和事件驱动程序的基本特性。
3. 了解简单的数据结构和算法
4. 能够编写和调试简单的 Visual Basic 程序。

◆ 考试内容

一、Visual Basic 程序开发环境

1. Visual Basic 的特点和版本。
2. Visual Basic 的启动与退出。
3. 主窗口。
（1）标题和菜单。
（2）工具栏。
4. 其他窗口。
（1）窗体设计器和工程资源管理器。
（2）属性窗口和工具箱窗口。

二、对象及其操作

1. 对象。
（1）Visual Basic 的对象。
（2）对象属性设置。
2. 窗体。
（1）窗体的结构与属性。
（2）窗体事件。
3. 控件。
（1）标准控件。
（2）控件的命名和控件值。
4. 控件的画法和基本操作。
5. 事件驱动。

三、数据类型及运算

1. 数据类型。

（1）基本数据类型。

（2）用户定义的数据类型。

2. 常量和变量。

（1）局部变量和全局变量。

（2）变体类型变量。

（3）缺省声明。

3. 常用内部函数。

4. 运算符和表达式。

（1）算术运算符。

（2）关系运算符和逻辑运算符。

（3）表达式的执行顺序。

四、数据输入输出

1. 数据输出。

（1）Print 方法。

（2）与 Print 方法有关的函数（Tab，Spc，Space $）。

（3）格式输出（Format $）。

2. InputBox 函数。

3. MsgBox 函数和 MsgBox 语句。

4. 字形。

5. 打印机输出。

（1）直接输出。

（2）窗体输出。

五、常用标准控件

1. 文本控件。

（1）标签。

（2）文本框。

2. 图形控件。

（1）图片框、图象框的属性、事件和方法。

（2）图形文件的装入。

（3）直线和形状。

3. 按钮控件。

4. 选择控件：复选框和单选按钮。

5. 选择控件：列表框和组合框。

6. 滚动条。

7. 计时器。

8. 框架。

9. 焦点和 Tab 顺序。

六、控制结构

1. 选择结构。

（1）单行结构条件语句。

（2）块结构条件语句。

（3）IIf 函数。

2. 多分支结构。

3. For 循环控制结构。

4. 当循环控制结构。

5. Do 循环控制结构。

6. 多重循环。

七、数组

1. 数组的概念。

（1）数组的定义。

（2）静态数组和动态数组。

2. 数组的基本操作。

（1）数组元素的输入、输出和复制。

（2）ForEach…Next 语句。

（3）数组的初始化。

3. 控件数组。

八、过程

1. Sub 过程。

（1）Sub 过程的建立。

（2）调用 Sub 过程。

（3）调用过程和事件过程。

2. Funtion 过程。

（1）Funtion 过程的定义。

（2）调用 Funtion 过程。

3. 参数传送。

（1）形参与实参。

（2）引用。

（3）传值。

（4）数组参数的传送。

4. 可选参数和可变参数。

5. 对象参数。

（1）窗体参数。

（2）控件参数。

九、菜单和对话框

1. 用菜单编辑器建立菜单。

2. 菜单项的控制。

（1）有效性控制。

（2）菜单项标记。

（3）键盘选择。

3. 菜单项的增减。

4. 弹出式对话框。

5. 通用对话框。

6. 文件对话框。

7. 其他对话框（颜色、字体、打印对话框）。

十、多重窗体与环境应用

1. 建立多重窗体应用程序。

2. 多重窗体程序的执行与保存。

3. Visual Basic 工程结构。

（1）标准模块。

（2）窗体模块。

（3）SubMain 过程。

4. 闲置循环与 DoEvents 语句。

十一、键盘与鼠标事件过程

1. KeyPress 事件。

2. KeyDown 事件和 KeyUp 事件。

3. 鼠标事件。

4. 鼠标光标。

5. 拖放。

十二、数据文件

1. 文件的结构与分类。

2. 文件操作语句和函数。

3. 顺序文件。

（1）顺序文件的写操作。

（2）顺序文件的读操作。

4. 随机文件。

（1）随机文件的打开与读写操作。

（2）随机文件中记录的增加与删除。

（3）用控件显示和修改随机文件。

5. 文件系统控件。

（1）驱动器列表框和目录列表框。

（2）文件列表框。

6. 文件基本操作。

◆ 考试方式

1. 笔试：90 分钟，满分 100 分，其中含公共基础知识部分的 30 分。

2. 上机操作：90 分钟，满分 100 分。

上机操作包括：

（1）基本操作；

（2）简单应用；

（3）综合应用。

附录 B
模拟试卷

模拟试卷一

（考试时间 90 分钟，满分 100 分）

一、选择题（每题 2 分，共 70 分）

下列各题 A、B、C、D 4 个选项中，只有一个选项是正确的。

（1）下列数据结构中，属于非线性结构的是_____。

    A. 循环队列   B. 带链队列   C. 二叉树   D. 带链栈

（2）下列数据结构中，能够按照"先进后出"原则存取数据的是____。

    A. 循环队列   B. 栈   C. 队列   D. 二叉树

（3）对于循环队列，下列叙述中正确的是_____。

    A. 队头指针是固定不变的

    B. 队头指针一定大于队尾指针

    C. 队头指针一定小于队尾指针

    D. 队头指针可以大于队尾指针，也可以小于队尾指针

（4）算法的空间复杂度是指_____。

    A. 算法在执行过程中所需要的计算机存储空间

    B. 算法所处理的数据量

    C. 算法程序中的语句或指令条数

    D. 算法在执行过程中所需要的临时工作单元数

（5）软件设计中划分模块的一个准则是_____。

    A. 低内聚低耦合   B. 高内聚低耦合

    C. 低内聚高耦合   D. 高内聚高耦合

（6）下列选项中不属于结构化程序设计原则的是_____。

    A. 可封装   B. 自顶向下

    C. 模块化   D. 逐步求精

（7）软件详细设计产生的图如附图 B-1 所示，该图是_____。

    A. N-S 图   B. PAD 图

    C. 程序流程图   D. E-R 图

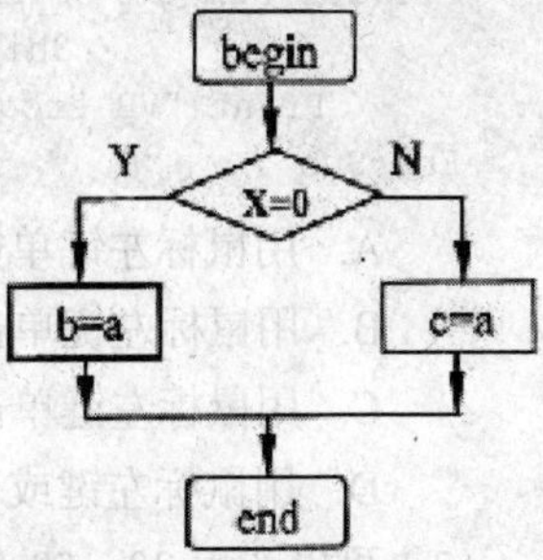

附图 B-1

（8）数据库管理系统是_____。

    A. 操作系统的一部分　　　　　　　　B. 在操作系统支持下的系统软件

    C. 一种编译系统　　　　　　　　　　D. 一种操作系统

（9）在 E-R 图中，用来表示实体联系的图形是_____。

    A. 椭圆图　　　　　　B. 矩形　　　　　　C. 菱形　　　　　　D. 三角形

（10）有 3 个关系 R、S 和 T 如下：

R		
A	B	C
a	1	2
b	2	1
c	3	1

S		
A	B	C
d	3	2

T		
A	B	C
a	1	2
b	2	1
c	3	1
d	3	2

其中关系 T 由关系 R 和 S 通过某种操作得到，该操作为_____。

    A. 选择　　　　　　B. 投影　　　　　　C. 交　　　　　　D. 并

（11）以下变量名中合法的是_____。

    A. x2-1　　　　　　B. print　　　　　　C. str_n　　　　　　D. 2x

（12）把数学表达式 $\dfrac{5x+3}{2y-6}$ 表示为正确的 VB 表达式应该是_____。

    A. (5x+3)/(2y-6)　　　　　　　　　　B. x*5+3/2*y-6

    C. (5*x+3)÷(2*y-6)　　　　　　　　　D. (x*5+3)/(y*2-6)

（13）下面有关标准模块的叙述中，错误的是_____。

    A. 标准模块不完全由代码组成，还可以有窗体

    B. 标准模块中的 Private 过程不能被工程中的其他模块调用

    C. 标准模块的文件扩展名为.bas

    D. 标准模块中的全局变量可以被工程中的任何模块引用

（14）下面控件中，没有 Caption 属性的是_____。

    A. 复选框　　　　B. 单选按钮　　　　C. 组合框　　　　D. 框架

（15）用来设置文字字体是否斜体的属性是_____。

    A. FontUnderline　　B. FontBold　　　C. FontSlope　　D. FontItalic

（16）若看到程序中有以下事件过程，则可以肯定的是，当程序运行时_____。

```
Private Sub Click_MouseDown(Button As Integer,_
            Shift As Integer,X As Single,Y As Single)
    Print "VB Program"
End Sub
```

    A. 用鼠标左键单击名称为"Command1"的命令按钮时，执行此过程

    B. 用鼠标左键单击名称为"MouseDown"的命令按钮时，执行此过程

    C. 用鼠标左键单击名称为"MouseDown"的控件时，执行此过程

    D. 用鼠标左键或右键单击名称为"Click"的控件时，执行此过程

（17）可以产生 30～50（含 30 和 50）之间的随机整数的表达式是_____。

    A. Int(Rnd*21+30)　　　　　　　　　B. Int(Rnd*20+30)

　　　　C．Int(Rnd*50−Rnd*30)　　　　　　　　　D．Int(Rnd*30+50)

（18）在程序运行时，下面的叙述中正确的是_____。

　　A．用鼠标右键单击窗体中无控件的部分，会执行窗体的 Form_Load 事件过程

　　B．用鼠标左键单击窗体的标题栏，会执行窗体的 Form_Click 事件过程

　　C．只装入而不显示窗体，也会执行窗体的 Form_Load 事件过程

　　D．装入窗体后，每次显示该窗体时，都会执行窗体的 Form_Click 事件过程

（19）窗体上有名称为 Command1 的命令按钮和名称为 Text1 的文本框_____。

```
Private Sub Command1_Click()
   Text1.Text="程序设计"
   Text1.SetFocus
End Sub
Private Sub Text1_GotFocus()
   Text1.Text="等级考试"
End Sub
```

运行以上程序，单击命令按钮后_____。

　　A．文本框中显示的是"程序设计"，且焦点在文本框中

　　B．文本框中显示的是"等级考试"，且焦点在文本框中

　　C．文本框中显示的是"程序设计"，且焦点在命令按钮上

　　D．文本框中显示的是"等级考试"，且焦点在命令按钮上

（20）设窗体上有名称为 Option1 的单选按钮，且程序中有语句：

```
If Options.Value=True Then
```

下面语句中与该语句不等价的是_____。

　　A．If Option.Value Then

　　B．If Option1=True Then

　　C．If Value=True Then

　　D．If Option1 Then

（21）设窗体上有 1 个水平滚动条，已经通过属性窗口把它的 Max 属性设置为 1，Min 属性设置为 100。下面叙述正确的是_____。

　　A．程序运行时，若使滚动块向左移动，滚动条的 Value 属性值就增加

　　B．程序运行时，若使滚动块向左移动，滚动条的 Value 属性值就减少

　　C．由于滚动条的 Max 属性值小于 Min 属性值，程序会出错

　　D．由于滚动条的 Max 属性值小于 Min 属性值，程序运行时滚动条的长度会缩为一点，滚动块无法移动

（22）有如下过程代码：

```
Sub var_dim()
   Static numa As Integer
   Dim numb As Integer
   numa=numa+2
   numb=numb+1
   print numa;numb
End Sub
```

连续 3 次调用 var_dim 过程，第 3 次调用时的输出是_____。

    A．2 1   B．2 3   C．6 1   D．6 3

（23）在窗体上画 1 个命令按钮，并编写如下事件过程：

```
Private Sub Command1_Click()
  For i=5 to 1 step -0.8
   . Print Int(i);
  Next i
End Sub
```

运行程序，单击命令按钮，窗体上显示的内容为_____。

    A．5 4 3 2 1 1   B．5 4 3 2 1   C．4 3 2 1 1   D．4 4 3 2 1 1

（24）在窗体上画 1 个命令按钮，并编写如下事件过程：

```
Private Sub Command1_Click()
   Dim a(3,3)
   For m=1 To 3
   For n=1 To 3
     If n=m Or n=4-m Then
       a(m,n)=m+n
        else
          a(m,n)=0
     End If
     Print a(m,n);
   Next n
   Print
   Next m
End Sub
```

运行程序，单击命令按钮，窗体上显示的内容为_____。

    A．2 0 0   B．2 0 4
       0 4 0   0 4 0
       0 0 6   4 0 6
    C．2 3 0   D．2 0 0
       3 4 0   0 4 5
       0 0 6   0 5 6

（25）设有以下函数过程

```
Function fun(a As Integer,b As Integer)
   Dim c As Integer
   If a<b Then
     c=a:a=b:b=c
   End If
   c=0
   Do
    c=c+a
   Loop Until c Mod b=0
   fun=c
End function
```

若调用函数 fun 时的实际参数都是自然数，则函数返回的是_____。

A. a、b 的最大公约数　　　　B. a、b 的最小公倍数

C. a 除以 b 的余数　　　　　D. a 除以 b 的商的整数部

（26）窗体上有 1 个名称为 Text1 的文本框；1 个名称为 Timer1 的计时器控件，其 Interval 属性值为 5000，Enable 属性值是 True。Timer1 的事件过程如下：

```
Private Sub Timer1_Timer()
   Static flag As Integer
   If flag=0 Then flag=1
   flag=-flag
   If flag=1 Then
     Text1.ForeColor=&HFF&        '&HFF&为红色
   Else
     Text1.ForeColor=&HC000&      '&HC000&为绿色
   End If
End Sub
```

以下叙述正确的是_____。

A. 每次执行此事件过程时，flag 的初始值均为 0

B. flag 的值只可能取 0 或 1

C. 程序执行后，文本框的文字每 5 秒改变一次颜色

D. 程序有逻辑错误，Else 分支总也不能被执行

（27）为计算 $1+2+2^2+2^3+2^4+...+2^{10}$ 的值，并把结果显示在文本框 Text1 中，若编写如下事件过程：

```
Private Sub Command1_Click()
   Dim a%,s%,k%
   s=1
   a=2
   For k=2 To 10
     a=a*2
     s=s+a
   Next k
   Text1.Text=s
End Sub
```

执行此事件过程后发现结果是错误的，为能够得到正确结果，应做的修改是_____。

A. 把 s=1 改为 s=0

B. 把 For k=2 To 10 改为 For k=1 To 10

C. 交换语句 s=s+a 和 a=a*2 的顺序

D. 同时进行 B、C 两种修改

（28）标准模块中有如下程序代码：

```
Public x As Integer,y As Integer
Sub var_pub()
   x=10:y=20
End Sub
```

在窗体上有 1 个命令按钮，并有如下事件过程：

```
Private Sub Command1_Click()
```

```
Dim x As Integer
Call var_pub
x=x+100
y=y+100
Print x;y
End Sub
```

运行程序后单击命令按钮，窗体上显示的是_____。

    A. 100 100   B. 100 120

    C. 110 100   D. 110 120

（29）设 a、b 都是自然数，为求 a 除以 b 的余数，某人编写了以下函数：

```
Function fun(a As Integer,b As Integer)
  While a>b
    a=a-b
  Wend
  fun=a
End Function
```

在调试时发现函数是错误的。为使函数能产生正确的返回值，应做的修改是_____。

    A. 把 a=a-b 改为 a=b-a   B. 把 a=a-b 改为 a=a\b

    C. 把 While a>b 改为 While a<b   D. 把 While a>b 改为 While a>=b

（30）下列关于通用对话框 CommonDialog1 的叙述中，错误的是_____。

    A. 只要在"打开"对话框中选择了文件，并单击"打开"按钮，就可以将选中的文件打开

    B. 使用 CommonDialog1.ShowColor 方法，可以显示"颜色"对话框

    C. CancelError 属性用于控制用户单击"取消"按钮关闭对话框时，是否显示出错误警告

    D. 在显示"字体"对话框前，必须先设置 CommonDialog1 的 Flags 属性，否则会出错

（31）在利用菜单编辑器设计菜单时，为了把组合键"Alt+X"设置为"退出（X）"菜单项的访问键，可以将该菜单项的标题设置为_____。

    A. 退出（X&）   B. 退出（&X）

    C. 退出（X#）   D. 退出（#X）

（32）在窗体上画 1 个命令按钮和 1 个文本框，其名称分别为 Command1 和 Text1，再编写如下程序：

```
Dim ss As String
Private Sub Text1_KeyPress(KeyAscii As integer)
  If chr(KeyAscii)<>""Then ss=ss+chr(KeyAscii)
End Sub
Private Sub Command1_Click()
  Dim m As String,i As Integer
  For i=Len(ss) To 1 step -1
  m=m+Mid(ss,i,1)
Next
Text1.Text=Ucase(m)
End Sub
```

程序运行后,在文本框中输入"Number100",并单击命令按钮,则文本框中显示的是_____。

A. NUMBER 100　　　　B. REBMUN

C. REBMUN 100　　　　D. 001 REBMUN

（33）窗体的左右两端各有 1 条直线,名称分别为 Line1、Line2;名称为 Shape1 的圆靠在左边的 Line1 直线上（见附图 B-2）;另有 1 个名称为 Timer1 的计时器控件,其 Enable 属性值是 True。要求程序运行后,圆每秒向右移动 100,当圆遇到 Line2 时则停止移动。为实现上述功能,某人把计时器的 Interval 属性设置为 1000,并编写了如下程序:

附图 B-2

```
Private Sub Timer1_Timer()
  For k=Line1.X1 To Line2.X1 Step 100
    If Shape1.Left+Shape1.Width<Line2.X1 Then
      Shape1.Left=Shape1.Left+100
    End If
  Next k
End Sub
```

运行程序时发现圆立即移动到了右边的直线处,与题目要求的移动方式不符。为得到与题目要求相符的结果,下面修改方案中正确的是_____。

A. 把计时器的 Interval 属性设置为 1

B. 把 For k=Line1.X1 To Line2.X1 Step 100 和 Next k 两行删除

C. 把 For k=Line1.X1 To Line2.X1 Step 100 改为 For k=Line2.X1 To Line1.X1 Step 100

D. 把 If Shape1.Left+Shape1.Width<Line2.X1 Then 改为 If Shape1.Left <Line2.X1 Then

（34）下列有关文件的叙述中,正确的是_____。

A. 以 Output 方式打开一个不存在的文件时,系统将显示出错信息

B. 以 Append 方式打开的文件,既可以进行读操作,也可以进行写操作

C. 在随机文件中,每个记录的长度是固定的

D. 无论是顺序文件还是随机文件,其打开的语句和打开方式都是完全相同的

（35）窗体如附图 B-3 所示。要求程序运行时,在文本框 Text1 中输入一个姓氏,单击"删除"按钮（名称为 Command1）,则可删除列表框 List1 中所有该姓氏的项目。若编写以下程序来实现此功能:

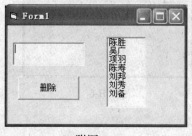

附图 B-3

附图 B-4

```
Private Sub Command1_Click()
  Dim n%,k%
  n=Len(Text1.Text)
  For k=0 To List1.ListCount-1
```

```
        If Left(List1.List(k),n)=Text1.Text Then
          List1.RemoveItem k
        End If
    Next k
End Sub
```

在调试时发现，如输入"陈"，可以正确删除所有姓"陈"的项目，但输入"刘"，则只删除了"刘邦"、"刘备"2项，结果如附图 B-4 所示。这说明程序不能适应所有情况，需要修改。正确的修改方案是把 For k=0 To List1.ListCount−1 改为

    A. For k=List1.ListCount−1 To 0 Step −1

    B. For k=0 To List1.ListCount

    C. For k=1 To List1.ListCount−1

    D. For k=1 To List1.ListCount

二、填空题（每空2分，共30分）

（1）某二叉树有 5 个度为 2 的结点以及 3 个度为 1 的结点，则该二叉树共有 __【1】__ 个结点。

（2）程序流程图中的菱形框表示的是 __【2】__ 。

（3）软件开发过程主要分为需求分析、设计、编码与测试 4 个阶段，其中 __【3】__ 阶段产生"软件需求规格说明书"。

（4）在数据库技术中，实体集之间的联系可以是一对一或一对多或多对多的，那么"学生"和"可选课程"的联系为 __【4】__ 。

（5）人员基本信息一般包括：身份证号、姓名、性别、年龄等。其中可以作为主关键字的是 __【5】__ 。

（6）工程中有 Form1、Form2 两个窗体。Form1 窗体外观如附图 B-5 所示。程序运行时，在 Form1 中名称为 Text1 的文本框中输入一个数值（圆的半径），然后单击命令按钮"计算并显示"（其名称为 Command1），则显示 Form2 窗体，且根据输入的圆的半径计算圆的面积，并在 Form2 的窗体上显示出来，如附图 B-6 所示。如果单击命令按钮时，文本框中输入的不是数值，则用信息框显示"请输入数值数据!"请填空。

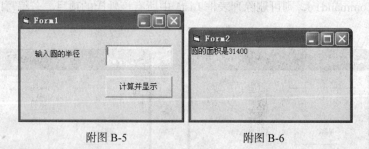

附图 B-5   附图 B-6

```
Private Sub Command1_Click()
  If Text1.Text=""Then
    MsgBox "请输入半径!"
  Else If Not IsNumeric( 【6】 ) Then
    MsgBox "请输入数值数据!"
  Else
```

```
   r=val(【7】)
   Form2.show
      【8】 .Print "圆的面积是"&3.14*r*r
   End If
End Sub
```

（7）设有整型变量 s，取值范围为 0～100，表示学生的成绩。有如下程序段：

```
If s>=90 Then
  Level="A"
Else If s>=75 Then
   Level="B"
Else If s>=60 Then
   Level="C"
Else
   Level="D"
End If
```

下面用 SelectCase 结构改写上述程序，使两段程序所实现的功能完全相同。请填空。

```
Select Case s
  Case 【9】 >=90
    Level="A"
   Case 75 To 89
     Level="B"
  Case 60 To 74
    Level="B"
  Case 【10】
    Level="D"
 【11】
```

（8）窗体上有名称为 Command1 的命令按钮。事件过程及 2 个函数过程如下：

```
Private Sub Command1_Click()
   Dim x As Integer,y As Integer,z
   x=3
   y=5
   z=fy(y)
   print fx(fx(x)),y
End Sub
Function fx(ByBal a As Integer)
  a=a+a
   fx=a
End Function

Function fy(ByRef a As Integer)
  a=a+a
   fy=a
End Function
```

运行程序，并单击命令按钮，则窗体上显示的 2 个值依次是 ___【12】___ 和 ___【13】___ 。

（9）窗体上有名称为 Command1 的命令按钮及名称为 Text1、能显示多行文本的文本框。程序运行后，如果单击命令按钮，则可打开磁盘文件 c:\test.txt，并将文件中的内容（多行文本）显示在文本框中。下面是实现此功能的程序，请填空。

```
Private Sub Command1_Click()
  Text1=""
  Number=FreeFile
  Open "c:\test.txt"For Input As Number
  Do While Not  EOF( 【14】 )
    Line Input #Number,s
    Text1.Text=Text1.Text+ 【15】 +Chr(13)+Chr(10)
  Loop
  Close Number
End Sub
```

参考答案

一、选择题

（1）C　　（2）B　　（3）D　　（4）A　　（5）B
（6）A　　（7）C　　（8）B　　（9）C　　（10）D
（11）C　　（12）D　　（13）A　　（14）C　　（15）D
（16）D　　（17）A　　（18）C　　（19）B　　（20）C
（21）A　　（22）C　　（23）A　　（24）B　　（25）D
（26）C　　（27）D　　（28）B　　（29）D　　（30）A
（31）B　　（32）D　　（33）B　　（34）C　　（35）A

二、填空题

（1）14
（2）逻辑条件
（3）需求分析
（4）多对多
（5）身份证号
（6）Text1.Text

　　Text1.Text

　　Form2
（7）IS

　　ELSE

　　END Select
（8）12

　　10
（9）Number

　　s

250

上机部分模拟题

一、基本操作题

请根据以下各小题的要求设计 Visual Basic 应用程序（包括界面和代码）。

（1）在名称为 Form1 的窗体上画一个文本框，其名称为 Text1，然后通过"属性"窗口设置窗体和文本框的属性，实现如下功能：在文本框中可以显示多行文本，显示垂直滚动条，显示的初始信息为"程序设计"，显示的字体为三号规则黑体；窗体的标题为"设置文本框属性"。完成设置后的窗体如附图 B-7 所示。要求不编写任何代码。

注意：存盘时必须存放在考生文件夹下，工程文件名为 kt1.vbp，窗体文件名为 kt1.frm。

（2）在名称为 Form1 的窗体上画两个命令按钮（见附图 B-8），其名称分别为 Cmd1 和 Cmd2，编写适当的事件过程。程序运行后，如果单击命令按钮 Cmd1，则可使该按钮移到窗体的左上角（只允许通过修改属性的方式实现）；如果单击命令按钮 Cmd2，则可使该按钮在长度和宽度上各扩大到原来的 2 倍。程序的运行界面如附图 B-9 所示。要求不得使用任何变量。

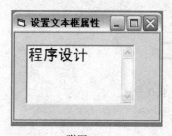

附图 B-7

附图 B-8

注意：存盘时必须存放在考生文件夹下，工程文件名为 kt2.vbp，窗体文件名为 kt2.frm。

二、简单应用题

（1）建立一个工程文件 kt3.vbp，相应的窗体文件为 kt3.frm。其功能是产生 30 个 0～1000 的随机整数，放入一个数组中，然后输出其中的最大值。程序运行后，单击命令按钮（名称为 Command1，标题为"输出最大值"，见附图 B-10），即可求出其最大值，并在窗体上显示出来。请编写代码。

附图 B-9

附图 B-10

（2）建立一个工程文件 kt4.vbp，相应的窗体文件为 kt4.frm，在窗体上有一个命令按钮和一个文本框。程序运行后，单击命令按钮，即可计算出 0～1000 范围内能被 5 整除或能被 7 整除的整数个数，并在文本框中显示出来。要求其中计算能被 5 整除或能被 7 整除的整数个数的操作在通用过程 Fun 中实现，请编写代码。

三、综合应用题

建立一个工程文件名为 kt5.vbp，相应的窗体文件名为 kt5.frm。其功能是：单击"读入"按钮，则 in32.txt 文件（该文件自己先建立一个）中的所有英文字符放入 Text1（可多行显示）；如果单击"统计"命令按钮，则统计文本框中字母 A、B、C、D 各自出现的次数，并把结果在文本框中显示出来。如果单击"保存"按钮，则把统计结果存入到 out32.txt 文件中。

要求：

（1）统计每个字母出现的次数时，不区分大小写。

（2）统计后的每个字母的次数必须存入到 out32.txt 文件中，否则没有成绩。在文件中的格式为：

字母 A 出现的次数为 xx

字母 B 出现的次数为 xx

字母 C 出现的次数为 xx

字母 D 出现的次数为 xx

模拟试卷二

（考试时间 90 分钟，满分 100 分）

一、选择题（每小题 2 分，共 70 分）

下列各题 A、B、C、D 4 个选项中，只有一个选项是正确的。

（1）下列叙述中正确的是_____。

    A. 对长度为 n 的有序链表进行查找，最坏情况下需要的比较次数为 n

    B. 对长度为 n 的有序链表进行对分查找，最坏情况下需要的比较次数为(n/2)

    C. 对长度为 n 的有序链表进行对分查找，最坏情况下需要的比较次数为$(\log_2 n)$

    D. 对长度为 n 的有序链表进行对分查找，最坏情况下需要的比较次数为$(n \log_2 n)$

（2）算法的时间复杂度是指_____。

    A. 算法的执行时间

    B. 算法所处理的数据量

    C. 算法程序中的语句或指令条数

    D. 算法在执行过程中所需要的基本运算次数

（3）软件按功能可以分为：应用软件、系统软件和支撑软件（或工具软件）。下面属于系统软件的是_____。

    A. 编辑软件   B. 操作系统   C. 教务管理系统   D. 浏览器

（4）软件（程序）调试的任务是_____。

    A. 诊断和改正程序中的错误   B. 尽可能多地发现程序中的错误

    C. 发现并改正程序中的所有错误   D. 确定程序中错误的性质

（5）数据流程图（DFD 图）是_____。

    A．软件概要设计的工具   B．软件详细设计的工具

    C．结构化方法的需求分析工具   D．面向对象方法的需求分析工具

（6）软件生命周期可分为定义阶段、开发阶段和维护阶段。详细设计属于_____。

    A．定义阶段   B．开发阶段

    C．维护阶段   D．上述 3 个阶段

（7）数据库管理系统中负责数据模式定义的语言是_____。

    A．数据定义语言   B．数据管理语言

    C．数据操纵语言   D．数据控制语言

（8）在学生管理的关系数据库中，存取一个学生信息的数据单位是_____。

    A．文件   B．数据库   C．字段   D．记录

（9）数据库设计中，用 E-R 图来描述信息结构但不涉及信息在计算机中的表示，它属于数据库设计的_____。

    A．需求分析阶段   B．逻辑设计阶段   C．概念设计阶段   D．物理设计阶段

（10）有两个关系 R 和 T 如下：

R		
A	B	C
a	1	2
b	2	2
c	3	2
d	3	2

T		
A	B	C
c	3	2
d	3	2

则由关系 R 得到关系 T 的操作是_____。

    A．选择   B．投影   C．交   D．并

（11）在 VB 集成环境中要结束一个正在运行的工程，可单击工具栏上的一个按钮，这个按钮是_____

    A．   B．   C．   D．

（12）设 x 是整型变量，与函数 IIf(x>0, -x, x)有相同结果的代数式是_____。

    A．|x| B．-|x| C．x   D．-x

（13）设窗体文件中有下面的事件过程：

```
Private Sub Command1_Click()
  Dim s
  a%=100
  Print a
End Sub
```

其中变量 a 和 s 的数据类型分别是_____。

    A．整型，整型   B．变体型，变体型

    C．整型，变体型   D．变体型，整型

（14）下面哪个属性肯定不是框架控件的属性_____。

    A．Text   B．Caption   C．Left   D．Enabled

（15）下面不能在信息框中输出"VB"的是_____。

A. MsgBox "VB"　　　　　　　　　　　　B. x=MsgBox("VB")

C. MsgBox("VB")　　　　　　　　　　　　D. Call MsgBox "VB"

（16）窗体上有一个名称为 Option1 的单选按钮数组，程序运行时，当单击某个单选按钮时，会调用下面的事件过程

```
Private Sub Option1_Click(Index As Integer)
…
End Sub
```

下面关于此过程的参数 Index 的叙述中正确的是_____。

A. Index 为 1 表示单选按钮被选中，为 0 表示未选中

B. Index 的值可正可负

C. Index 的值用来区分哪个单选按钮被选中

D. Index 表示数组中单选按钮的数量

（17）设窗体中有一个文本框 Text1，若在程序中执行了 Text1.SetFocus，则触发_____。

A. Text1 的 SetFocus 事件　　　　　　　B. Text1 的 GotFocus 事件

C. Text1 的 LostFocus 事件　　　　　　　D. 窗体的 GotFocus 事件

（18）VB 中有 3 个键盘事件：KeyPress、KeyDown、KeyUp，若光标在 Text1 文本框中，则每输入一个字母_____。

A. 这 3 个事件都会触发　　　　　　　　B. 只触发 KeyPress 事件

C. 只触发 KeyDown、KeyUp 事件　　　　D. 不触发其中任何一个事件

（19）下面关于标准模块的叙述中错误的是_____。

A. 标准模块中可以声明全局变量

B. 标准模块中可以包含一个 Sub Main 过程，但此过程不能被设置为启动过程

C. 标准模块中可以包含一些 Public 过程

D. 一个工程中可以含有多个标准模块

（20）设窗体的名称为 Form1，标题为 Win，则窗体的 MouseDown 事件过程的过程名是_____。

A. Form1_MouseDown　　　　　　　　　B. Win_MouseDown

C. Form_MouseDown　　　　　　　　　　D. MouseDown_Form1

（21）下面正确使用动态数组的是_____。

A. Dim arr（ ）As Integer

　　…

　　　ReDim arr(3, 5)

B. Dim arr（ ）As Integer

　　…

　　ReDim arr(50)As String

C. Dim arr（ ）

　　…

　　ReDim arr(50)As Integer

D. Dim arr(50)As Integer

…

ReDim arr(20)

（22）下面是求最大公约数的函数的首部。

Function gcd(ByVal x As Integer，ByVal y As Integer)As Integer

若要输出 8、12、16 这 3 个数的最大公约数，下面正确的语句是_____。

    A. Print gcd(8, 12), gcd(12, 16), gcd(16, 8)

    B. Print gcd(8, 12, 16)

    C. Print gcd(8), gcd(12), gcd(16)

    D. Print gcd(8, gcd(12, 16))

（23）有下面的程序段，其功能是按附图 B-11 所示的规律输出数据。

```
Dim a(3,5) As Integer
 For i=1 To 3
  For j=1 To 5
    a(i,j)=i+j
    Print a(i,j);
  Next
    Print
  Next
```

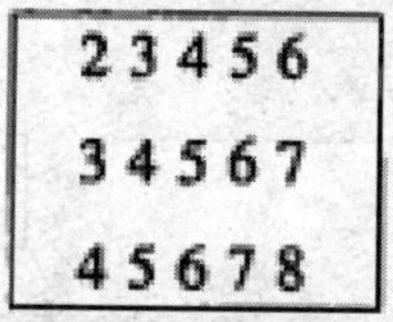

```
23456
34567
45678
```

附图 B-11

```
234
345
456
567
678
```

附图 B-12

若要按附图 B-12 所示的规律继续输出数据，则接在上述程序段后面的程序段应该是_____。

    A. For i=1 To 5

      For j=1 To 3

        Print a(j, i);

      Next

      Print

    Next

    B. For i=1 To 3

      For j=1 To 5

        Print a(j, i);

      Next

      Print

    Next

    C. For j=1 To 5

      For i=1 To 3

        Print a(j, 1);

      Next

    Print

    Next

    D. For i=1 To 5

      For j=1 To 3

        Print a(I, j);

      Next

    Print

    Next

（24）窗体上有一个 Text1 文本框，一个 Command1 命令按钮，并有以下程序_____。

```
Private Sub Commandl_Click()
  Dim n
  If Text1.Text<>"123456" Then
    n=n+1
    Print "口令输入错误" & n & "次"
  End If
End Sub
```

希望程序运行时得到附图 B-13 所示的效果，即：输入口令，单击"确认口令"命令按钮，若输入的口令不是"123456"，则在窗体上显示输入错误口令的次数。但上面的程序实际显示的是附图 B-14 所示的效果，程序需要修改。下面修改方案中正确的是_____。

    A. 在 Dim n 语句的下面添加一句：n=0

    B. 把 Print "口令输入错误" & n & "次"改为 Print "口令输入错误" +n+"次"

    C. 把 Print "口令输入错误" & n & "次"改为 Print "口令输入错误"&Str(n)&"次"

    D. 把 Dim n 改为 Static n

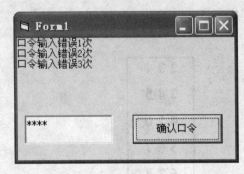

附图 B-13   附图 B-14

（25）要求当鼠标在图片框 P1 中移动时，立即在图片框中显示鼠标的位置坐标。下面能正确实现上述功能的事件过程是_____。

    A. Private Sub P1_MouseMove(Button AS Integer，Shift As Integer，X As Single，Y As Single)

      Print X，Y

    End Sub

    B. Private Sub P1_MouseDown(Button AS Integer，Shift As Integer，X As Single，Y As Single)

      Picture.Print X，Y

    End Sub

    C. Private Sub P1_MouseMove(Button AS Integer，Shift As Integer，X As Single，Y As Single)

      P1.Print X，Y

    End Sub

    D. Private Sub Form_MouseMove(Button AS Integer，Shift As Integer，X As Single，Y As Single)

      P1.Print X，Y

      End Sub

（26）计算 π 的近似值的一个公式是 $\pi/4 = 1 - \dfrac{1}{3} + \dfrac{1}{5} - \dfrac{1}{7} + L + (-1)^{n-1}\dfrac{1}{2n-1}$。

某人编写下面的程序用此公式计算并输出 π 的近似值。

```
Private Sub Comand1_Click()
  PI=1
  Sign=1
  n=20000
  For k=3 To n
    Sign=-Sign
    PI=PI+Sign/k
  Next k
  Print PI*4
End Sub
```

运行后发现结果为 3.22751，显然，程序需要修改。下面修改方案中正确的是_____。

  A．把 For k=3 To n 改为 For k=1 To n

  B．把 n=20000 改为 n=20000000

  C．把 For k=3 To n 改为 For k=3 To n Step 2

  D．把 PI=1 改为 PI=0

（27）下面程序计算并输出的是_____。

```
Private Sub Comand1_Click()
  a=10
  s=0
  Do
    s=s+a*a*a
    a=a-1
  Loop Until a<=0
  Print s
End Sub
```

  A．$1^3 + 2^3 + 3^3 + \ldots + 10^3$ 的值   B．$10! + \ldots + 3! + 2! + 1!$的值

  C．$(1 + 2 + 3 + \ldots + 10)^3$ 的值   D．10 个 10^3 的和

（28）若在窗体模块的声明部分声明了如下自定义类型和数组

```
Private Type rec
  Code As Integer
  Caption As String
End Type
Dim arr(5) As rec
```

则下面的输出语句中正确的是_____。

  A．Print arr.Code(2), arr.Caption(2)

  B．Print arr.Code, arr.Caption

  C．Print arr(2).Code, arr(2).Caption

  D．Print Code(2), Caption(2)

（29）设窗体上有一个通用对话框控件 CD1，希望在执行下面程序时，打开如附图 B-15 所示的文件对话框。

```
Private Sub Comand1_Click()
  CD1.DialogTitle="打开文件"
  CD1.InitDir="C:\"
  CD1.Filter="所有文件|*.*|Word文档|*.doc|文本文件|*.Txt"
  CD1.FileName=""
  CD1.Action=1
  If CD1.FileName=""Then
      Print"未打开文件"
  Else
      Print"要打开文件"& CD1.FileName
  End If
End Sub
```

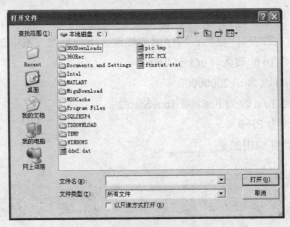

附图 B-15

但实际显示的对话框中列出了 C:\下的所有文件和文件夹，"文件类型"一栏中显示的是"所有文件"。下面的修改方案中正确的是_____。

    A. 把 CD1.Action=1 改为 CD1.Action=2

    B. 把"CD1.Filter="后面字符串中的"所有文件"改为"文本文件"

    C. 在语句 CD1.Action=1 的前面添加：CD1.FilterIndex=3

    D. 把 CD1.FileName=""改为 CD1.FileName="文本文件"

（30）下面程序运行时，若输入 395，则输出结果是_____。

```
Private Sub Comand1_Click()
  Dim x%
  x=InputBox("请输入一个3位整数")
  Print x Mod 10,x\100,(x Mod 100)\10
End Sub
```

    A. 3 9 5   B. 5 3 9   C. 5 9 3   D. 3 5 9

（31）窗体上有 List1、List2 两个列表框，List1 中有若干列表项（见附图 B-16），并有下面的程序：

```
Private Sub Comand1_Click()
  For k=List1.ListCount-1 To 0 Step -1
    If List1.Selected(k) Then
      List2.AddItem List1.List(k)
      List1.RemoveItem k
```

```
    End If
  Next k
End Sub
```

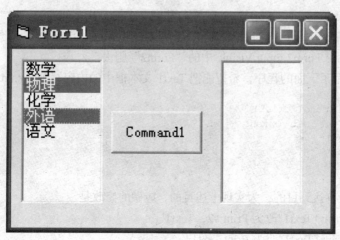

附图 B-16

程序运行时，按照图示在 List1 中选中 2 个列表项，然后单击 Command1 命令按钮，则产生的结果是 _____。

    A. 在 List2 中插入了"外语"、"物理"两项

    B. 在 List1 中删除了"外语"、"物理"两项

    C. 同时产生 A 和 B 的结果

    D. 把 List1 中最后 1 个列表项删除并插入到 List2 中

（32）设工程中有 2 个窗体：Form1、Form2，Form1 为启动窗体。Form2 中有菜单。其结构如附表 B-1 所示。要求在程序运行时，在 Form1 的文本框 Text1 中输入口令并按回车键（回车键的 ASCII 码为 13）后，隐藏 Form1，显示 Form2。若口令为"Teacher"，所有菜单项都可见；否则看不到"成绩录入"菜单项。为此，某人在 Form1 窗体文件中编写如下程序：

```
Private Sub Text1_KeyPress(KeyAscii As Integer)
  If KeyAscii=13 Then
    If Text1.Text="Teacher" Then
      Form2.input.visible=True
    Else
      Form2.input.visible=False
    End If
  End If
Form1.Hide
Form2.Show
End Sub
```

附表 B-1   菜单结构

标 题	名 称	级 别
成绩管理	mark	1
成绩查询	query	2
成绩录入	input	2

程序运行时发现刚输入口令时就隐藏了 Form1，显示了 Form2，程序需要修改。下面修改方案中正确的是_____。

  A. 把 Form1 中 Text1 文本框及相关程序放到 Form2 窗体中

  B. 把 Form1.Hide、Form2.Show 两行移到 2 个 End If 之间

  C. 把 If KeyAscii=13 Then 改为 If KeyAscii="Teaeher" Then

  D. 把 2 个 Form2.input.Visible 中的 "Form2" 删去

（33）某人编写了下面的程序，希望能把 Text1 文本框中的内容写到 out.txt 文件中

```
Private Sub Comand1_Click()
  Open "out.txt" For Output As #2
  Print "Text1"
  Close #2
End Sub
```

调试时发现没有达到目的，为实现上述目的，应做的修改是_____。

  A. 把 Print "Text1"改为 Print #2，Text1

  B. 把 Print "Text1"改为 Print Text1

  C. 把 Print "Text1"改为 Write "Text1"

  D. 把所有#2 改为#1

（34）窗体上有一个名为 Command1 的命令按钮，并有下面的程序：

```
Private Sub Comand1_Click()
  Dim arr(5) As Integer
  For k=1 To 5
   arr(k)=k
  Next k
  prog arr()
  For k=1 To 5
    Print arr(k);
  Next k
End Sub
Sub prog(a() As Integer)
  n=Ubound(a)
  For i=n To 2 step -1
   For j=1 To n-1
    if a(j)< a(j+1) Then
    t=a(j):a(j)=a(j+1):a(j+1)=t
    End If
   Next j
 Next i
End Sub
```

程序运行时，单击命令按钮后显示的是_____。

  A. 1 2 3 4 5 B. 5 4 3 2 1 C. 0 1 2 3 4 D. 4 3 2 1 0

（35）下面程序运行时，若输入 "Visual Basic Programming"，则在窗体上输出的是_____。

```
Private Sub Comand1_Click()
  Dim count(25) As Integer, ch As String
  ch=Ucase(InputBox("请输入字母字符串"))
  For k=1 To Len(ch)
```

```
    n=Asc(Mid(ch,k,1))-Asc("A")
    If n>=0 Then
      Count(n)=Count(n)+ 1
    End If
  Next k
  m=count(0)
  For k=1 To 25
   If m< count(k) Then
     m=count(k)
   End If
   Next k
 Print m
End Sub
```

　A. 0　　　　　　　　B. 1　　　　　　　C. 2　　　　　　　D. 3

二、填空题（每空 2 分，共 30 分）

（1）一个队列的初始状态为空。现将元素 A，B，C，D，E，F，5，4，3，2，1 依次入队，然后再依次退队，则元素退队的顺序为　【1】　。

（2）设某循环队列的容量为 50，如果头指针 front=45（指向队头元素的前一位置），尾指针 rear=10（指向队尾元素），则该循环队列中共有　【2】　个元素。

（3）设二叉树如下：

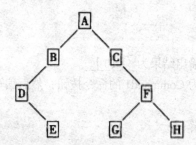

对该二叉树进行后序遍历的结果为　【3】　。

（4）软件是　【4】　、数据和文档的集合。

（5）有一个学生选课的关系，其中学生的关系模式为：学生（学号，姓名，班级，年龄），课程的关系模式为：课程（课号，课程名，学时），其中两个关系模式的键分别是学号和课号，则关系模式选课可定义为：选课（学号，　【5】　，成绩）。

（6）为了使复选框禁用（即呈现灰色），应把它的 Value 属性设置为　【6】　。

（7）在窗体上画一个标签、一个计时器和一个命令按钮，其名称分别为 Labl1、Timer1 和 Command1，如附图 B-17 所示。程序运行后，如果单击命令按钮，则标签开始闪烁，每秒钟"欢迎"二字显示、消失各一次，如附图 B-18 所示。以下是实现上述功能的程序，请填空。

```
Private Sub Form_Load()
  Label1.Caption="欢迎"
  Timer1.Enabled=False
    Timer1.Interval= 【7】
    Command1.Caption="开始闪烁"
End Sub
```

```
Private Sub Timer1_Timer()
Label1.Visible= 【8】
End Sub
Private Sub command1_Click()
【9】
End Sub
```

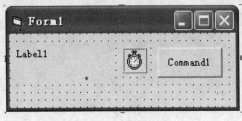

附图 B-17   附图 B-18

（8）有如下程序：

```
Private Sub Form_Click()
  n=10
  i=0
  Do
   i=i+n
   n=n-2
  Loop While n>2
  Print i
End Sub
```

程序运行后，单击窗体，输出结果为 【10】 。

（9）在窗体上画一个名称为 Command1 的命令按钮，然后编写如下程序：

```
Option Base 1
Private Sub Command1_Click()
  Dim a(10) As Integer
  For i=1 To 10
    a(i)=1
      Next
  Call swap (【11】)
  For i=1 To 10
      Print a(i);
  Next
End Sub
Sub swap(b() As Integer)
  n=Ubound(b)
  For i=1 To n / 2
    t=b(i)
    b(i)=b(n)
    b(n)=t
    【12】
  Next
End Sub
```

上述程序的功能是，通过调用过程 swap，调换数组中数值的存放位置，即 a(1)与 a(10)的值互换，a(2)与 a(9)的值互换……请填空。

（10）在窗体上画一个文本框，其名称为 Text1，在属性窗口中把该文本框的 MultiLine 属性
设置为 True，然后编写如下的事件过程：

```
Private Sub Form_Click()
   Open "d:\test\smtext1.Txt" For Input As #1
   Do While Not 【13】
      Line Input #1, aspect$
      Whole$=whole$+aspect$+Chr$(13)+Chr$(10)
   Loop
   Text1.Text=whole$
   【14】
   Open "d:\test\smtext2.Txt" For Output As #1
   Print #1, 【15】
   Close #1
End Sub
```

运行程序，单击窗体，将把磁盘文件 smtext1.txt 的内容读到内存并在文本框中显示出来，然
后把该文本框中的内容存入磁盘文件 smtext2.txt。请填空。

参 考 答 案

一、选择题（每小题 2 分，共 70 分）

（1）A	（2）D	（3）B	（4）A	（5）C
（6）B	（7）A	（8）D	（9）A	（10）A
（11）D	（12）B	（13）C	（14）A	（15）D
（16）C	（17）B	（18）A	（19）B	（20）A
（21）A	（22）D	（23）A	（24）D	（25）C
（26）C	（27）A	（28）C	（29）C	（30）B
（31）C	（32）B	（33）A	（34）B	（35）D

二、填空题（每小空 2 分，共 30 分）

（1）A、B、C、D、E、5、4、3、2、1

（2）15

（3）EDBGHFCA

（4）程序

（5）课号

（6）2

（7）700　　Not Label1.Visible　　Timer1.Enable=True

（8）28

（9）a（　）或 a　　n=n-1

（10）EOF（1）　　　Close #1　　　Text1.Text 或 Text1

上机部分模拟题

一、基本操作题

1. 在名称为 Form1 的窗体上画一个文本框，其名称为 T1，宽度和高度分别为 1400 和 400；再画两个按钮，其名称分别为 C1 和 C2，标题分别为"显示"和"扩大"，编写适当的事件过程。程序运行后，如果单击 C1 命令按钮，则在文本框中显示"等级考试"，如附图 B-19 所示，如果单击 C2 命令按钮，则使文本框在高、宽方向上各增加一倍，文本框中的字体大小扩大到原来的 3 倍，如附图 B-20 所示。

注意：要求程序中不得使用变量。

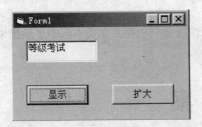

附图 B-19

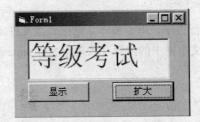

附图 B-20

2. 在名称为 Form1 的窗体上画一个命令按钮，其名称为 C1，标题为"转换"；然后再画两个文本框，其名称分别为 Text1 和 Text2，初始内容为空白，编写适当的事件过程。程序运行后，在 Text1 中输入一行英文字符串，如果单击命令按钮，则 Text1 文本框中的字母都变为小写，而 Text2 的字符变为大写。例如，在 Text1 中输入 Visual Basic Programming，则单击命令按钮后，结果如附图 B-21 所示。

要求：不得使用任何变量。

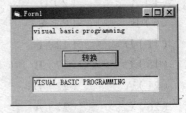

附图 B-21

二、简单应用题

1. 建立一个工程文件 sjt3.vbp，相应的窗体文件为 sjt3.frm，如附图 B-22 所示。

要求：

（1）利用属性窗口向列表框添加 4 个项目：Visual Basic，Turbo C，C++，Java；

（2）请编写适当的程序完成以下功能：当选择列表框中的一项和单选按钮 Option1，然后单击"确定"命令按钮时，文本框中显示"XXX 笔试"；当选择列表框中的一项和单选按钮 Option2，然后单击"确定"命令按钮时，文本框中的一项和单选按钮 Option2，然后单击"确定"命令按钮时，文本框中显示"XXX 上机"。其中"XXX"是在列表框中所选择的项目。

注意：

退出程序时必须通过单击窗体右上角的关闭按钮。在结束程序运行之前，必须至少进行一次选择操作（包括列表框和单选按钮），否则不得分。

2. 建立一个工程文件 sjt4.vbp，相应的窗体文件为 sjt4.frm。在窗体上已经有一个命令按钮。其名称为 Command1，标题为 "计算并输出"；程序运行后，如果单击命令按钮，程序将计算 500 以内两个数之间（包括开头和结尾的数）所有连续数的和为 1250 的正整数，并在窗体上显示出来，这样的数有多组，程序输出每组开头和结尾的正整数，并用 "～" 连接起来，如附图 B-23 所示。

附图 B-22

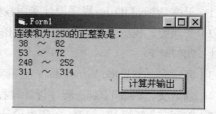

附图 B-23

三、综合应用题

建立一个工程文件 vbsj5.vbp 及窗体文件 vbsj5.frm。在窗体 Form1 上有一个名称为 Txt1 的文本框；还有两个名称分别为 Cmd1 和 Cmd2 的命令按钮，它们的标题分别为 "计算" 和 "保存"。要求：编写一个函数过程 isprime，其功能是判断参数 a 是否为素数，如果是素数，则返回 True，否则返回 False。编写适当的事件过程，使得程序运行时，单击 "计算" 按钮，则找出小于 3000 的最大的素数，并显示在 Txt1 中，单击 "存盘" 按钮，则把 Txt1 中的计算结果存入到 dw2.dat 文件中。

［1］王栋. Visual Basic 程序设计实用教程. 3 版. 北京：清华大学出版社，2007.

［2］龚沛曾，杨志强，陆慰民.Visual Basic 程序设计实验指导与测试. 3 版. 北京：高等教育出版社，2007.

［3］郭迎春，刘恩海. Visual Basic 上机实践指导与水平测试. 北京：清华大学出版社，2007.

［4］刘炳文，Visual Basic 程序设计教程题解与上机指导. 北京：清华大学出版社，2006.

［5］陈丽芳. 新编 Visual Basic 程序设计学习指导. 北京：机械工业出版社，2005.

［6］龚沛曾，杨志强，陆慰民. Visual Basic.NET 程序设计教程. 北京：高等教育出版社，2005.

［7］教育部考试中心. 全国计算机等级考试二级考试参考书——Visual Basic 语言程序设计. 北京：高等教育出版社，2010.

［8］曹青，邱李华，郭志强. Visual Basic 程序设计教程习题集. 北京：机械工业出版社，2005.

［9］李勇帆.Visual Basic 6.0 程序设计与应用上机指导及测试. 北京：人民邮电出版社，2006.